现代信息资源管理丛书

邱均平 主编

Technology of Information Resource Management

信息资源管理技术

赵捧未 窦永香 等 编著

科学出版社

北 京

内 容 简 介

本书是《现代信息资源管理丛书》之一。

本书系统简明地论述现代信息资源管理过程中使用的核心技术。全书既注重信息资源管理的技术基础知识的完备性，又强调新方法、新技术的阐述；既突出该领域方法、技术的系统性，又注意提供若干示例的描述。具体内容包括：信息资源采集技术、信息资源组织技术、信息资源压缩与存储技术、信息资源检索技术、信息资源开发与利用技术、信息安全技术等。

本书可作为高等学校信息管理与信息系统、图书情报档案以及相近专业的教材或教学参考书，也可供企业信息管理部门、情报研究所、图书档案馆等专业人士及广大信息用户学习参考。

图书在版编目（CIP）数据

信息资源管理技术／赵捧未等著 . —北京：科学出版社，2010
（现代信息资源管理丛书／邱均平主编）
ISBN 978-7-03-029004-5

Ⅰ.①信… Ⅱ.①赵… Ⅲ.①信息管理 Ⅳ.①G203

中国版本图书馆 CIP 数据核字（2010）第 182137 号

责任编辑：李 敏 刘 鹏 赵 鹏／责任校对：陈玉凤
责任印制：钱玉芬／封面设计：鑫联必升

科学出版社 出版
北京东黄城根北街 16 号
邮政编码：100717
http://www.sciencep.com

铭浩彩色印装有限公司 印刷
科学出版社发行 各地新华书店经销

*

2010 年 9 月第 一 版 开本：B5（720×1000）
2010 年 9 月第一次印刷 印张：15
印数：1—3 000 字数：277 000

定价：**38.00** 元
（如有印装质量问题，我社负责调换）

总　序

　　信息资源管理（information resource management，IRM）是 20 世纪 70 年代末兴起的一个新领域。30 多年来，IRM 已发展成为影响最广、作用最大的管理领域之一，是一门受到广泛关注的富有生命力的新兴学科。IRM 对经济社会可持续发展和提高国家、区域、组织乃至个人的核心竞争力来说，都具有基础性的意义和独特的价值。

　　在国际范围内，受信息技术进步的推动和经济社会管理需求的牵引，IRM 理论研究和职业实践发展迅速，并呈现出一些明显的特征：①广泛融合了信息科学、经济学、管理学、计算机科学、图书情报学等多学科的理论方法，形成以"信息资源"为管理对象的一个新学科，在管理学知识地图中确立了自己的地位。②研究范式的形成和变化。IRM 的记录管理学派、信息系统学派、信息管理学派各自发展，以及管理理念、理论和技术方法的交叉融合，形成了 IRM 的集成管理学派。集成管理学派以信息系统学派的继承和发展为主线，吸收了记录管理学派的内容管理和信息管理学派的社会研究视角，形成了 IRM 强调"管理"和"技术"，并在国家、组织、个人层面支持决策和各自目标实现的新的研究范式①。③研究热点的变化。当前 IRM 研究在国家、组织、个人层面上表现出新的研究热点，如国家层面的国家信息战略、国家信息主权与信息安全、信息政策与法规、支持危机管理的信息技术等；组织层面的信息系统理论，信息技术（系统）的绩效、价值与应用，IT 投资，知识管理，电子商务，电子政务，IT 部门与 IT 员工，虚拟组织，IRM 技术等②；个人层面的人–机交互、My Li-

---

　　① 麦迪·克斯罗蓬. 信息资源管理的前沿领域. 沙勇忠等译. 北京：科学出版社，2005

　　② Mehdi Khosrow-Pour. Advanced Topics in Information Resources Management（Volume 1-5）. Hershey：IGI Publishing，2002~2006

brary、个人信息管理（personal information management，PIM）框架、PIM 工具与方法等①。④职业实践的发展。IRM 的基础管理意义和强大的实践渗透力不断催生出新的信息职业、新的信息专业团体和新的信息教育。组织中的 CIO 作为一个面向组织决策的高层管理职位，正经历与 COO、CLO、CKO 等的角色融合与再塑；信息专业团体除信息科学学（协）会、图书馆学（协）会、计算机学（协）会、竞争情报学（协）会、数据处理管理学（协）会、互联网协会等之外，专门的信息资源管理协会也开始成立，如美国信息资源管理协会（Information Resources Management Association，IRMA）；同时，IRM 作为高等教育中的一个专业或课程，广泛渗透于图书情报、计算机、工商管理等学科领域，这种多元并存的教育格局一方面加剧了 IRM 的职业竞争，另一方面也成为推动 IRM 学科发展和保持职业生命力的重要因素。

随着 IRM 在中国的发展，中国的图书情报档案类高等教育与 IRM 的关系日益密切②，进入 21 世纪以后，出现了面向 IRM 的整体改革趋势和路径选择。在 2006 年召开的"第二届中美数字时代图书馆学情报学教育国际研讨会"上，与会图书情报（信息管理）学院院长（系主任）签署的《数字时代中国图书情报与档案学教育发展方向及行动纲要》中明确提出："图书情报档案类高等教育应定位于信息资源管理，定位于管理科学门类"，认为"面向图书馆、情报、档案与出版工作的图书情报学类高等教育是信息资源管理事业健康发展的重要保障"③，显示了面向 IRM 已成为中国图书情报档案类高等教育改革的一个集体共识。在这一背景下，图书情报档案类学科如何在 IRM 大的学

---

① William Jones. Personal Information Management. In：Annual Review of Information Science and Technology. Volume 41，2007

② 在我国目前的高等教育体系中，图书馆学、信息管理与信息系统、档案学、编辑出版学分别属于教育部高等教育司颁布的《普通高等学校本科专业目录和专业介绍》中的本科专业；图书馆学、情报学、档案学、出版发行学分别属于国务院学位委员会《授予博士硕士学位和培养研究生的学科专业目录》中的二级学科。但它们分别属于不同的学科门类（如本科专业中的管理学类、文学类）和一级学科（如研究生专业中的管理科学与工程，图书馆、情报与档案管理）

③ 数字时代中国图书情报与档案学教育发展方向及行动纲要. 图书情报知识，2007，（1）

科框架下发展，以信息资源作为对象和逻辑起点进行知识更新与范畴重建，并突出"管理"和"技术"的特点，已成为我国图书情报档案类学科理论研究和教学改革的新的使命和任务。毫无疑问，这将是中国图书情报档案类学科及其教育在新世纪所面临的一次方向性变革和结构性调整，不仅意味着理论形态及其知识体系的改变，也意味着实践模式的革新。《现代信息资源管理丛书》的出版就是出于对这一使命的认识和学术自觉。事实上，我国"图书馆、情报与档案管理"（或称"信息资源管理"）学科领域的教学和研究已经发生了深刻变革，其范围不断扩大，内容更加充实，应用面也在拓展。为了落实"宽口径、厚基础，培养通用型人才"的要求，很多学校的教学工作正在由按二级学科专业过渡到按一级学科来组织，而现已出版的信息管理类丛书仅针对"信息管理与信息系统"专业的需要，适用面较窄，不能满足一级学科的教学、科研和广大读者的迫切需要。因此，根据高等学校IRM类学科发展与专业教育改革的需要和图书市场的需求，为了建立结构合理、系统科学的学科体系和专业课程体系，创建符合IRM的学科发展和教学改革要求的著作体系，进一步推动本学科领域的教学和科研工作的全面、健康和可持续发展，武汉大学、华中师范大学、黑龙江大学、兰州大学、南京理工大学、中山大学、吉林大学、华东师范大学、湘潭大学、郑州大学、西安电子科技大学和郑州航空工业管理学院等12所高校信息管理学院（系、中心）的多名专家、学者共同发起，在广泛协商的基础上决定联合编著一套《现代信息资源管理丛书》（以下简称《丛书》），由科学出版社正式出版。我们希望能集大家之智慧、博采众家之长写出一套有价值、有特色、高水平的信息资源管理领域的科学著作，既展示本学科领域的最新丰硕成果，推动科学研究的不断深入发展，又能满足教学工作和广大读者的迫切需要。

　　《丛书》的显著特点主要是：①定位高，创新性强。《丛书》中的每部著作都以著述为主、编写为辅。既融入自己的研究成果，形成明显的个性特色，又构成一个统一体系，能够用于教学；既是反映国内外学科前沿研究成果的创新性专著，又是适合高校本科生和研究生教学需要的新教材；同时还可以供相关学科领域和行业的广大读者学习参考。②范围广，综合性强。《丛书》涉及"图书馆、情报与档案管理"整个一级学科，包括图书馆学、情报学、档案学、信息管理与信息系统、编辑出版、电子商务以及信息资源管理的其他专业领域，体现出学科综合、方法集成、应用广泛的明显特点。③水平高，学术性强。《丛书》的著者都具有博士学位或副教授以上职称，都是教学、科研第一线的骨干教师或学术带头人，既具有较高的学术水平和雄厚的科研基础，又有撰写著作的经验，从而为打造高水平、高质量的系列著作提供了人才保障；同时，按照理论、方法、应用三结合的思路构建各种著作的内容体系，体现内容上的前瞻性、科学性、系统性和实用性；在信息资源管理理论与信息技术结合的基础上，对信息技术和方法有所侧重；书中还列举了典型的、有代表性的案例，充分体现其实用性和可操作性；注重整套丛书的规范化建设，采用统一版式、统一风格，表现出较高的规范化水平。

《丛书》由武汉大学博士生导师邱均平教授全程策划、组织实施并担任主编，王伟军、马海群、沙勇忠、王学东、毕强、赵捧未、况能富、范并思、王新才、甘利人、刘永、夏立新、唐晓波、张美娟、赵蓉英、文庭孝、张洋、颜端武担任副主编。为了统一认识，落实分工合作任务，在《丛书》主编主持下，先后在武汉大学召开了两次编委会。第一次编委会（2005年11月27日）主要讨论了选题计划，确定各分册负责人；然后分头进行前期研究、撰写大纲，并报给主编进行审订或请有关专家评审，提出修改意见。经过两年多的准备和研究，2007年12月23日召开了第二次编委会，进一步审订了各分册的编写大纲、落实作者队伍、确定交稿时间和出版计划等，并商定在2008～2009年内将近20本分册全部出版发行。会后各分册的撰著工作全面展开，进展顺利。在IRM大学科体系框架下，我们选择20个主题分头进行研究，其研究成果构成本套丛书著作。这些著作反映了IRM领域的重要分支或新的专业领域的创新性研究成果，基本上构成了一个较为全面、系统的现代信息资源管理的学科体系。参与撰著的作者来自30多所高校或科研院所,有着广泛的代表性。其中,已确定的18本分册的名称和负责人分别是:《信息资源管理学》(邱均平,沙勇忠),《数字资源建设与管理》(毕强),《信息获取与用户服务》(颜端武),《信息系统理论与实践》(刘永),《信息分析》(沙勇忠),《信息咨询与决策》(文庭孝),《政府信息资源管理》(王新才),《出版经济学》(张美娟),《电子商务信息管理》(王伟军),《信息资源管理政策与法规》(马海群),《网络计量学》(邱均平),《信息检索原理与技术》(夏立新),《信息资源管理技术》(赵捧未),《信息安全概论》(唐晓波),《数字信息组织》(甘利人),《企业信息战略》(王学东),《竞争情报学》(况能富),《网络信息资源开发与利用》(张洋)。《丛书》各分册的撰写除阐述各自学科领域相对成熟的知识积累和知识体系之外,还力图反映国内外学科的前沿理论和技术方法;既有编著者的独到见解和新的研究成果,又突出面向职业实践的应用。因此,《丛书》的另一个重要特色是兼具专著与教材的双重风格,既可作为高校信息管理与信息系统、工商管理、图书情报档案、电子商务以及经济学和管理学等相关专业的教材或教学参考书,又可供信息管理部门、信息产业部门、信息职业者以及广大师生阅读使用。

　　《丛书》的出版得到了科学出版社的大力支持;同时还得到了各分册负责人、各位著者和参编院校的鼎力帮助;在编写过程中,我们还参阅了大量的国内外文献。在此一并表示衷心的感谢!

　　由于面向IRM的图书情报档案类学科转型是一个艰巨和长期的任务,我们所做的工作只是一次初步的尝试,不足和偏颇之处在所难免,诚望同行专家及读者批评指正。

邱均平

于武汉珞珈山

2008年6月8日

前　　言

随着国民经济的发展和社会信息化进程的加快，信息资源无论对国家还是对组织机构，都已成为一种战略性资源。信息资源管理也成为一门越来越受到广泛关注和极具生命力的新兴学科。信息资源管理的过程，充分体现出"管理"和"技术"并重的特点，信息技术的不断进步和发展使其研究内容更加充实，应用领域逐渐扩大。因此，系统地思考和剖析并充分利用现代信息资源管理领域中的各种技术，就显得十分迫切和必要。

本书根据《现代信息资源管理丛书》总编提出的基本要求，即建立符合信息资源管理的发展和教学改革要求的学科体系，从学科发展和教学科研的需要出发，系统分析、缜密思考，力求系统而简明地论述现代信息资源管理过程中使用的核心技术。

本书力图从信息资源管理的主要环节出发，用新的视角和新的架构，系统阐述信息资源采集、信息资源组织、信息资源压缩与存储、信息资源检索、信息资源开发与利用和信息安全等主要环节的一些技术。全书既注重信息资源管理的技术基础知识的完备性，又强调新方法、新技术的阐述；不仅突出该领域方法、技术的系统性，还注意提供若干示例的描述，希望使读者达到全面、快速学习的效果。

需要说明的是，本书所涉及的一些内容如信息分析、信息组织、信息检索、信息安全等，属于相对独立的学科领域，但考虑到目前我国信息资源管理领域的研究与教学现状和读者的需要，也选择阐述了这些领域的重要内容。有兴趣的读者可进一步参阅专门的书籍。

本书的结构如下。

第1章介绍了信息资源、信息资源管理的入门知识，并扼要阐述信息资源管理的信息技术基础，如通信技术、计算机技术、人工智能技术。

第2章介绍了信息资源采集技术，包括文本信息采集、图像信息采集、音频信息采集、视频信息采集等技术，同时还简要介绍了近年来采用的射频识别、无线传感器网络、电子标签等新技术。

第3章讲述了信息资源组织技术，包括标引、聚类与分类、信息摘要技术、信息资源内容描述等信息资源组织体系的基础内容，同时简要论述了体现信息组织综合性和结构性的信息构建技术。

第4章介绍了信息资源压缩与存储技术，主要介绍信息压缩的概念和方法以及文本、图像、音频、视频等信息的主要压缩技术，同时阐述信息存储的基础技术以及存储技术的新发展。

第5章论述了信息检索技术。基于信息资源管理领域对信息检索技术的基本知识需要，主要论述文本信息检索技术、多媒体信息检索技术、并行与分布式检索技术、跨语言检索技术、智能检索技术、自然语言检索技术和搜索引擎技术等内容。

第6章论述了信息资源开发与利用技术。从信息资源的深层次开发利用的需要出发，系统而扼要地阐述了整个信息资源开发与利用过程中涉及的信息分析技术、数据仓库技术、数据挖掘技术和数字图书馆技术。

第7章讲述了信息安全技术。扼要阐述了信息安全的基本技术，包括密码技术、认证技术、网络安全技术以及数据库安全技术。

本书由赵捧未主持编写，负责编写大纲，各章由编写者提出细目并集体研究确定。具体编写任务情况如下：赵捧未编写第1章和第5章，窦永香编写第2章和第3章，刘怀亮、刘成山编写第4章，秦春秀编写第6章，刘成山、陈希编写第7章，最后由赵捧未、窦永香修改统稿。赵飞、淡金华、邓婕、翟小静、马超、江璐、李春燕、史博文、赵丽彬、陈静等多名研究生参与了一些章节的资料准备、编写与修改工作。

　　本书的编写得到了丛书总编邱均平教授的直接指导和多位编委的大力帮助。

　　在全书的编写过程中，参阅了大量的国内外有关专家学者的著作、论文和教材。限于丛书的板式设计等原因，我们未能以脚注一一对应标注，而是以参考文献的形式列于书末。这些作者的论著为本书提供了丰富的素材，在此表示衷心的感谢！

　　信息资源管理是一个综合性的学科领域，所涉及的技术也处在不断发展之中，加之类似的书籍尚不多见，因此本书的编写也是一次尝试，其体系结构、内容选择等方面一定有诸多需要改进和完善之处，恳请读者批评指正。

赵捧未

2010 年 7 月于西安

目　　录

总序

前言

第1章　概论 …………………………………………………………… 1

1.1　信息资源 ……………………………………………………… 1

1.1.1　信息资源的概念 ……………………………………… 1

1.1.2　信息资源的类型 ……………………………………… 2

1.2　信息资源管理 ………………………………………………… 3

1.2.1　信息资源管理的含义 ………………………………… 3

1.2.2　信息资源管理过程 …………………………………… 3

1.3　信息技术基础 ………………………………………………… 4

1.3.1　通信技术 ……………………………………………… 4

1.3.2　计算机技术 …………………………………………… 6

1.3.3　人工智能 ……………………………………………… 9

第2章　信息资源采集技术 …………………………………………… 12

2.1　文本信息采集技术 …………………………………………… 12

2.1.1　计算机传统输入技术 ………………………………… 12

2.1.2　语音识别技术 ………………………………………… 15

2.2　图像信息采集技术 …………………………………………… 17

2.2.1　扫描仪 ………………………………………………… 17

2.2.2　数字照相 ……………………………………………… 19

2.2.3　条形码技术 …………………………………………… 21

2.3　音频信息采集技术 …………………………………………… 24

2.3.1　音频采集 ……………………………………………… 24

2.3.2　波形声音的采集、处理和输出 ……………………… 25

2.3.3 语音合成 ·· 25

2.4 视频信息采集技术 ··· 26

　2.4.1 模拟摄像机和视频采集卡 ································· 26

　2.4.2 数码摄像机 ·· 27

2.5 信息采集的新技术 ··· 27

　2.5.1 射频识别技术 ·· 28

　2.5.2 无线传感器网络 ·· 29

　2.5.3 电子标签 ·· 32

第3章　信息资源组织技术 ·· 33

3.1 标引 ··· 33

　3.1.1 自动标引 ·· 34

　3.1.2 基于词汇分布特征的标引方法 ····························· 37

　3.1.3 基于语言规则与内容的标引 ······························ 38

　3.1.4 人工智能标引方法 ·· 39

3.2 聚类与分类技术 ··· 42

　3.2.1 常用聚类方法 ·· 42

　3.2.2 常用分类方法与技术 ······································ 44

3.3 信息摘要技术 ··· 49

　3.3.1 文本信息摘要的生成与实现技术 ··························· 49

　3.3.2 网页信息摘要的生成与实现技术 ··························· 50

　3.3.3 视频信息摘要的生成与实现技术 ··························· 53

3.4 信息资源内容描述 ··· 56

　3.4.1 元数据 ·· 56

　3.4.2 超文本标记语言 ·· 66

　3.4.3 可扩展标记语言 ·· 68

　3.4.4 资源描述框架 ·· 71

3.5 信息构建 ··· 76

　3.5.1 信息构建的含义 ·· 76

　3.5.2 网站 IA ·· 77

　3.5.3 信息构建的应用 ·· 80

第4章　信息资源压缩与存储技术 ·········· 82

4.1　信息压缩技术 ······································· 82

4.1.1　数据压缩方法的分类 ················· 82

4.1.2　数据压缩技术的性能指标 ········· 83

4.1.3　常用的数据压缩方法 ················· 84

4.1.4　文本信息压缩技术 ····················· 86

4.1.5　图像信息压缩技术 ····················· 86

4.1.6　音频信息压缩技术 ····················· 89

4.1.7　视频信息压缩技术 ····················· 90

4.2　信息存储技术 ······································· 93

4.2.1　信息的印刷存储技术 ················· 93

4.2.2　信息的磁存储技术 ····················· 94

4.2.3　信息的激光存储技术 ················· 96

4.2.4　信息的半导体存储技术 ············· 99

4.2.5　信息存储技术的新发展 ············· 101

第5章　信息检索技术 ···························· 103

5.1　信息检索的含义与数学模型 ············· 103

5.1.1　信息检索的含义 ························· 103

5.1.2　信息检索数学模型 ····················· 104

5.2　文本信息检索 ······································· 106

5.2.1　顺排文档检索 ····························· 106

5.2.2　倒排文档检索 ····························· 109

5.2.3　加权检索 ····································· 112

5.2.4　全文检索 ····································· 114

5.3　多媒体信息检索 ··································· 116

5.3.1　多媒体技术 ································· 116

5.3.2　多媒体信息检索技术 ················· 117

5.4　并行与分布式检索 ······························· 119

5.4.1　并行信息检索 ····························· 120

5.4.2　分布式信息检索 ························· 124

5.5　跨语言检索 ··· 128

5.5.1 跨语言检索基本概念 ……………………………………… 129

5.5.2 跨语言检索相关技术 ……………………………………… 129

5.5.3 跨语言检索实现策略 ……………………………………… 131

5.6 智能检索 ………………………………………………………… 135

5.6.1 智能信息检索的概念和特点 ……………………………… 136

5.6.2 智能信息检索的系统结构 ………………………………… 136

5.6.3 智能信息检索原理 ………………………………………… 137

5.6.4 智能信息检索的核心技术 ………………………………… 137

5.6.5 智能信息检索的主要方法 ………………………………… 139

5.7 自然语言检索 …………………………………………………… 141

5.7.1 基于语法分析的自然语言检索 …………………………… 141

5.7.2 基于语义分析的自然语言检索 …………………………… 142

5.7.3 基于本体的自然语言检索 ………………………………… 143

5.8 搜索引擎技术 …………………………………………………… 144

5.8.1 搜索引擎的基本概念与分类 ……………………………… 144

5.8.2 搜索引擎技术原理 ………………………………………… 146

5.8.3 搜索引擎系统的发展趋势 ………………………………… 147

第6章 信息资源开发与利用技术 ……………………………………… 149

6.1 信息分析 ………………………………………………………… 149

6.1.1 信息分析的概念 …………………………………………… 149

6.1.2 信息分析的特点 …………………………………………… 150

6.1.3 信息分析的方法 …………………………………………… 153

6.1.4 信息分析的常用技术 ……………………………………… 163

6.2 数据仓库 ………………………………………………………… 169

6.2.1 数据仓库的含义和特点 …………………………………… 169

6.2.2 数据仓库的体系结构 ……………………………………… 171

6.2.3 数据仓库的关键技术 ……………………………………… 173

6.2.4 数据仓库的支撑技术 ……………………………………… 176

6.3 数据挖掘 ………………………………………………………… 178

6.3.1 数据挖掘的含义和任务 …………………………………… 178

6.3.2 数据挖掘技术 ……………………………………………… 180

6.3.3　数据挖掘工具 ………………………………… 183

6.3.4　数据挖掘应用 ………………………………… 188

6.4　数字图书馆技术 …………………………………… 191

6.4.1　数字图书馆概述 ……………………………… 191

6.4.2　数字图书馆的体系结构 ……………………… 194

第7章　信息安全技术 …………………………………… 198

7.1　信息安全 …………………………………………… 198

7.1.1　信息安全的概念 ……………………………… 198

7.1.2　信息安全的基本需求 ………………………… 198

7.2　密码技术 …………………………………………… 199

7.2.1　密码通信模型 ………………………………… 199

7.2.2　密码体制的分类 ……………………………… 200

7.3　认证技术 …………………………………………… 201

7.3.1　数字签名技术 ………………………………… 201

7.3.2　身份认证技术 ………………………………… 203

7.4　网络安全技术 ……………………………………… 206

7.4.1　计算机病毒 …………………………………… 206

7.4.2　防火墙技术 …………………………………… 207

7.4.3　入侵检测技术 ………………………………… 210

7.4.4　虚拟专用网技术 ……………………………… 212

7.5　数据库安全技术 …………………………………… 214

7.5.1　数据库安全的重要性 ………………………… 214

7.5.2　数据库的安全控制技术 ……………………… 215

参考文献 ………………………………………………… 216

第1章 概 论

信息是认知主体对物质运动的本质特征、运动方式、运动状态以及运动的有序性的反映和揭示，是事物之间相互联系、相互作用的状态的描述。通俗地讲，信息一般泛指包含于情报、指令、数据、图像、信号等形式之中的新的知识和内容。简言之，信息就是信号、消息、数码及其再加工品的统称。

资源的一般性定义是：在一定的科学技术条件下，能够在人类社会经济活动中用来创造物质财富和精神财富并达到一定量的客观存在形态。从经济学和管理学的角度来讲，资源包括自然资源、人力资源、财力资源、智力资源、文化资源、时间资源等。

信息资源一般指信息内容和信息载体。从广义范围来讲信息资源还包括信息资源开发运用所需的技术和人，包括传递、加工和配置这些信息的信息技术以及参与信息资源开发、运用和管理的人。

本章简要论述信息资源管理的相关概念，并扼要阐述信息资源管理的信息技术基础。

1.1 信息资源

1.1.1 信息资源的概念

从资源的角度来认识，严格地讲，并非所有的信息都是资源。只有经过人类开发、组织与利用的信息才能称为信息资源。以下是国内外一些学者的观点。

美国学者霍顿—马尔香认为，"信息资源"的含义如下：①拥有信息技能的个人；②信息技术及其硬件与软件；③诸如图书馆、计算机中心、信息中心、传播中心等信息设施；④信息操作和处理人员。

孟广均认为："信息资源包括所有的记录、文件、设施、人员、供给、系统，和搜集、存储、处理、传递信息所需的其他机器。"

乌家培认为："对信息资源有两种理解。一种是狭义的理解，即仅指信息内容本身。另一种是广义的理解，指除信息内容本身外，还包括与其紧密相连的信息设备、信息人员、信息系统和信息网络等。"

汪华明和杨绍武认为："信息资源是将信息通过在生产、流通、加工、储存、转换、分配等过程中，作用于用户进行开发利用，为人类社会创造出一定财富而成的一种社会资源。"

归纳起来可以认为，信息资源就是作为资源的信息，也就是"有用的信息"。信息成为资源的必要条件是信息的加工、处理和有序化活动，即信息资源具有智能性。进一步讲，信息资源存在三要素：信息、信息生产者、信息技术。

1.1.2 信息资源的类型

如果对信息资源进行分类，可以有狭义和广义之分。狭义信息资源是指人类社会活动中经过加工处理，有序化并大量积累后的有用信息的集合。广义信息资源则包括信息和它的生产者及信息技术的集合，即信息资源的三要素。从狭义的角度出发，有助于把握信息资源的核心和实质；而从广义的角度出发，有助于全面把握信息资源的内涵。这里我们按照狭义信息资源开发利用的广泛性、社会性及其具有的价值性，将其划分为成品信息资源、半成品信息资源、档案信息资源、动态信息资源、消费型信息资源。

成品信息资源是指文字记载并经过出版印刷，具有永久性保存价值，可供传递的各种书刊和文献资料等。其特点是：信息产量大，增长速度快。成品信息在科研生产和智力开发中具有广泛的作用。

半成品信息资源是指科学研究的阶段成果，如笔记手稿、论文草稿、内部研究报告及工作文件等文献资料，其特点是在时效性和使用价值等方面比其他类信息更重要。

档案信息资源是指国家各级图书馆、档案馆、博物馆等收藏的图书档案资料，其特点是：采用光盘和高速传真等信息技术为社会提供广泛的服务，其开发利用的速度在不断加快，利用率也在不断提高。

动态信息资源是指每日新闻、快讯、动态报道、市场行情等信息，其特点是明显的时效性，现代社会中动态信息资源的利用价值不断增大，且在逐步扩展到社会生活的各个领域。

消费型信息资源是指激光光盘、录像带、胶卷（胶片）等具有商业价值的知识产品，其特点是：存储信息量巨大，具有长远的开发利用价值。

随着信息技术的快速发展和应用领域的扩大，信息类型不断增加，出现了新型信息资源——多媒体信息资源，电子出版物和网络信息资源。按照上述划分，我们可将其归入狭义信息资源的范畴。

1.2 信息资源管理

1.2.1 信息资源管理的含义

信息资源管理（information resource management，IRM）是为了确保信息资源的有效利用，以现代信息技术为手段，对信息资源实施计划、预算、组织、指挥、控制、协调的一种人类管理活动。信息资源管理是一个集成领域，由多种人类信息活动所整合而成的特殊形式的管理活动。

信息资源管理既是一种管理思想，又是一种管理模式。就管理对象而言，IRM 是指对信息活动中的各种要素（包括信息、人员、设备、资金等）的管理；就管理内容而言，IRM 是对信息资源进行组织、控制、加工、协调等；就其手段而言，IRM 借助现代信息技术来实现资源的最佳配置，从而达到有效管理的目的；就其目的而言，IRM 是为了有效地满足社会的各种信息需求。

IRM 是信息时代组织管理的重要思想，并以其综合性和手段的先进性为组织信息资源管理提供了一种全新的理论和方法，为企业的总体战略目标服务。IRM 思想的基本特点主要表现在综合性、经济性、系统性、决策性、技术性等。

1.2.2 信息资源管理过程

信息资源管理过程从狭义上讲，是由一系列相关有序的环节组成，包括信息需求分析、信息源分析、信息资源采集、信息资源加工、信息资源（压缩）存储、信息资源检索、信息开发（信息再生）和利用、信息资源（安全）传递、信息资源反馈等环节。

信息资源管理过程具有以下一些特点。

1）信息资源管理过程是围绕用户信息需求的产生和满足而形成的闭环系统，因此该系统也称作"信息资源管理系统"。用户既是它的出发点，又是它的归宿，所以也是系统的核心。

2）信息资源管理过程是由信息资源管理人员控制和操作的过程，如何满足用户的信息需求、在多大程度上满足用户的信息需求以及一个信息资源管理系统能够达到什么样的运行状态，在很大程度上取决于信息资源管理人员的整体结构、素质和能力。

3）现代信息技术是信息资源管理的支持手段，以计算机技术为核心的 IS/IT 构成了信息资源管理的操作平台。

1.3 信息技术基础

信息技术（information technology，IT）是研究信息的获取、传输和处理的技术，是利用计算机进行信息处理，利用现代电子通信技术从事信息采集、存储、加工、利用以及相关产品制造、技术开发、信息服务的新学科，也就是用于管理和处理信息所采用的各种技术的总称。

1.3.1 通信技术

1. 通信技术基础

通信技术是指把计算机、电话机、电视机等设备上的数字、声音、图像等信号高效率地传送到远地设备上的一种技术。目前，通信技术领域发展最快的有通信卫星技术（如 VSAT 技术）、移动通信技术和光纤通信技术等。

一个典型的通信系统的组成包括：信源、变换器、反变换器、信道、信宿和噪声源等。

1）信源是发出信息的源，其作用是把各种可能消息转换成原始电信号。信源可分为模拟信源和数字信源。模拟信源（如电话机、电视摄像机）输出连续幅度的模拟信号；数字信源（如电传机、计算机等各种数字终端设备）输出离散的数字信号。

2）因语音、图像等原始的消息不能以电磁波来传送，所以需要通过变换器将原始的非电消息变换成电信号，并再对这种电信号进一步转换，使其变换成适合某种具体信道传输的电信号。

3）反变换器的基本功能是完成变换器的反变换，即进行解调、译码、解码等。它的任务是从带有干扰的接收信号中正确恢复出相应的原始信号来。

4）信道是指传输信号的通道，可以是有线的，也可以是无线的，有线和无线均有多种传输媒质。信道既给信号以通路，也对信号产生各种干扰和噪声。传输媒质的固有特性和干扰直接关系到通信的质量。

5）信宿是传输信息的归宿，其作用是将复原的原始信号转换成相应的消息。

6）噪声源是信道中的噪声以及分散在通信系统其他各处的噪声的集中表示。通信系统可以分为模拟通信和数字通信。

2. 数据通信系统

数据通信系统是通过数据电路将分布在远地的数据终端设备与计算机系统连

接起来，实现数据传输、交换、存储和处理的系统。典型的数据通信系统主要由数据终端设备、数据电路、计算机系统三部分组成。

数据终端设备（data terminal equipment，DTE）指的是在数据通信系统中，用于发送和接收数据的设备。数据电路指的是在线路或信道上加信号变换设备之后形成的二进制比特流通路，它由传输信道及其两端的数据电路终接设备（data circuit-terminating equipment，DCE）组成。数据电路终接设备指用来连接 DTE 与数据通信网络的设备。数据链路是在数据电路已建立的基础上，通过发送方和接收方之间交换"握手"信号，使双方确认后方可开始传输数据的两个或两个以上的终端装置与互联线路的组合体。

3. 网络技术

网络是利用通信设备和线路将地理位置不同的、功能独立的多个计算机系统互联起来，以功能完善的网络软件（即网络通信协议、信息交换方式、网络操作系统等）实现网络中资源共享和信息传递的系统。它包括通信子网和资源子网，前者包括 PDN/PSTN、ATM 网、ISDBN、FR 等用于互联的网络以及交换机、路由器、网关、网桥、中继器等连接设备；后者包括提供网络共享资源的服务器、工作站等设备。

计算机网络的体系结构通常采用分层结构，上层访问下层，下层为上层提供服务，两个通信实体的对等层间的通信规范称为协议。常用的模型有开放式系统互联（ISO-OSI）的七层模型：应用层、表示层、会话层、传输层、网络层、数据链路层和物理层；TCP/IP 的四层模型：应用层、传输层、网络层和网络接口层。TCP/IP 模型是目前事实上的工业标准，对应的协议集就是 TCP/IP。

4. 通信技术发展趋势

通信网络的发展趋势是宽带化、智能化、个人化和综合化，能够支持各类窄带和宽带、实时和非实时、恒定速率和可变速率，尤其是多媒体业务。目前规模最大的三大网是电信网、有线电视网（CATV）、计算机网，它们都各有自己的优点和不足。

计算机网络虽能很好地支持数据业务，但实时性差，宽带性不够；电话网虽可高质量地支持话音业务，但带宽不够；有线电视网虽然实时性和宽带能力均很好，但不能双向通信，无交换和网络管理功能。因此"三网融合"是个必然趋势，为此国际电信联盟（International Telecommunication Union，ITV）提出了全球信息基础设施（global information infrastructure，GII）概念，目标是通过三网资源的无缝融合，构成一个具有统一接入和应用界面的高效网络，满足用户在任何时间、任何地点，以可接受的质量和费用，安全地享受多种业务（声音、数据、图像、影像等）。

在现代通信新技术中，主要是语义网（semantic Web）、宽带网核心技术（IP与ATM）、接入网（access network，AN）技术、光纤接入技术、第三代移动通信（3G）技术及蓝牙、超宽带等无线通信技术。

1.3.2　计算机技术

1. 计算机系统的组成

一个完整的计算机系统包括硬件系统和软件系统两部分。组成一台计算机的物理设备的总称叫计算机硬件系统，是实实在在的物体，是计算机工作的基础。指挥计算机工作的各种程序的集合称为计算机软件系统，是计算机的灵魂，是控制和操作计算机工作的核心。

计算机硬件是指计算机系统所包含的各种机械的、电子的、磁性的装置和设备。每个功能部件各尽其职、协调工作，缺少其中任何一个就不能成为完整的计算机系统。硬件是组成计算机系统的物质基础，不同类型的计算机，其硬件组成是不一样的。从计算机的产生发展到今天，各种类型的计算机都是基于冯·诺依曼思想而设计的。这种计算机的硬件系统结构从原理上讲主要由运算器、控制器、存储器、输入设备和输出设备五部分组成。

计算机软件是相对于硬件而言的。它包括计算机运行所需的各种程序、数据及其有关资料。脱离软件的计算机硬件称为裸机，它是不能做任何有意义的工作的，硬件只是软件赖以运行的物质基础。因此，一个性能优良的计算机硬件系统能否发挥其应有的功能，很大程度上取决于所配置的软件是否完善和丰富。软件不仅提高了机器的效率、扩展了硬件功能，也方便了用户使用。通常根据软件用途可将其分为系统软件和应用软件两类。系统软件是用于管理、控制和维护计算机系统资源的程序集合，如操作系统等。应用软件是在系统软件下二次开发的、为解决特定问题而编制的应用程序或用户程序等。利用应用程序用户可以创建用户文档，如字处理软件、表处理软件等。

2. 文件与数据库

文件是计算机操作系统用来存储和管理信息的基本单位。文件可用来保存各种信息，用文字处理软件制作的文档、用计算机语言编写的程序以及存储于计算机的各种多媒体信息，都是以文件的方式存放的。

数据库是依照某种数据模型组织起来并存放于二级存储器中的数据集合。这种数据集合具有如下特点：尽可能不重复，以最优方式为某个特定组织的多种应用服务，其数据结构独立于使用它的应用程序，对数据的增、删、改和检索由统一软件进行管理和控制。从发展的历史看，数据库是数据管理的高级阶段，它是由文件管理系统发展起来的。

数据库的基本结构分三个层次，反映了观察数据库的三种不同角度。

1）物理数据层。物理数据层是数据库的最内层，是物理存储设备上实际存储的数据的集合。这些数据是原始数据，是用户加工的对象，由内部模式描述的指令操作处理的位串、字符和字组成。

2）概念数据层。概念数据层是数据库的中间一层，是数据库的整体逻辑表示。它指出了每个数据的逻辑定义及数据间的逻辑联系，是存储记录的集合。它所涉及的是数据库所有对象的逻辑关系，而不是它们的物理情况，是数据库管理员概念下的数据库。

3）逻辑数据层。逻辑数据层是用户所看到和使用的数据库，表示了一个或一些特定用户使用的数据集合，即逻辑记录的集合。

数据库不同层次之间的联系是通过映射进行转换的。数据库具有以下主要特点。

1）实现数据共享。数据共享包含所有用户可同时存取数据库中的数据，也包括用户可以用各种方式通过接口使用数据库，并提供数据共享。

2）减少数据的冗余度。同文件系统相比，由于数据库实现了数据共享，从而避免了用户各自建立应用文件。减少了大量重复数据，减少了数据冗余，维护了数据的一致性。

3）数据的独立性。数据的独立性包括数据库中数据库的逻辑结构和应用程序相互独立，也包括数据物理结构的变化不影响数据的逻辑结构。

4）数据实现集中控制。文件管理方式中，数据处于一种分散的状态，不同的用户或同一用户在不同处理中其文件之间毫无关系。利用数据库可对数据进行集中控制和管理，并通过数据模型表示各种数据的组织以及数据间的联系。

5）数据一致性和可维护性。数据一致性和可维护性主要是确保数据的安全性和可靠性，它主要包括：①安全性控制：以防止数据丢失、错误更新和越权使用。②完整性控制：保证数据的正确性、有效性和相容性。③并发控制：使在同一时间周期内，既允许对数据实现多路存取，又能防止用户之间的不正常交互作用。④故障的发现和恢复：由数据库管理系统提供一套方法，可及时发现故障和修复故障，从而防止数据被破坏。

3. 计算机技术发展

随着大规模、超大规模集成电路的广泛应用，计算机在存储的容量、运算速度和可靠性等各方面都得到了很大的提高。在科学技术日新月异的今天，各种新的器件不断出现。人们正试图用光电子元件、超导电子元件、生物电子元件等来代替传统的电子元件，制造出在某种程度上具有模仿人的学习、记忆、联想和推理等功能的新一代的计算机系统。计算机系统正朝着巨型化、微型化、计算机网络化和智能化等方向更深入发展。

（1）芯片技术

从 1971 年微处理器问世后，计算机经历了 4 位机、8 位机和 16 位机的时代，90 年代初，出现了 32 位结构的微处理器计算系统，并进入 64 位计算时代。自从 1991 年 MIPS 公司的 64 位机 R4000 问世之后，已陆续有 DEC 公司的 Alpha 21064、21066、21164 和 21264，HP 公司的 PA8000IBM/Motorola/Alpha 的 Power PC 620，Sun 的 Ultra – SPARC 以及 Intel 公司的 Merced 等 64 位机出现。

（2）并行处理技术

并行处理技术包括：并行结构、并行算法、并行操作系统、并行语言及其编译系统。另外，并行处理方式有多处理机体系结构、大规模并行处理系统、工作站群（包括工作站机群系统、网络工作站）。目前，并行处理是指具有 100 个以下 CPU 的系统，大规模并行处理机（massively parallel processor，MPP）是指具有 100 个上以 CPU 的系统。

（3）分布式客户/服务器模式

早期的集中式主机模式逐渐被客户/服务器模式所取代，如今已发展为基于 Internet 和 Web 技术的三层模式。服务器技术的发展趋势是由 32 位机向 64 位机过渡。服务器的总体结构模式将发展到利用高速交换设备把多个 CPU、内存和 I/O 模块连接在一起的 Crossbar Switches 模式，从而将大大提高 CPU、内存和 I/O 的通信带宽与互联能力以及服务器的处理能力，成为高性能服务器。

（4）64 位操作系统

要实现真正意义上的 64 位计算，光有 64 位的处理器是不行的，还必须得有 64 位的操作系统以及 64 位的应用软件才行，三者缺一不可。目前主流 CPU 使用的 64 位技术主要有 AMD 公司的 AMD64 位技术、Intel 公司的 EM64T 技术和 Intel 公司的 IA – 64 技术。2002 年，Red Hat Linux 就已经支持 AMD 的 64 位处理器系列产品，包括高端的 Opteron 和低端的 Athlon 处理器。目前真正意义上的 64 位操作系统还有 Sun 的 Solaris 10 和微软于 2006 年 11 月发布的 Windows Vista。

（5）网格计算

网格计算是伴随着因特网而迅速发展起来的，专门针对复杂科学计算的新型计算模式。这种计算模式是利用因特网把分散在不同地理位置的电脑组织成一个"虚拟的超级计算机"，其中每一台参与计算的计算机就是一个节点，而整个计算是由成千上万个节点组成的"一张网格"，所以这种计算方式叫网格计算。网格有两个优势，一个是数据处理能力超强，另一个是能充分利用网上的闲置处理能力。

网格计算现在已逐步被企业和政府用于 IT 优化（IT optimization）、分析加速（analytics acceleration）、信息访问（information access）、工程设计（engineering design）、设计协作（design collaboration）和信息存取（information access）等。

1.3.3　人工智能

1. 人工智能的概念与方法

人工智能（artificial intelligence，AI）是计算机学科的一个分支，20 世纪 70 年代以来被称为世界三大尖端技术之一，也被认为是 21 世纪三大尖端技术之一。近四十年来它获得了迅速的发展，在很多学科领域都获得了广泛应用，并取得了丰硕的成果。人工智能已逐步成为一个独立的分支，无论在理论和实践上都已自成一个系统。

人工智能是研究使用计算机来模拟人的某些思维过程和智能行为（如学习、推理、思考、规划等）的学科，是研究人类智能活动的规律，构造具有一定智能的人工系统，研究如何让计算机去完成以往需要人的智力才能胜任的工作，也就是研究如何应用计算机的软硬件来模拟人类某些智能行为的基本理论、方法和技术。人工智能涉及计算机科学、心理学、哲学和语言学等学科，可以说几乎是自然科学和社会科学的所有学科，其范围已远远超出了计算机科学的范畴。人工智能与思维科学的关系是实践和理论的关系，人工智能是处于思维科学的技术应用层次，是它的一个应用分支。

从思维观点看，人工智能不仅限于逻辑思维，要考虑形象思维、灵感思维才能促进人工智能的突破性的发展。数学常被认为是多种学科的基础科学，数学也进入语言、思维领域，人工智能学科也必须借用数学工具。数学不仅在标准逻辑、模糊数学等范围发挥作用，数学进入人工智能学科，它们将互相促进而更快地发展。

从实用观点来看，人工智能是一门知识工程学：以知识为对象，研究知识的获取、知识的表示方法和知识的使用。人工智能研究的近期目标是使现有的计算机不仅能做一般的数值计算及非数值信息的数据处理，而且能运用知识处理问题，能模拟人类的部分智能行为。按照这一目标，根据现行的计算机的特点研究实现智能的有关理论、技术和方法，建立相应的智能系统。例如目前研究开发的专家系统、机器翻译系统、模式识别系统、机器学习系统、机器人等。

2. 人工智能的基本技术

人工智能学科研究的主要内容包括：知识表示、自动推理和搜索方法、机器学习和知识获取、知识处理系统、自然语言理解、计算机视觉、智能机器人、自动程序设计等方面。

知识表示是人工智能的基本问题之一，推理和搜索都与表示方法密切相关。常用的知识表示方法有：逻辑表示法、产生式表示法、语义网络表示法和框架表示法等。

问题求解中的自动推理是知识的使用过程，由于有多种知识表示方法，相应的有多种推理方法。推理过程一般可分为演绎推理和非演绎推理。结构化表示下的继承性能推理是非演绎性的。由于知识处理的需要，近几年来提出了多种非演绎的推理方法，如连接机制推理、类比推理、基于示例的推理、反绎推理和受限推理等。

搜索是人工智能的一种问题求解方法，搜索策略决定着问题求解的一个推理步骤中知识被使用的优先关系。搜索可分为无信息导引的盲目搜索和利用经验知识导引的启发式搜索。启发式知识常由启发式函数来表示，启发式知识利用得越充分，求解问题的搜索空间就越小。典型的启发式搜索方法有 A*、AO* 算法等。近几年搜索方法研究开始注意那些具有百万节点的超大规模的搜索问题。

机器学习是人工智能的另一重要课题。机器学习是指在一定的知识表示意义下获取新知识的过程，按照学习机制的不同，主要有归纳学习、分析学习、连接机制学习和遗传学习等。机器学习的研究是建立在信息科学、脑科学、神经心理学、逻辑学、模糊数学等多学科基础上的。

知识处理系统主要由知识库和推理机组成。知识库存储系统需要知识，当知识量较大而又有多种表示方法时，知识的合理组织与管理就显得非常重要。推理机在问题求解时，规定使用知识的基本方法和策略，推理过程中为记录结果或通信需设数据库或采用黑板机制。如果在知识库中存储的是某一领域（如医疗诊断）的专家知识，则这样的知识系统称为专家系统。为适应复杂问题的求解需要，单一的专家系统向多主体的分布式人工智能系统发展，这时知识共享、主体间的协作、矛盾的出现和处理将是研究的关键问题。

3. 人工智能的发展

模式识别是研究如何使机器具有感知能力，主要研究视觉模式和听觉模式的识别，如识别物体、地形、图像、字体（如签字）等，在日常生活各方面以及军事上都有广大的用途。近年来迅速发展起来应用模糊数学模式、人工神经网络模式的方法逐渐取代传统的用统计模式和结构模式的识别方法。

计算机如能"听懂"人的语言，便可以直接用口语操作计算机，这将给人们带极大的便利。计算机理解自然语言的研究有以下三个目标：①计算机能正确理解人类用自然语言输入的信息，并能正确答复（或响应）输入的信息；②计算机对输入的信息能产生相应的摘要，而且复述输入的内容；③计算机能把输入的自然语言翻译成要求的另一种语言，如将汉语译成英语或将英语译成汉语等。目前，在研究计算机进行文字或语言的自动翻译方面，人们做了大量的尝试，还没有找到最佳的方法，有待于更进一步深入探索。

智能机器人具有类似于人的智能，它装备了高灵敏度的传感器，因而具有超过一般人的视觉、听觉、嗅觉、触觉的能力，能对感知的信息进行分析，控制自己的行为，处理环境发生的变化，完成交给的各种复杂、困难的任务，而且有自我学习、归纳、总结、提高已掌握知识的能力。目前研制的智能机器人大都只具有部分的智能，和真正的意义上的智能机器人，还差得很远。

多年来，人工神经网络的研究取得了较大的进展，成为具有一种独特风格的信息处理学科。当然目前的研究还只是一些简单的人工神经网络模型。要建立起一套完整的理论和技术系统，需要作出更多努力和探讨。然而人工神经网络已经成为人工智能中极其重要的一个研究领域。

第2章 信息资源采集技术

信息资源的采集是信资源管理过程的第一步和基础环节。信息资源采集技术主要包括文本信息采集、图形图像信息采集、音视频信息采集等技术。其中，文本信息采集又分为键盘采集、鼠标采集、触摸屏采集、语音识别等采集技术。图形图像的采集现阶段主要包括扫描技术、数字照相技术和条形码技术。随着计算机速度的提高和 Internet 的普及，射频识别技术、电子标签及无线传感器网络技术逐渐成为信息采集的重要方法。

2.1 文本信息采集技术

在信息技术及计算机技术日益普及的今天，如何将汉字方便、快速地输入到计算机中已经成为关系到计算机技术能否在我国真正普及的关键问题之一。将汉字输入到计算机里一般有两种方法：人工输入和自动输入。自动输入又分为汉字识别输入及语音识别输入。汉字识别技术可分为印刷体识别及手写体识别技术，而手写体识别又可以分为联机与脱机两种。从识别技术难度来说，手写体识别的难度高于印刷识别，而在手写体识别中，脱机手写体的难度又远远超过了联机手写体识别。与脱机手写体和联机手写体识别相比，印刷体汉字识别已经实用化，而且在向更高的性能、更完善的用户界面的方向发展。

2.1.1 计算机传统输入技术

键盘输入法就是利用键盘根据一定的编码规则来输入汉字的一种方法。英文字母只有 26 个，它们对应着键盘上的 26 个按键。所以，对于英文而言是不存在什么输入法的。汉字的字数有几万个，它们和键盘是没有任何对应关系的。但为了向电脑中输入汉字，必须将汉字拆成更小的部件，并将这些部件与键盘上的按键产生某种联系。这样才能通过键盘按照某种规律输入汉字，也就是汉字编码。

目前，汉字编码方案已经有数百种，其中在电脑上已经运行的就有几十种。作为一种图形文字，汉字是由字的音、形、义来共同表达的。汉字输入的编码方法，基本上都是采用将音、形、义与特定的按键联系，再根据不同汉字进行组合来完成汉字的输入的。目前的键盘输入法种类繁多，而且新的输入法不断涌现，各有各的特点，各有各的优势。随着各种输入法版本的更新，其功能也越来越强大。

鼠标通常与键盘搭配实现信息输入。随着越来越多的鼠标输入技术的逐渐成熟，鼠标也可单独实现文字信息的输入。鼠标输入法有以下特点。

1）形象直观，无需学习和记忆。

2）快速输入，平均鼠标点击两次就可以输入一个汉字，完全可以和键盘输入速度相比较。

3）字体较大，适合老年人和使用触摸屏的信息录入人员。

触摸屏是一种特殊的计算机外设，是目前最简单、方便、自然的一种人机交互方式。它赋予了多媒体以崭新的面貌，是极富吸引力的多媒体交互设备。触摸屏系统一般包括两个部分：触摸检测装置和触摸屏控制器。触摸检测装置安装在显示器屏幕前面，用于检测用户触摸位置，接收后送触摸屏控制器；触摸屏控制器的主要作用是从触摸检测装置上接收触摸信息，并将它转换成触点坐标再送给CPU，同时能接收 CPU 发来的命令并加以执行。

随着科技的进步，触摸屏技术也经历了从低档向高档逐步升级和发展的过程。根据其工作原理，其目前一般被分为四大类：电阻式触摸屏、电容式触摸屏、红外线式触摸屏和表面声波触摸屏。电阻式触摸屏的屏体部分是一块多层复合薄膜，由一层玻璃或有机玻璃作为基层。表面涂有一层透明的导电层——ITO（indium tin oxides）膜，上面再盖有一层外表面经过硬化处理、光滑防刮的塑料层。它的内表面也涂有一层 ITO，在两层导电层之间有许多细小（小于千分之一英寸①）的透明隔离点把它们隔开。当手指接触屏幕时，两层 ITO 发生接触，电阻发生变化。控制器根据检测到的电阻变化来计算接触点的坐标，再依照这个坐标来进行相应的操作。电容式触摸屏的四边均镀上了狭长的电极，其内部形成一个低电压交流电场。触摸屏上贴有一层透明的薄膜层，它是一种特殊的金属导电物质。当用户触摸电容屏时，用户手指和工作面形成一个耦合电容。因为工作面上接有高频信号，于是手指会吸走一个很小的电流，这个电流分别从屏的四个角上的电极中流出，且理论上流经四个电极的电流与手指到四角的距离成比例。控制器通过对四个电流比例的精密计算，即可得出接触点位置。红外线式触摸屏的四边排布了红外发射管和红外接收管，它们一一对应形成横竖交叉的红外线矩阵。用户在触摸屏幕时，手指会挡住经过该位置的横竖两条红外线，控制器通过计算即可判断出触摸点的位置。表面声波是超声波的一种，它是在介质（例如玻璃或金属等刚性材料）表面浅层传播的机械能量波。通过楔形三角基座（根据

---

① 　1 英寸 = 2.54 厘米

表面波的波长严格设计），可以做到定向、小角度的表面声波能量发射。表面声波性能稳定、易于分析，并且在横波传递过程中具有非常尖锐的频率特性，近年来在无损探伤、造影和退波器等应用中发展很快。

电阻式触摸屏在与外界完全隔离的环境中工作，它不怕灰尘、水汽和油污，可以用任何物体来触摸，比较适合工业控制领域使用。缺点是由于复合薄膜的外层采用塑料，太用力或使用锐器触摸可能划伤触摸屏。

电容式触摸屏的分辨率很高，透光率也不错，可以很好地满足各方面的要求，在公共场所常见的就是这种触摸屏。不过，电容式触摸屏把人体当作电容器的一个电极使用。当有导体靠近并与夹层 ITO 工作面之间耦合出足够大的电容时，流走的电流就会引起电容式触摸屏的错误动作；另外，戴着手套或手持绝缘物体触摸时会没有反应，这是因为增加了绝缘的介质。

红外线式触摸屏是靠测定红外线的通断来确定触摸位置的，与触摸屏所选用的透明挡板的材料无关（有一些根本就没有使用任何挡板）。因此，选用透光性能好的挡板并加以抗反光处理，可以得到很好的视觉效果。但是，受到红外线发射管体积的限制，不可能发射高密度的红外线，所以这种触摸屏的分辨率不高。另外，由于红外线触摸屏依靠红外感应来工作，外界光线变化，如阳光或室内灯等均会影响其准确度。

表面声波技术非常稳定，而且表面声波触摸屏的控制器靠测量衰减时刻在时间轴上的位置来计算触摸位置，所以其精度非常高。表面声波触摸屏还具有第三轴（Z 轴），也就是压力轴——通过计算接收信号衰减处的衰减量可得到用户触摸屏幕的力量大小。力量越大，接收信号波形上的衰减缺口也就越宽越深。在所有的触摸屏中，只有表面声波触摸屏具有感知触摸压力的性能。

触摸屏技术方便了人们对计算机的操作使用，是一种极有发展前途的交互式输入技术。世界各国对此普遍给予重视，并投入大量的人力物力进行研发，新型触摸屏不断涌现。

手写板和手写笔是除了键盘和鼠标外另一种计算机输入设备。手写板和手写笔的工作原理和触摸屏有些类似，但其需要依靠专门软件来识别输入的内容。手写输入法是一种笔式环境下的手写中文识别输入法，符合中国人用笔写字的习惯。只要在手写板上按平常的习惯写字，电脑就能将其识别并显示出来。手写输入法需要配套的硬件手写板，在配套的手写板上用笔（可以是任何类型的硬笔）来书写录入汉字，不仅方便快捷，而且错字率也比较低。用鼠标在指定区域内也可以写出字来，只是鼠标操作要求输入人员对操作非常熟练。手写笔种类最多，有汉王笔、紫光笔、慧笔、文通笔、蒙恬笔、如意笔、中国超级笔等。

2.1.2 语音识别技术

语音识别是指用语音来和各种设备进行联系，表达人的命令，是一种比触摸或敲打更直接的输入方式。随着计算机技术、信号处理技术、微电子技术等的飞速发展，它可能取代键盘和鼠标成为计算机的主要输入手段。

1. 语音识别系统分类

语音识别系统根据对说话人说话方式的需要，可以分为孤立字（词）语音识别系统、连接字语音识别系统和连续语音识别系统；根据对说话人的依赖程度，可以分为特定人和非特定人语音识别系统；根据词汇量大小，可以分为小词汇量、中等词汇量、大词汇量以及无限词汇量语音识别系统。

不同的语音识别系统，虽然具体实现细节有所不同，但所采用的基本技术相似。一个典型的语音识别系统除了要选取适当的语音识别单元之外，还需要特征参数提取、系统建模、模型训练和模式匹配这三方面的技术。

语音识别系统可以分成一个前端和一个后端。其中，前端处理音频流，分隔可能发声的声音片段，并将它们转换成一系列能够表示的数值。后端是一个专用的搜索引擎，它获取前端产生的输出并通过跨以下三个数据库进行搜索：发音模型、语言模型和词典。发音模型表示一种语言的发音声音，可通过训练来识别某个特定用户的语音模式和发音环境的特征；语言模型表示一种语言的单词如何合并；词典列出该语言的大量单词，以及关于每个单词如何发音的信息。

主要的语音识别分类方法有如下四种。

1）样本匹配法。样本匹配法就是把特征分析提取的一组随时间而变的特征矢量序列和事先通过学习后存在机器里的样本序列进行比较。输入特征矢量序列和存储的样本通过一定失真准则比较后即可找到和输出特征矢量序列最接近的样本序列，由于人说话的速度有快有慢，因此动态时间归正方法（DTW）是样本匹配法成功的关键。

2）以知识准则为基础的判决系统。它利用人们根据分析语谱图、频谱形状过渡以及一些特征的知识建立的一系列判决准则，把专家系统的方法用于识别过程中，再根据这些判决准则确定所表示的语言内容。然而，到今天为止，这种专家系统还不能和模式匹配的技术相竞争，其困难在于很难建立起一个可广泛应用的准则。

3）隐马尔可夫模型（hidden Markov model，HMM）。HMM 是到目前为止已有的最强有力的语音识别算法。对语音识别系统而言，HMM 的输出值通常就是各个帧的声学特征。为了降低模型的复杂度，通常 HMM 模型有两个假设前提：

一个是内部状态的转移只与上一状态有关，另一个是输出值只与当前状态或当前状态转移有关。

4）神经网络。神经网络也被广泛应用于语音模型中。其中，最有效一种方法是使用多层神经网络，不同层之间的神经元通过一定的加权系数相互连接，这些加权系数可以在训练中进行学习。

2. 语音识别的发展趋势

目前，各种形式的隐马尔可夫模型（HMM）和算法日趋成熟，以它为基础形成了语音识别的整体框架模型。它统一了语音识别中声学层和语音学层的算法结构，以概率的形式将声学层中得到的信息和语音学层中已有的信息完美地结合在一起。

世界各国都加快了语音识别应用系统的研究开发，并已有一些实用的语音识别系统投入商业运营。比较典型的语音识别系统有 AT&T 于 1992 年开发的 VRCP系统。此外，已经实用的系统还有 AT&T800 语音识别服务系统、NTTANSER 语音识别银行服务系统等。

另外，通过语音命令控制可以使原本需要手工操作的工作用语音来完成。因此，语音命令控制可广泛用于家电语音遥控、玩具、智能仪器及移动电话等便携设备中。我国在语音技术研究水平和原型系统开发方面已经达到世界级水平。在中国科学院自动化研究所模式识别国家重点实验室，汉语非特定人、连续语音听写机系统的普通话系统，其错误率可以控制在 10% 以内，并具有非常好的自适应功能。尤其是在国内外首创研究开发了汉语自然口语的人机对话系统和汉语到日语、英语的直接语音翻译系统。

最终，语音识别是要进一步拓展我们的交流空间，让我们能更加自由的面对这个世界。可以想见，如果语音识别技术在自适应、系统强健性方面确实取得了突破性进展，那么多语种交流系统的出现就是顺理成章的事情，这将是语音识别技术、机器翻译技术以及语音合成技术的完美结合，而如果硬件技术的发展能将这些算法固化到更为细小的芯片，比如手持移动设备上，那么个人就可以带着这种设备周游世界而无需担心任何交流的困难，你说出你想表达的意思，手持设备同时识别并将它翻译成对方的语言，然后合成并发送出去；同时接听对方的语言，识别并翻译成己方的语言，合成后朗读给你听，所有这一切几乎都是同时进行的，只是机器充当着主角。

任何技术的进步都是为了更进一步拓展我们人类的生存和交流空间，以使我们获得更大的自由，就服务于人类而言，这一点显然也是语音识别技术的发展方向，而为了达成这一点，它还需要取得突破性进展，要实现这一点，Intel 架构平

台的性能进步也是一个关键的因素。最终，多语种自由交流系统将带给我们全新
的生活空间。

2.2　图像信息采集技术

计算机中的图像是由特殊的数字化设备，将光信号量化为数值，并按一定的
格式组织得到的。这些数字化设备常用的有扫描仪、图像采集卡、数码相机等。
扫描仪对已有的照片、图片等进行扫描，将图像数字化为一组数据存储。图像采
集卡可以对录像带、电视上的信号进行"抓图"，对其中选定的帧进行捕获并数
字化。数码相机采用电荷耦合器件（charge coupled device，CCD）或互补金属氧
化物半导体（complementary metal-oxide semiconductor，CMOS）作为光电转化器
件，将被摄景物以数字信号方式直接记录在存储介质（存储器、存储卡或软盘）
中，可以很方便地在计算机中进行处理。另外，条形码技术是基于反射光识别原
理，根据不同线条的宽度得到不同的识别结果。

2.2.1　扫描仪

计算机图像处理在许多领域起到了关键的作用。计算机处理图像信息，最初
都是借助图像输入设备将自然图像翻译或变换成为能被计算机接受和使用的数字
图像。图像扫描仪正是实现这一过程必不可少的工具。

图像扫描仪（image scanner）是 20 世纪 80 年代中期才出现的光机电一体化
高科技产品，它可以将各种形式的图像信息输入到计算机。从图片、照片、胶片
到各类图纸图形以及成稿的文档资料都可以用扫描仪输入到计算机中，从而对这
些图像形式的信息进行加工处理、存储管理、使用输出。目前，扫描仪已广泛应
用于图像处理、出版印刷、多媒体应用、图文通信等众多领域，作为光电、机械
一体化的高科技产品，自问世以来以其独特的数字化"图像"采集能力，低廉
的价格以及优良的性能，得到了迅速的发展和广泛的普及而且也极大地促进了这
些领域的技术进步。

扫描仪是一项结合光学、电子、机械控制等尖端科技的产品，其中包含了光
学原理。扫描仪可分为反射式及穿透式光源，所谓反射式光源即光源投射在被扫
描文件上，经透镜反射聚焦到 CCD，从而产生一连串的电子信号；而穿透式光源
即是所谓的幻灯片式扫描仪（slide scanner），其光源是穿透被扫描的文件，最重
要的是如何精确对焦，使经由透镜反射的光能正确成像于 CCD。CCD 这部分可
以说是扫描仪的核心，在 CCD 上直线排列的光或元素可因入射光强弱，以电压
的形式反映出来，它主要的功能在于将由透镜聚集的光转换成电子信号，使得扫

描仪能"看"见这些文件。模拟/数字转换电路，由 CCD 产生的信号通常是非常微弱的，需要用信号放大器（amplifier）加以放大，但由于这是模拟信号，所以必须用模拟/数字转换电路转换成数字信号。

扫描仪的性能主要包括以下几个方面。

1）扫描区域。大致而言，目前市面上的扫描仪扫描图像的宽度因扫描仪的大小而受限制，扫描宽度一般可从 105mm 到 A0 号图纸幅面宽，具体视扫描仪的型号而定。从纵向而言，大部分的图像扫描仪（工程型扫描仪）可以无限延长。

2）分辨率。分辨率的大小一般以"点/每英寸"（dpi）为单位，大部分的图像扫描仪能够以 75 ~ 1000dpi 范围内的分辨率来扫描。有些扫描仪甚至允许用户选择他们想要的分辨率来扫描。虽然有少部分图像扫描仪的分辨率超过了上述范围，然而就一般而言，这样高的分辨率目前并不需要。扫描仪分辨率的选择可依据图像原稿的清晰情况以及文件的用途来决定。

3）灰度级。有些扫描仪能在黑与白之间分出许多不同层次的灰度，称之为灰度级。一般图像扫描仪能够分出的灰度级在 8 ~ 256。理论上讲，不可能同时要求高的灰度级以及高的分辨率，如果要求高的灰度级，则分辨率便会相对降低，反之亦然。另外，一些新型的扫描仪已经具有处理彩色图像的能力，在某些工程的应用上，这些彩色扫描仪更加有用。

4）图像处理。图像处理的功能可以使扫描的结果更为清晰。例如，边缘加强功能，能够捕捉原稿上边缘有缺陷的部分，而噪声滤波功能则可以去掉原稿上的污点及毛刺。

5）精确度及可重复性。图像扫描仪精确度的计算大致与笔式绘图机的计算方式一样，分为横向扫描精度和纵向扫描精度。可重复性则是测试当扫描仪多次扫描同一文件时，所产生图像是否完全相同的一种能力。

6）编辑与速度。有些扫描仪允许用户选择文件中的某些区域来扫描，因此可凭借扫描区域的缩小来减少扫描时间。

扫描仪本身只是计算机的一种输入装置，但目前随着应用软件的蓬勃发展，促使扫描仪发挥出越来越大的作用，简单介绍扫描仪的几种应用。

（1）桌面电子排版

由于表格、图像、照片、文字混编的需要，使得桌面排版成为扫描仪最大的使用群。扫描进来的图像可通过绘图软件在配合桌面排版软件，将图像与文字混合编辑，制作出一篇多姿多彩、图文并茂的设计。

（2）光学字符识别（optical character recognization，OCR）

OCR 软件的开发式扫描仪不仅能扫描文字稿，同时还具有智能识别能力，它能将扫描识别过的字符以 ASCII 码或其他文字处理软件的格式来存储。这样不仅节省了原先以图像格式存储的空间，还减少了重新键入的麻烦，加快了文件处理的速度。现在已有些厂商将 OCR 功能加入到扫描仪中，使它成为一种智能型的仪器，并且进一步加快了识别的速度。

（3）计算机辅助设计（CAD）

扫描仪应用在 CAD 领域一直被认为是相当有市场潜力。一般桌面型扫描仪通常只能扫描 A4 尺寸的幅面。由于工程图、建筑图、地图的幅面尺寸较大，因此大型扫描仪应运而生，解决了这类图纸的输入问题。目前的应用是将原有的工程图纸扫描输入进来，经过矢量化软件或其他人工智能系统处理转换成 CAD 系统所能接受的数据格式，在 CAD 系统中对图纸进行编辑、修改和存储，紧接其后的应用便是整个工程图文档系统的建立与管理、地理咨询系统的应用等。

（4）计算机传真系统

计算机传真系统与扫描仪配合使用，可以使计算机成为图像资料传输的工作站，再配合其他图像编辑软件，将比传统传真机具有更大的灵活性、经济性和应用空间。

（5）图像数据存储

传统的数据库只能存储文字资料。扫描仪的推出使得这些数据库系统加入了图像文件的存储，使资料更具有"可看性"。如果将文档扫描输入光盘，同时引入索引、检索等功能，则可形成综合的图像数据库。

2.2.2　数字照相

"一幅图像顶上千个文字"，这句话说明了图像所包含的信息量大，表现信息的方式容易被人们所接受。照相技术是传统的信息收集技术之一。传统的照相技术是利用光线在感光材料上成像而工作的。快门在特定的时间内打开，镜头将光线集中到胶片之上，胶片上的化学药品进行感光，形成化学影像。传统摄像技术的工作原理同录像机相类似，但目前它们正逐渐被数字产品所取代。因此，本节简单介绍数码相机的工作原理和工作过程。

数码相机在外观上除了多一个液晶显示器外，同传统的照相机没有多大差别。二者的光学系统（镜头）是一样的，但二者的信息载体是截然不同的。

传统相机使用胶卷作为其记录信息的载体，而数码相机的胶卷就是其成像感光器件，而且是与相机一体的，是数码相机的心脏。感光器件是数码相机的核心，也是最关键的技术。数码相机的发展道路可以说就是感光器的发展道路。

1. 数码相机的感光器件

目前，数码相机的核心感光部件有两种：一种是广泛实用的电荷耦合器件

CCD 图像传感器，另一种是互补性氧化金属半导体（CMOS）器件。

CCD 使用一种高感光度的半导体材料制成，能把光线转变成电荷，通过模数转换器芯片转换成数字信号，数字信号经过压缩以后由相机内部的闪速存储器或内置硬盘卡保存，因而可以轻而易举地把数据传输给计算机，并借助于计算机的处理手段，根据需要和想象来修改图像。

CCD 的组成主要是由一个类似马赛克的网格（许多感光单位组成，通常以百万像素为单位）、聚光镜片以及垫于最底下的电子线路矩阵所组成。当 CCD 表面受到光线照射时，每个感光单位会将电荷反映在组件上，所有的感光单位所产生的信号加在一起，就构成了一副完整的画面。

CMOS 和 CCD 一样同为在数码相机中可记录光线变化的半导体。COMS 的制造技术和一般计算机芯片没什么差别，主要是利用硅和锗两种元素所做成的半导体，使其在 CMOS 上共存着带 N（带负电）和 P（带正电）极的半导体，这两个互补效应所产生的电流即可被处理芯片记录和解读成影像。然而，CMOS 的缺点就是太容易出现杂点，这主要是因为早期的设计使 CMOS 在处理快速变化的影像时，由于电流变化过于频繁而会产生过热的现象。

目前，在佳能等公司的不断努力下，CMOS 器件不断推陈出新，高动态范围 CMOS 器件已经出现。这一技术消除了对快门、光圈、自动增益控制及伽马校正的需要，使之接近了 CCD 的成像质量。另外由于 CMOS 先天的可塑性，可以做出高像素的大型 CMOS 感光器而成本却不上升多少。与 CCD 的停滞不前相比，CMOS 作为新生事物而展示出了蓬勃的活力。作为数码相机的核心部件，CMOS 感光器已经有逐渐取代 CCD 感光器的趋势，并有希望在不久的将来成为主流的感光器。

2. 数码相机的工作原理及过程

数码相机的工作原理是把光信号转化为数字信号，数码相机使用感光器件代替胶卷感光成像。在拍摄时，当按下快门钮，感光器件（CCD 或者 CMOS）前面的快门幕帘便同时打开，通过镜头的光线通过透镜系统和滤色器（滤光器）投射到感光器件上。感光器件将其光强和色彩转换为电信号记录到数码相机的存储器中，形成计算机可以处理的数字信号。

数码相机的系统工作过程按操作顺序可以分为以下几个主要环节。

1）开机准备。打开相机的电源开关时，主控程序芯片就开始检查相机的各个部件是否处于可工作状态。如果有一个部分出现故障，那 LCD 屏就会给出一个错误信息，并使相机停止工作，如果一切正常，相机则处于准备好状态。

2）聚焦及测光。数码相机一般都有自动聚焦和测光功能。当对准一个物体并把快门按一半时，一个 4 位的主控程序芯片（MCPU）就开始工作，它确定对焦距离、快门的速度及光圈的大小。

3）拍照。按下快门，光学镜头将要拍摄的画面聚焦到成像器件 CCD 或 CMOS 上，光电转换器件捕捉景物光信号，并以红、绿、蓝三像素存储。

4）图像处理。图像处理就是把这些像素从 CCD 以串行的方式送到相机内部的缓冲存储区。这中间要经过数码相机很多部件的处理，如 A/D 转换、自平衡及色彩的校正，将其转化成计算机能识别的离散数字信号。

5）图像合成。一束一束的光到达缓冲存储区后，再合成形成一副完整的数字图像。

6）图像压缩。图像的处理过程并没有结束。当它离开缓冲区时还要被压缩，压缩的程度根据拍摄前所选定的拍摄模式而定。对于标准模式，一般压缩幅度较大，而对于高质量模式，压缩幅度较小。

7）图像保存。主控程序芯片发出一个信息，把压缩的图像再转移到存储卡中，长期保存。

8）图片影像编辑与输出。存储在数码相机内或存储卡上的数码图片影像，可以输出到计算机中利用图像处理软件进行常规调整与特效处理，然后通过输出接口输出到打印机打印出来，或者连接到电视机上直接观看拍摄的照片，还可以输出到录像机将拍摄的照片转录到录像带上，当然还能通过计算机将数码照片上网传送。

2.2.3 条形码技术

条形码技术是在计算机的应用中产生和发展起来的一种实用的图形自动识别输入技术。由于条形码技术在实践中的不断发展和完善，应用领域不断扩大，越来越被人们所认识和接受。

简单地说，条码打印技术主要包括了条码打印机、条码扫描器、标签字等几个部件。该技术是由一组宽窄不等、黑白相间的平行线条按特定格式与间距组合起来的符号，这种符号可以达到人与计算机对话的目的。具体的识别流程是：从扫描器的光发射器中发出光束照在条码上时，光电检测器根据光束从条形码上反射回来的光强度作为回应，当扫描光点扫到白纸面上或处于两条黑线之间的空白处时，反射光强，检测器输出一个大电流；当扫描至黑线条中时，反射光弱，检测器输出小电流，并根据黑线宽度作出时间长短不同的响应，随着条形码明暗的变化转变为大小不同的电流信号，经过放大后输送到译码器中去。通过译码器将信号翻译成数据，进行局部的检验和显示，并送往计算机进行数据处理。计算机是采用二进制计算方式，所以条码中宽的黑色线条被编译为 1，细的黑色线条被编译为 0，再通过逻辑转换为 0～9 的数字或数组。

　　条形码原理是利用条（着色部分），空（非着色部分）及其宽、窄的交替变换来表达信息。每一种编码，都制定有字符与条、空、宽窄表达的对应关系，只要遵循这一标准打印出来的条、空交替排列的"图形符号"，这一"图形符号"中就包含了字符信息。这一条、空交替排列的信息通过光线反射，在识读器内，这种光信号被转换成数字信号，再经过相应的解码软件，就能将"图形符号"还原成字符信号（图 2-1）。

图 2-1　条形码

　　条形码是一种信息记录形式，根据不同规定的编码规则所提出的条形码编号方案，条形码多达 40 余种。目前应用最为广泛的有：UPC 码、128 码、EAN8 码（EAN－8 国际商品条码）、ISSN 码、ISB 码、Codebar 码（多用于医疗、图书领域）等一维条码。一维条码不得不依赖数据库的存在，在一定程度上限制了条形码的应用范围，人们又研制了二维条码，它能储备庞大的信息，可把照片指纹编制其中，有效地解决了证件可机读等问题。若从印刷条形码的材料、颜色分类，可分黑白条形码、彩色条形码、发光条形码（荧光条形码、磷光条形码）和磁性条形码等。

1. 条形码的应用

　　二维条形码作为一种新的信息存储和传递技术，从诞生之时就受到了国际社会的广泛关注。经过几年的努力，现已应用在国防、公共安全、交通运输、医疗保健、工业、商业、金融、海关及政府管理等多个领域。

　　二维条码依靠其庞大的信息携带量，能够把过去使用一维条码时存储于后台数据库中的信息包含在条码中，可以直接通过阅读条码得到相应的信息，并且二维条码还有错误修正技术及防伪功能，增加了数据的安全性。

　　下面列举两个二维条形码的应用例子。

(1) 身份识别卡的应用

二维条形码可把照片、指纹编制其中，可有效地解决证件的可机读和防伪问题。因此，可广泛应用于护照、身份证、行车证、军人证、健康证等。

美国国防部已经在军人身份卡上印制了 PDF417 码。持卡人的姓名、军衔、照片和其他个人信息被编成一个 PDF417 码印在卡上。卡被用来做重要场所的进出管理及医院就诊管理。

该项应用的优点在于数据采集的实时性、低实施成本，卡片损坏（比如枪击）也能阅读以及防伪。

(2) 条形码在医疗卡上的应用

为了能对所有病人进行快速身份确认，完成入院登记并进行急救，医务部门迫切需要确定伤者的详细资料，包括姓名、年龄、血型、亲属姓名、紧急联系电话、既往病史等，PDF417 二维条码应用系统可以非常好地解决这一问题。二维条码信息容量大、信息密度高、编码能力强，可以对文字、照片、指纹、掌纹、声音、签名等信息进行编码，并且它容易印制，成本低廉，纠错能力强，译码可靠性高。正是因为二维条码可以实现机器识读和防伪这两项重要功能，因此在国际上 PDF417 条码被广泛应用于证件管理、车辆管理、后勤运输及仓储管理等方面。

当病人入院诊治时，医院只需用二维条码扫描器扫描医疗卡上的 PDF417 条码，所有数据不到一秒钟就进入计算机中，完成病人的入院登记和病历获取，因此为急救病人节省了许多宝贵的时间。

由于 PDF417 二维条码提供了一个可靠、高效、省钱的信息储存和检验方法，因此医院对急诊病人的抢救不会延误，更不会发生伤员错认而导致医疗事故。另外，在需要转院治疗的情况下，病人的数据，包括病史、受伤类型、提出的治疗方法、治疗场所、治疗状态等，都可以制成新的 PDF417 条码，传送给下一个治疗医院。由于所有这些信息的输入都可以通过读取 PDF417 条码一次完成，减少了不必要的手工录入，避免了人为造成的错误。

2. 条形码技术的优缺点

条形码是一种最适合机读的信息语言。它是一种操作简单、价格低廉、方便实用的自动识别技术，具有保密性强、差错率低、收集及处理数据省时省力等特点。

1) 操作过程简单。条码符号制作简单，扫描操作简单易行，误读率低。

2) 处理速度快。普通计算机的键盘录入速度约为每分钟 200 个字符，而利用条码扫描录入信息的速度是键盘录入的 20 倍，并能实现"即时数据输入"。

3）准确性高。每组条形码都有特定的起止符，因此不论正面或反面读码均能正确读取数据。

基于反射光识别的原理，我们对条码打印技术的缺点进行一下分析：

首先，译码器是对反射光电流的强弱来进行 0 和 1 的识别，那么对打印油墨的颜色搭配、着色密度是否均匀以及色彩饱和度等因素有着较高的要求。另外，油墨的偏色问题也是条码打印中值得注意的。

其次，对应承物的要求较高。应承物通常就是指条码的载体，比如包装袋、会员卡等。由于条码识读时，其扫描光源是以 45° 角入射，而反射光采集角为 15°，当反射光超过 15°范围时，就无法收集到反射光信号，即相当于黑色效应。所以，为满足条码扫描这一特点，要求承印物具有良好的光散射特性，不能出现镜面反射。

最后，条码的打印质量，如是否清晰、是否平整都直接影响到编译器对它的识别。

2.3 音频信息采集技术

2.3.1 音频采集

音频是一种典型的连续时间信号。话筒把声音的机械振动转换为电信号，模拟音频技术中以模拟电压的幅度表示声音的强弱。这种模拟信号的特点是一个在时间轴上的连续平滑的波形。对这样一个在时间上连续的信号，计算机每隔固定的时间对波形的幅值进行采样，通过得到的一系列数字化量来表示声音。

在某一个特定的时刻对音频信号的测量叫做采样。每秒钟采样的次数称为采样频率，单位为赫兹（Hz）。根据声音采样定律，要从采样中完全恢复原始信号波形，采样频率必须至少是信号中最高频率的两倍。实际使用的标准的采样频率为 44.1kHz。这样，人耳能够听到的声音频率成分均可以恢复。由于不同质量的声音其频率覆盖的范围不同，在实际应用中可以根据声音的类型和质量要求选择采样频率。如语音的频率范围是 3.4kHz 以下，使用 7kHz 采样即可。

在数字音频中，把表示声音强弱的模拟电压用数字表示，如 0.5V 电压用 20 表示，2V 电压用 80 表示等。模拟电压的幅度，即使在某电平范围内，仍然可以有无穷多个，如 1.2V、1.21V、1.215V。而用数字来表示音频幅度时，只能把无穷多个电压幅度用有限个数字来表示。把某一幅度范围内的电压用一个数字表示，这称为量化。计算机内的基本数制是二进制，这就需要把声音数据写成计算机数据格式，这称为编码。

2.3.2　波形声音的采集、处理和输出

波形声音的有关参数：

1）采样频率。常用的标准采样频率有 44.1kHz、22.05kHz、11.025kHz、8kHz、16kHz、37.8kHz、48kHz 等，应用于不同质量的声音场合。

2）位参数。每个采样点的采样精度，即每个采样点的量化位数。

3）声道数。声音通道的个数，表明记录的是只产生一个波形（单声道）还是产生两个波形（立体声双声道）。立体声听起来要比单声道的声音丰满且有一定的空间感，但需要两倍的存储空间。

计算机必须有相应的输入输出设备才能进行声音信号的处理。波形声音的获取是通过声音数字化接口进行的，输入的声音经过数字化后进入计算机中，如图 2-2 所示。输出的过程正好与下图相反，声音数字流经解码、逆压扩变换后，通过数模转换电路把离散的数字序列转换为模拟电压波形送扬声器播放。

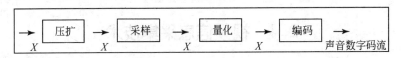

图 2-2　波形声音的输入

对于声音的处理主要集中在压缩、编辑和效果处理上。压缩常在硬件或低层软件中完成，以降低数据量。对声音的编辑常常是进行分段、组合、首尾处理等，以求单一的声音片断能以干净、准确的形式出现。声音效果处理也常常放在编辑操作中，常用的处理有回声处理、倒序处理、音色效果处理以及淡入淡出效果处理等。

2.3.3　语音合成

语音合成技术是让计算机能够产生高清晰度、高自然度的连续语音，在人机对话、语音咨询、自动播音、语音教学、电话翻译、因特网、电子商务等领域有着广泛的应用前景。

语音合成（让计算机说话）包含着两个方面的可能性：一是机器能再生一个预先存入的语音信号，就像普通的录音机一样，不同之处只是采用了数字存储技术。简单地将预先存入的单音或词组拼接起来也能做到"机器开口"，但是"一字一蹦"，机器味十足，人们很难接受。然而如果预先存入足够的语音单元，在合成时采用恰当的技术手段挑选出所需的语音单元拼接起来，也有可能生成高自然度的语句，这就是波形拼接的语音合成方法。为了节省存储容量，在存入机器之前还可以对声音信号先进行数据压缩。另一个表征声道谐振特性的是时变数

字滤波器，调整滤波器的参数等效于改变口腔及声道形状，达到控制发不同音的目的，而调整激励脉冲序列的周期或强度，将改变合成语音的音调、重音等。

按照人类言语功能的不同层次，语音合成也可分成三个层次，它们是：从文字到语音的形成；从概念到语音的形成；从意向到语音的合成。这三个层次反映了人类大脑中形成说话内容的不同过程，涉及人类大脑的高级神经活动。当前，语音合成的研究已经进入文字—语音转换阶段。为了合成出高质量的语言，除了依赖于各种规则，包括语义学规则、词汇规则、语音学规则外，还必须对文字的内容有很好的理解，这将涉及自然语言理解的问题。文字—语音转换过程是先将文字序列转换成音韵序列，再由语音合成器生成语音波形。一般来说，文字—语音合成系统都需要一套复杂的文字序列到音素序列的转换程序，也就是说该转换系统不仅要应用数字信号处理技术，而且必须有大量的语言学知识的支持。当然其中语音合成终究还是最基本的部分，它相当于"人工嘴巴"，任何语音合成系统包括文字—语音转换系统，都离不开语音合成器。

2.4 视频信息采集技术

在多媒体技术中，视频处理一般是指借助于一系列相关的硬件（如视频卡）和软件，在计算机上对输入的视频信号进行接收、采集、传输、压缩、存储、编辑、显示、回放等多种处理。计算机要处理视频信息，首先要解决的是将模拟视频信号转换为数字视频信号。计算机需要对输入的模拟视频信息进行采样和量化，并经过编码使其变成数字化图像。视频信号经数字化后，需要将数字化信息压缩后加以存储。在使用时再将数字化信息从介质中读出，还原成图像信号加以输出。

2.4.1 模拟摄像机和视频采集卡

摄像机是电视中心及节目制作部门的一个重要的视频信号源设备，它的功能是将外界的光学景物变成符合标准的电视信号，也就是模拟信号。为了能使计算机使用采集到的音视频信息，必须使用视频采集卡进行模/数转换，将模拟信号转为数字信号。视频采集卡是一个安装在计算机扩展槽上的硬卡，它可以汇集多种视频信号源的信息，如电视、录像机、摄像机的视频信息，对被捕获和采集到的画面进行数字化、存储、输出及其他处理操作。从摄像机、录像机或其他视频信号源得到的是彩色电视信号，视频源信号首先经过 A/D 转换，然后送到多制式数字解码器。视频解码器是一个模/数转换器，其任务是对视频信号解码和数字化。经解码后得到的视频信号被送入视频处理芯片，对其进行剪裁等处理。视频信息可实时的存到帧存储器中，计算机可以通过视频处理器对帧存储器的内容进行读写操作。帧存储器的视频像素信息读到计算机后通过编程以及运用各种算法完成视频图像的编辑与处理。

录像机还能以磁带或硬盘为存储媒体对视频信号进行记录和重放。使用模拟摄像机采集音视频信息分辨率低，但传输距离远。

2.4.2　数码摄像机

所谓数码摄像机是将光信号通过 CCD 转换成电信号，再经过模拟数字转换，以数字格式将信号存储在数码摄像带、刻录光盘或者存储卡上的一种摄像记录设备。最小的数码摄像机只有巴掌大小，价格一般也只有万元左右，但用它拍摄出来的影像却非常清晰。

数码摄像机与普通摄像机相比较，它主要有以下优点。

1）图像分辨率高。数码摄像机的图像、声音质量以及功能都不是模拟式小型摄像机所能比拟的，它的图像清晰度超过50线，是常规 8mm 和 VHS 模拟制式图像的两倍，真正实现了"纤毫毕现"的梦想。

2）色彩及亮度带宽高。数码摄像机的色彩及亮度带宽比普通摄像机高 6 倍，而色彩、亮度带宽是影像精确度的首要决定因素。

3）可无限次翻录。这种特性得益于优异的数码记录特性和强力误差矫正系统，配合金属录像带，即使经过多次拷贝，也历久弥新，效果依然出色。

4）数码输出端子。大多数数码摄像机采用的 IEEE1394 数码输出端子可方便地将视频图像直接传输到电脑，没有图像和音频的劣化。只需一根电缆，便可将视频、音频、控制等信号进行数据多工传输，且该端子具有热插拔功能，可在多种设备之间进行数据传输。

使用数码摄像机，既能保持使用模拟摄像机采集音视频信息传输距离远的优点，又能得到分辨率很高的音视频信息，并且经过使用数码摄像机采集和处理的音视频信息已经完成模/数转换并被存储在数码摄像带、刻录光盘或者存储卡上。

2.5　信息采集的新技术

信息技术的发展使人们实现了对信息的海量存储、高速传输和快速处理，但是，对信息的获取仍未达到人们期望的高度。近年来，随着传感器、计算机、无线通信、微机电等技术的发展和融合，出现了一些新的信息资源采集技术，人们可以实时监测外部环境，实现大范围、自动化的信息收集。

2.5.1 射频识别技术

RFID 是 radio frequency identification 的缩写，即射频识别技术。它集印刷、信息、计算机、电子技术于一体，并由单一的防伪功能向物流管理、航空行李管理、超市商品管理、自动化生产线部件管理等方向发展。

RFID 技术将微芯片嵌入到产品当中，微芯片会向扫描器自动发出产品的序列号等信息，而这个过程不需要像条形码技术那样进行人工扫描。相比之下，RFID 可以降低生产成本、提高零售效率，正被越来越多的人认为是条形码技术的替代者。RFID 最早出现在 20 世纪 80 年代，最初被用于无法使用条形码跟踪技术的特殊工业场合，许多行业和公司利用它来定位、确认及跟踪库存产品或其他目标。

1. RFID 组成

最基本的 RFID 系统由四部分组成。

1）标签（tag，即射频卡）：又称感应器。由耦合元件及芯片组成，里面含有数据（EPC 码）。标签含有内置天线，用于和射频天线间进行通信。

2）阅读器：即扫描器，是读取（在读写卡中还可以写入）标签信息的设备，充当 RFID 系统的中介，从标签读取数据并上传给应用软件。款式较新的阅读器在半径三米的范围内每秒最快可以同时读取 200 个标签。

3）天线：在标签与读取器间传递射频信号。

4）数据仓库应用软件：管理收集而来的数据。

有些系统还通过阅读器的 RS-232 或 RS-485 接口与外部计算机（上位机主系统）连接，进行数据交换。

2. RFID 的工作原理

RFID 系统中的阅读器通过发射天线发送一定频率的射频信号，当射频卡进入发射天线工作区域时产生感应电流，射频卡获得能量激活；射频卡将自身编码等信息通过卡的内置发送天线发送出去；系统接收天线收到从射频卡发送过来的载波信号，经天线调节器送到阅读器，阅读器对接收的信号进行解调和解码然后送到后台主系统进行相关处理；主系统根据逻辑判断该卡的合法性，针对不同的设定做出相应的处理和控制，发出指令信号控制执行机构动作。

阅读器控制单元的功能包括：与应用系统软件进行通信，并执行应用系统软件发来的命令；控制与射频卡的通信过程（主—从原则）；信号的编解码。对一些特殊的系统还有执行反碰撞算法，对射频卡和阅读器间要传送的数据进行加密和解密，以及进行射频卡和阅读器间的身份验证等附加功能。

射频识别系统的读写距离是一个很关键的参数。目前，长距离射频识别系统的价格还很贵，因此寻找提高读写距离的方法很重要。大多数系统的读取距离和写入距离是不同的，写入距离是读取距离的 40%~80% 。

3. RFID 的特点

RFID 标签的突出特点是利用无线电射频技术，不需要接触标签，无须用肉眼即可识别，即使标签被雪、雾、冰、灰垢等遮盖，仍能对标签进行识别。因此，在环境条件较差、传统的条形码技术无法使用的情况下，也能使用 RFID 标签技术。

RFID 标签可以做成动物跟踪标签，嵌入动物的皮肤下；RFID 标签也可以做成卡的形式，在售卖的商品上附有硬塑料 RFID 标签用于防盗。

RFID 标签通常是由印刷层、芯片层与底层构成。芯片层是在印刷层与底层之间，是标签的核心部分，芯片层不能承受印刷压力。因此通常的做法是先印好印刷层，做好底层，再与芯片层复合。

RFID 系统基于人们熟悉的 Windows 或 UNIX 平台，并且 RFID 系统中的阅读器等基本设备几乎不需要什么维护，所以通常易于管理。

4. RFID 的发展前景

有关专家指出，成本的降低有赖于技术的发展。虽然射频技术的电子标签问世不久，但射频技术的发展已有 50 余年的历史了。虽然 RFID 还处于应用的初级阶段，面临着诸多挑战，如标签价格和标准如何统一、顾客隐私如何保护等问题。市场需求是获得技术突破最有力的推动，经济全球化和随之产生的物流需求使得 RFID 技术的应用前景更加广阔。

2.5.2　无线传感器网络

1. 无线传感器网络简介

无线传感器网络是由大量低成本且具有传感、数据处理和无线通信能力的传感器结点通过自组织方式形成的网络。它独立于基站或移动路由器等基础通信设施，通过分布式协议自主组成网络。

无线传感器网络由大量无线传感器结点相连而成，是传感器向微型化、智能化和无线通信化的延伸。根据传感器结点在使用中是否移动，可将无线传感器网络分为静态网络和动态网络，其中大多数是静态网络。在静态网络中，传感器结点被随机地或按一定要求布置在检测区域内，并根据用户要求，可对温度、湿度、压力等环境参数进行测量，或者感知物体的运动方向和速度等。在动态网络中，传感器结点一般被安置在可移动的物体上，如车辆或被检测的动物，它将随物体的移动而移动。无线传感器网络中有一个特殊结点，称为汇聚结点，它是中心处理结点，也称网关节点。该结点可向区域内的传感器结点发送数据采集命令，并接受和处理传感器结点传送来的数据。

（1）应用模式

无线传感器网络的典型应用模式可分为两类，一类是传感器结点检测环境状态的变化或事件的发生，将发生的事件报告给管理中心；另一类是由管理中心发布命令给某一区域的传感器结点，传感器结点执行命令并返回相应的监测数据。与之对应的，传感器网络中的通信模式也有两种，一是传感器将采集到的数据传输到管理中心，称为多到一通信模式；二是管理中心向区域内的传感器结点发布命令，称为一到多通信模式。

（2）硬件组成

传感器结点的组成可以分为与应用相关和与应用相对独立的两部分，前一部分包括传感部件，模/数转换部件等；后一部分称为结点平台，包括计算部件、存储部件、通信部件、电源部件等。随着微电子技术、微机械加工技术、高能电池技术的发展，传感器结点的体积越来越小，功耗将越来越少，价格也会降低，而计算能力将越来越强，最终达到"智能尘埃"的水平。

（3）软件系统

传感器结点的软件系统可分为三个层次：操作系统层、系统服务层和应用层。操作系统层提供硬件访问接口和任务执行环境；系统服务层包括网络通信协议、能量管理、定位与定时等，主要为应用提供所需的系统服务；应用层实现特定应用所需的功能，包括对来自多个传感器结点的数据进行融合等。

（4）系统特点

1）专用：传感器网络是针对某种数据采集需要而专门建立的。

2）自组织：网络的建立和结点间通信不依赖于固定的通信基础设施。传感器结点通过分布式网络协议实现组网，网络能够自动调整以适应结点的移动、加入和退出、剩余电量和无线传输范围的变化等。

3）大规模：传感器网络可能包含多达上千个甚至上万个结点。

4）高冗余：为了保证网路的可用性和生存能力，传感器网络通常具有较高的结点和网络链路冗余，以及采集的数据冗余。

5）空间位置寻址：传感器网络一般不需要支持任意两个传感器结点之间的点对点通信，传感器结点不必具有全球唯一的标识，不必采用因特网的 IP 寻址。

用户往往不关心数据采集是在哪个结点，而关心数据所属的空间位置，因此可采取空间位置寻址方式。

6）流量不均衡：传感器网络中流向处理中心的数据量往往远大于反方向的流量。数据流向处理中心，并在处理中心集中，这样会出现离处理中心越近，结点负载越重的现象。

7）结点能力有限：由于低成本、低能耗、体积小、野外部署等要求，传感器结点在供电、计算、存储、通信等方面的能力比较受限。

由于传感器网络潜在的巨大应用价值，它已经引起了世界各国的军事部门、工业界和学术界的极大关注。

2. 无线传感器网络的应用

无线传感器网络在军事和民用领域有着广阔的应用前景，如军事侦察、环境监测、医疗监护、空间探索、仓储管理等，成为信息技术的一个新的应用领域。

（1）军事应用

信息技术正推动着一场新的军事变革。无线传感器网络可以协助实现有效的战场态势感知，满足作战的"知己知彼"要求。典型的设想是飞行器将大量的微传感器结点散布在战场上，这些结点自主成网，将战场信息边收集、边传输、边融合，为各参战单位提供情报服务。

无线传感器网络还可在对付化学武器方面发挥重要作用。美国已将化学剂检测和数据解释组合到一种专有的芯片技术中，基于这一技术可创建一个低成本的化学传感器系统，捕获和解释数据，并提供实时警告，以应付恐怖分子使用化学武器进行攻击。该传感器能与后端笔记本电脑进行无线连接，电脑上运行着远程监控和服务器过程。

（2）民用

除了军事上的应用，传感器网络在民用领域也有相当广阔的前景。如在环境监测中，可以检测大气成分的变化，从而对城市空气污染进行监控；可以监测土壤成分的变化，为农作物的培养提供依据；可以监测降雨量和河水水位的变化，实现洪水的预报；可以监测空气温度和湿度的变化，实现森林火灾的预警。在生物学研究中，可以跟踪候鸟的迁徙，实现对动物栖息地的监控。在空间探索中，可以在待探索星球表面布散传感器结点，实现对星球实时的监控。在医疗方面，可以在病人身上安置传感器，让医生可随时远程了解病情。在交通管理方面，可以监测道路堵塞情况，实现高效的道路交通运输管理。此外，无线传感器网络在智能家居、智能办公环境等方面可以一展身手。

2.5.3 电子标签

在现阶段的物流业中，条码技术已成为全球最通用的标准之一。但是条码技术仍然存在一些无法克服的缺点，如只能识别一类产品而无法识别某一单个产品。在现代物流业当中，实现对产品的唯一识别，并追踪供应链上的每一件单品是非常重要的。为满足这一市场需求，实现对供应链上每一单品的有效跟踪，产品电子标签（the electronic product code，EPC）技术应运而生。

EPC 技术由国际物品编码协会下设机构负责统一开发和管理，是继条码技术之后的又一项新的自动识别技术。它能够通过赋予每一个单品唯一的 EPC 码，实现对单品的唯一标识。EPC 技术是条码技术的延续和发展，是条码技术的有益补充，也是全球统一标识系统的重要组成部分。EPC 是下一代的产品标识，能够进一步提高物流供应链管理水平，降低成本，可以实现对所有实体对象（包括零售商品、物流单元、集装箱、货运包装等）的标识、跟踪。

EPC 根据层次概念建立，能用来表示各种各样的已存在的编码系统（numbering system）。像许多目前正在商业中使用的编码系统一样，EPC 用不同组的数字来标识厂商和产品类型。但是，EPC 还使用另外一组数字，一个序列号来标识各个单独的商品。一个 EPC 代码包含下列部分。

1）代码头部，标识 EPC 的长度、类型、结构、版本和产生。

2）管理编码，标识公司或公司实体。

3）物品类别，类似于股票编号。

4）序列号，该类物品中每个特定物品的标签。

5）数字域，可用作 EPC 的一部分，用来将来自不同的编码系统的信息编码和解码成为它们自然的（人类可读的）形式。

有专家认为，EPC 技术的意义不仅仅在于打破目前诸如有些地方货物积压和有些地方货物短缺等物品信息不对称的瓶颈，更将对全球经济一体化运作和发展起到至关重要的作用，使世界范围内的物品调配更科学合理，运转更快速顺畅。它代表的不只是一种先进的技术或者是一种先进的产品，更是一场席卷全球产业界的革命，给全人类带来一种全新的商业模式的理念，为人们的工作和生活提供优质服务。

第3章 信息资源组织技术

卓有成效的信息资源组织既需要有正确的理论原则作指导，又需要有精良的技术方法作保证。在人们进行信息资源组织的长期实践中，已创造出了多种多样的技术方法；在面对当今信息资源广泛而深入地变化与发展中，人们也在新的信息技术的支持下探求各种各样新的信息组织方法。在信息资源组织中，技术方法是重要的基础组成部分，也是应不断发展完善的基础内容。

信息资源组织就是信息序化或者信息整序，也就是利用一定的科学规则和方法，通过对信息外在特征和内容的描述和序化，实现无序信息流向有序信息流的转换，从而保证用户对信息的有效获取和利用以及信息的有效流通和组合。信息组织的目的是要有以下几点：①减少信息流的混乱程度，使内容有序化，使信息能够给用户提供有针对性的有效服务，同时控制信息的质量，使用户能够得到期望的高质量的信息服务；②提高信息的质量，通过信息组织活动可以提高对信息层次的认识，对开发新的信息产品具有促进作用，从而将粗放型的信息集合转化成集约型的信息集合；③节省各方面信息资源活动的总成本，通过对信息资源的组织工作，使信息资源产品的开发实现合理的分工，节省用户查询、利用信息资源的时间和精力，提高信息资源的使用率。

本章将以标引、聚类、分类、信息摘要技术、信息资源内容的描述以及信息构建技术为主要内容，介绍信息资源组织技术体系的基础内容。

3.1 标 引

文献是一种重要的信息类型，文献处理是信息处理的重要组成部分，其中标引过程是文献处理的关键环节，起着承上启下的作用，是文献检索的准备阶段。标引是通过对文献或信息资源的分析，选用确切的检索标识，如类号、主题词、关键词、人名、地名等，用以反映该文献或资源内容，为存储和检索提供某种连接。标引通常指选用检索语言词或自然语言词反映文献主题内容，是内容的主题分析和用词表达两个步骤的结合。标引是文献加工的重要环节，是款目或记录编排的基础和根据，对信息检索效果有直接的决定性的影响。

信息标引是一项十分复杂的技术工作，既要求很高的严密性，又具有很大的灵活性，因而需要标引人员具有较高的专业水准和素质，需要对标引全过程进行规范化控制。自动标引和自动编目将是文献标引的发展趋势。

标引工作的目的就是将标引结果用于检索，通过检索将大量的信息提供给用户使用，产生直接的社会效益和经济效益。因此标引的质量和效率直接影响到整个文献处理的质量和进度，影响到数据库建设的规模，直接关系到检索时的查准率和查全率。

3.1.1　自动标引

随着全球性信息时代的逐渐到来，信息资源已成为人类社会最重要的财富。网络环境的完善，不仅改变了信息载体形式和传递方式，也改变了读者获取信息的方式。读者获取知识的首选方式是网络，并且对信息的需求更高、更快、更新。不论是传统的图书馆文献还是现在的网络资源，能否成为信息高速公路上的信息资源，成为真正方便人们使用的资源，自动标引都是关键环节。

随着全球信息时代的到来，对文献的信息需求更高、更快、更新。传统的文本信息正在向数字化信息、电子化信息、网络化信息演变。而我们的信息组织和存储工作能否满足人们的要求，是非常关键的环节。

我国对文献信息自动标引的研究始于 20 世纪 80 年代初，由于汉语信息的表达与组织所固有的特点，近 30 年来我国自动标引的研究主要集中在解决汉语的分词问题，其标引研究的信息来源多为文献标题，标引词的选取基本限于抽取出的关键词。这样的研究现状表明，我国文献信息自动标引的研究尚处在"初级阶段"，真正意义上的自动标引研究还未展开。只有通过对已切分出的关键词分析处理，析出主题概念，挑选出相关标引词，这样才可称作为是完全的自动标引。其一，标引信息应突破标题，甚至文摘的界限，保证标引源的信息量；其二，采取词权及加权累计的方法，选出与文献主题密切相关的主题词；第三，鉴于赋词标引与关键词标引各有优势，采取两者结合的方法，即以关键词作为引线，实现主题词标引。

在自动化标引方法中，手工标引的基本内容和要求被保留下来，但实现的方法和处理流程可以不同。标引作业自动化的一般流程如下。

1）获得机器可读的待标引文献文本，可采用直接输入法将普通文献转化为机读式文献，也可利用现成的机读情报源，如计算机编辑排版产生的机读文献。

2）语句分析，借助一定的技术手段（如词典、词表、词频特征、句法或结构特征等），设计一种算法来对文本中的语句进行分析，识别出词与非词，内容词（实词）和功能词（虚词），并采集有关信息。

3）词语加权，设计或确定内容词的加权方案，据此计算每个词的权值。

4）确定标引词的权值，根据预定的文献标引深度，并考虑各种特征，确定可以作为标引词选出的候选词的权值。

5）选标引词，根据给定的阈值选出权值大于等于此值的候选词作为文献的标引词。

6）转换，把上面选出的词转换为词表中的受控词，或者用文本之外的某个词代替上面选出的某个词或某个词组，或者用词表中的范畴号或类代号代替文中出现的权值过低的内容词。这是自动赋词标引的核心工作。

7）文档生成与索引编辑输出，将抽出的和选定的全部标引词连同它们的地址信息，按照某种要求自动组织排序，生成检索用的倒排文档或词典文档。如果同时要编印书本式检索，就要事先设计好索引款目的格式，编制好索引款目生成程序和编辑排版格式，以便自动输出可供印刷出版用的检索文本。

8）反馈，根据检索过程中用户的相关判断，进行词相关加权计算，对前面的标引过程进一步求精，提高标引质量。

自动标引的目的在于能让计算机从存储的信息中自动抽取主题词。文献的主题词不仅要反映文献的主要内容，还必须能够被收进主题词表（又称为虚词表）。由于抽取隐含主题的技术还不够成熟，目前一般所指的主题词表是在文献中已经包含或包含其部分明显信息的词。此外，根据自动标引的抽词方式可以将自动标引分为自动抽词标引和自动赋词标引两种基本方式。

标引系统的有效性取决于两个方面，一个是标引的网络度，即表示标引词对文献各方面的表达和识别程度；另一个是标引的专指度，即表示标引词对文献特定内容描述的详细程度。

1. 自动抽词标引

自动抽词标引是由计算机自动从文本中抽取词或短语来表达信息资源的主题内容，根据自动抽词标引时所采用的标准，可以分成以下几种。

1）绝对频率法。由计算机程序将文本与停用词表对照，除去介词、连词等虚词，然后同一个词在不同文章中出现的频率，按词语出现的频率排序。排在最前面的词为高频词，可选作文献的标引词。在自动分类系统对英文资源中的词和短语选择时，计算机程序能自动除去被选词语的前、后缀，将词干存储起来，以代替不同的变体等。这样可以提高标引的一致性，同时有利于提高查全率。

当以某个专业数据库为范围进行考察时，绝对频率有一个缺点，就是一些词语虽然在某一文献资源中经常出现，同时在整个数据库中也是经常出现的，根据绝对频率法抽取的某些词可能无法很好地区分数据库中的不同文献，这会降低文献资源的查准率。

2）相对频率法。从前一个方法可以看出，一个词在资源中出现的绝对频率不是计算机在处理文本时需要唯一关注的因素。当某个词或短语在某一文献中出现的频率高于它在的整个数据库中出现的频率时，这个词或短语就可以被选作标引词，这就是相对频率抽词法。

使用相对频率抽词法不必使用停用词表，那些经常出现的名词以及介词、连词、冠词等虽然会在个体的条目中频频出现，但是它们也同样在整个文献集合或者数据库中频频出现，因此它们会被系统自动排除出去。

相对频率法比绝对频率法要复杂得多，因为随着新的资源不断加入到数据库中，计算机程序需要不断地计算出每个词在数据库中和单个文献条目中的出现的频率，并将这些频率进行比较。

3）位置法。这种方法利用文献中出现的位置来进行选择。一般来说，出现在标题中的名词和动词表达文章主题的能力比出现在正文中的其他词要强，还有主题句中的关键词也能很好地表达文献的内容，主题句主要是指能够提供最多有关文献信息量的句子。

2．自动赋词标引

赋词标引就是从某种形式的受控词表中选取词语来表达文献资源的主题内容。自动赋词标引就是指计算机来自动完成这一标引过程。它与自动抽词标引的最大区别就是所使用的标引词来自于某一受控词表，而不是来自文献资源本身。

（1）基于关联词表的自动赋词标引

基于关联词表的自动赋词标引需要经历以下两个环节。首先，为受控词表中的每一个叙词建立一个关联词表。例如，对于"酸雨"这一个叙词，根据词频统计来考察这个短语标引的样本文献中经常出现的词或短语。假设有酸雨、酸性沉淀物、空气污染、硫化物等类似的词语，需要将它们组成一个"酸雨"的关联词条。其次，当一篇文献进行标引的时候，利用计算机根据词频法从文献中抽取出来的重要的词语，与受控词表的关联词条目集合进行匹配。当某个叙词的关联词表与之匹配超过一定的阈值时，就将这个叙词赋予这篇文献作为标引词。

（2）基于中介词典的自动赋词标引

在进行自动赋词标引时，使用一个中介词典，与文献中的词进行匹配，同时将中介词典的词与某一个主题词表进行对应。这样通过中介词典，就可以将文本词指引向受控此表的词。利用中介词典虽然可以将自然语言转换为受控词表的词，但是中介词典的覆盖面一般比较小，难以编制一个能满足各方面需求的词典。

3．自动标引的难点

自动标引还处于研究阶段，不是十分成熟，由于汉语本身所具有的一些特殊性，就使中文自动标引的难度加大，主要有以下难点。

（1）词的切分问题

中文与西文不同，汉语的词语之间是紧密连接的，不像西文一样有间隔。现在国内大部分自动标引方法只能依据字典匹配，最多加上一些构词模式或者规则来进行切分。用这种机械的方法切分词，往往可能出现一些切分错误，因为它无法识别汉语中一些比较复杂的语句。

（2）全面的语法分析很难做到

要理解句子首先要分清楚句子中的各个语法成分，哪一个是主语，哪一个是谓语等。由于汉语的规范化问题，词间关系的复杂性和汉语用词的灵活性将对句子中词性的识别、短语的识别等带来很大的困难。特别是对于一些具有多种词性的词来说，不管它在句了中是采用何种词性，都会出现一样的形式。在现行的自动标引系统中往往是采用所谓的禁用词的办法对句子进行筛选，限制主题领域和简化语言环境，以达到对句子能够粗略理解的目的。

（3）汉语的灵活性

汉语的使用相当灵活和方便，有时候可以把表示动作的动词重叠起来，这时其意思和原有的有所不同，可以表示经历的时间较短，反复多等。人们可以灵活地运用词语表达自己的意思。但是对于使用计算机而言，由此给自动标引带来了非常大的麻烦。

（4）主题词选择和隐含标引问题

无论是对主题词还是对关键词的标引，都需要进行主题理解和概念转换，特别是对后者，在实现时候是比较困难的。现行的系统往往还来不及考虑这个问题，有时只能在用加权选择和主题判断规则来解决。这将对加权函数和规则的正确性提出很高的要求，否则很容易造成误标或漏标。

中文的自动标引是一项难度比较高、涉及面广的系统工程，要依靠语言学家、数学家、计算机和人工智能科学家长期的研究努力才能够完成。目前在中文的自动标引中所做的工作也是为此而做的前期研究，虽然现在还处于试验阶段，但是它们预示着中文自动标引、汉语自然语言理解的未来，最终实现使用的智能化标引系统将是中文自动标引发展方向。

3.1.2　基于词汇分布特征的标引方法

1. 统计标引法

词频统计标引法是标引方法之中使用历史最长的一种，它的理论基础是著名的 Zipf 定律，即省力法则。它建立在较成熟的语言学统计研究成果基础之上，具有一定的客观性和合理性。国内外很多学者都曾使用这种方法进行了标引试验，结果证明此法行之有效。词频统计方法要进一步发挥其功能，就必须融合其他因素，因此这种方法目前更多是综合其他标引方法一起使用。

词频统计标引法就是将某一篇较长的文章（约 500 字以上）中每个词出现的频率按照递减顺序排列起来（高频词在前，低频词在后），并用自然数给这些词编上等级序号，频次最高的是 1 级，其次是 2 级，3 级……，如果用 f 表示词在文献中出现的频次，用 r 表示词的等级序号，则有 $f \times r = c$（c 为常数）。通过对这些词语的统计，求出其中的高频词、中频词和低频词，并使用中等频率的词语作为标识文献的主题词。除此以外，还可以根据取词的不同位置、词语本身的重要性给每个词赋予不同的权值，使得最终的加权统计结果更加符合实际情况，更能体现文章的主题。后来 Luhn 在 Zipf 定律（省力法则）的基础上提出了自动抽词的基本思想。统计标引法最大的优点是简单易用，而且符合人类语言应用的一般特征。但是使用这种纯粹统计的方法去处理千差万别的人类思维的成果，往往显得力不从心，因此还需要和别的方法结合使用。

2. 概率标引法

概率标引法所依据的概率主要有相关概率，决策概率和出现概率。基于相关概率的标引法是根据包含相同标引词的提问与文献的相关概率来标引划分文献，如二值独立性标引模型；一是根据具有一定联系的文献之间的相关概率来标引特定的文献，如基于被引用与引用文献的标引方法；基于决策概率的标引方法主要是依据某标引词赋予某文献这一决策事件正确的概率来标引文献。而决策概率模型则是同时以需求文献相关概率和叙词标引文献正确的决策概率为基础而构造的标引方法。基于出现概率的标引方法是根据词在文献中的出现频次所服从的概率分布的特征来选择标引词。

3.1.3 基于语言规则与内容的标引

1. 句法分析法

句法分析法是利用计算机自动分析文本的句法结构，鉴别词在句子中的语法作用和词间句法关系。它们一般都借助词典来制定词的语法范畴，以此作为句法分析的基础，最终抽出可做标引词的词语。句法分析法从文献的标题出发，分析其内在结构，其假设是文章的标题可以基本反映文章的主要内容。它从语法角度上确定句子中每个词的作用（如主语还是谓语）和词之间的相互关系（如是修饰还是被修饰），并通过与事先准备好的解析规则或语法相比较而实现。

句法分析基于深层结构的标引法将文献标题可能反映的主题内容归纳为有限的几种元素基本范畴，并使用简洁的句法规则，减小了句法分析的复杂性。数字化指示符和处理码标识的运用更方便了计算机的识别处理。但是这种方法在主题名称的范畴分析及主题标目的选择等方面需要较多的人工干预，影响了其自动标引效率。另外，这种方法仅以文献标题为标引对象，虽然主题内容容易突出，但标题句法形式的规范性一般较差，增加了句法分析的难度，同时过窄的分析范围容易漏标一些相关主题。

2. 语义分析法

语义分析标引法通过分析文本或话语的语义结构来识别文献中那些与主题相关的词。这种方法本身受制于语言学的发展，而众所周知的是语言学，尤其是计算语言学本身的研究难度，所以目前利用语义分析的方法进行标引的研究还不多，所能见到的有诸如：潜在语义分析标引法、语义矢量空间模型等。学术界对从语言学角度研究自动标引的做法颇有争议，反对者的主要理由包括：语言法的使用限制多，语言学领域的研究成果对促进自动发展帮助甚微等。

3.1.4 人工智能标引方法

人工智能是计算机科学的一个分支，它专门研究怎样用机器理解和模拟人类特有的智能系统的活动，探索人们如何运用已有的知识、经验和技能去解决问题。实现自动标引的目的是让机器从事标引工作中的脑力劳动，即让计算机模拟标引人员完成标引文献的工作。因此，人们把人工智能法运用于自动标引研究既顺应自然，又给自动标引技术带来了新的活力。

人工智能应用在标引中的具体技术是专家系统，专家系统的知识表示方法主要有产生式表示法、语义网络表示法和框架表示法。采用人工智能法进行自动标引比在相同专业领域中运用其他方法要复杂。但人工智能法是真正从标引人员的思维角度模拟标引员的标引过程，这显然比以被标引文献为出发点的其他自动标引方法更有希望获得理想的标引效果。人工智能标引方法包括基于产生式表示法、基于语义网络标引法和基于框架表示法。

1. 基于产生式表示法

基于产生式规则的知识表示描述为：

$$\text{IF } E \quad \text{THEN } H \text{ (CF, } \lambda\text{)}$$

其中，E 表示证据，H 表示结论，CF 表示可信度因子，λ 表示阈值。它是目前应用最广泛的知识表示方法之一，除有良好的模块性外，最重要的原因是领域专家习惯于把自己的知识表示为 IF…THEN 形式。

一个产生式系统由规则库、综合数据库和控制机构三个基本部分组成。产生式规则表示法具有非常明显的优点：①自然性好，产生式表示法用"IF-THEN"的形式表示知识，这种表示形式与人类的判断性知识基本一致，直观，自然，便于推理；②除了对系统的总体结构、各部分相互作用的方式及规则的表示形式有明确规定以外，对系统的其他实现细节都没有具体规定，这使设计者们在开发实用系统时具有较大灵活性，可以根据需要采用适当的实现技术，特别是可以把对求解问题有意义的各种启发式知识引入到系统中；③表示的格式固定，形式单一，规则间相互独立，整个过程只是前件匹配，后件动作。匹配提供的信息只有成功与失败，匹配一般无递归，没有复杂的计算，所以系统容易建立；④由于规则库中的知识具有相同的格式，并且全局数据库可以被所有的规则访问，因此规则可以被统一处理；⑤模块性好，产生式规则是规则中最基本的知识单元，各规则之间只能通过全局数据库发生联系，不能互相调用，增加了规则的模块性，有利于对知识的增加、删除和修改；⑥产生式表示法既可以表示确定的知识单元，又可以表示不确定性知识；既有利于表示启发式知识，又可方便地表示过程性知识；既可表示领域知识，又可表示元知识。

产生式规则表示法也存在着下列缺点：①推理效率低下。由于规则库中的知识都有统一格式，并且规则之间的联系必须以全局数据库为媒介，推理过程是一种反复进行的"匹配——冲突消除——执行"的过程。而且在每个推理周期，都要不断地对全部规则的条件部分进行搜索和模式匹配。从原理上讲，这种做法必然会降低推理效率，而且随着规则数量的增加。效率低的缺点会越来越突出，甚至会出现组合爆炸问题。②不直观。数据库中存放的是一条条相互独立的规则，相互之间的关系很难通过直观的方式查看。③缺乏灵活性。产生式表示的知识有一定的格式，规则之间不能直接调用，因此较难表示那些具有结构关系或层次关系的知识，也不能提供灵活的解释。

2. 基于语义网络标引法

基于语义网络的知识表示是用有向图表示领域知识的一种技术，节点表示领域的实体，直线表示实体之间的关系，直线上的标注说明该二元关系的类型。如麻雀是鸟，所有的鸟都有翅膀。它可用语义网络表示如图 3-1 所示。

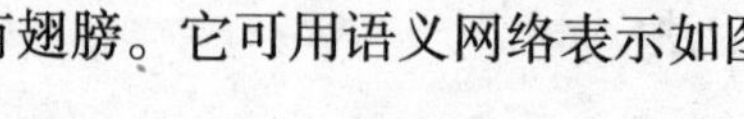

```
┌────┐   A   ┌──┐ Has-part ┌────┐
│麻雀│──────▶│鸟│─────────▶│翅膀│
└────┘       └──┘          └────┘
```

图 3-1　语义网络

语义网络表示法具有以下的优点：①把各节点之间的联系以明确、简洁的方式表示出来，是一种直观的知识表示方法；②着重强调事物间的语义联系，体现了人类思维的联想过程，符合人们表达事物间关系的习惯，因此把自然语言转换成语义网络较为容易；③具有广泛的表示范围和强大的表示能力，用其他形式的表示方法能表达的知识几乎都可以用语义网络来表示；④把事物的属性以及事物间的各种语义联系显式地表示出来，是一种结构化的知识表示法。但是，语义网络表示法也存在着以下的缺点：①推理规则不十分明了，不能充分保证网络操作所得推论的严格性和有效性；②如果节点个数太多，网络结构复杂，推理就难以进行；③不便于表达判断性知识与深层知识。

3. 基于框架表示法

框架表示法能够把知识的内部结构关系以及知识之间的特殊关系表示出来，并把与某个实体或实体集的相关特性都集中在一起，其最突出的特点是善于表示结构性知识。框架是一种描述固定情况的数据结构，一般可以把框架看成是一个由节点和关系组成的网络。框架的最高层次是固定的，并且描述对于假定情况总是正确的事物，在框架的较低层次上有许多终端——被称为槽（slot）。在槽中填入具体值，就可以得到一个描述具体事物的框架，每一个槽都可以有一些附加说明——被称为侧面（facet），其作用是指出槽的取值范围和求值方法等。一个框架中可以包含各种信息：描述事物的信息，如何使用框架的信息，关于下一步将发生什么情况的期望及如果期望的事件没有发生应该怎么办的信息等。这些信息包含在框架的各个槽或侧面中。一个具体事物可由槽中已填入值的框架来描述，具有不同的槽值的框架可以反映某一类事物中的各个具体事物。相关的框架链接在一起形成了一个框架系统，框架系统中由一个框架到另一个框架的转换可以表示状态的变化、推理或其他活动。不同的框架可以共享同一个槽值，这种方法可以把不同角度搜集起来的信息较好地协调起来。

框架表示法具有以下优点：①框架系统的数据结构和问题求解过程与人类的思维和问题求解过程相似；②框架结构表达能力强，层次结构丰富，提供了有效的组织知识的手段，只要对其中某些细节作进一步描述，就可以将其扩充为另外一些框架；③可以利用过去获得的知识对未来的情况进行预测，而实际上这种预测非常接近人的认识规律，因此可以通过框架来认识某一类事物，也可以通过一系列实例来修正框架对某些事物的不完整描述（填充空的框架，修改默认值）。

框架表示法与语义网络表示法存在着相似的问题：①缺乏形式理论，没有明确的推理机制保证问题求解的可行性和推理过程的严密性；②由于许多实际情况与原型存在较大的差异，因此适应能力不强；③框架系统中各个子框架的数据结构如果不一致会影响整个系统的清晰性，造成推理的困难。

3.2 聚类与分类技术

聚类是一种应用很广的数据挖掘形式，它广泛应用于模式识别、图像处理、数据压缩等领域。近年来，网上文本信息的激增，使搜索引擎、文本挖掘、信息过滤和信息检索等领域的研究出现了前所未有的高潮。而聚类作为一种知识发现的重要方法，也日益广泛和中文信息处理技术相结合，应用于网络信息处理中以满足用户方便快捷地从因特网获得自己需要的信息资源。

分类是信息资源处理中的重要环节，人们将各类信息资源收集再对他们进行加工利用。分类法是以知识属性来描述和表达信息内容的一种信息处理方法，就是根据一个文档的特征向量，计算该文档的类别。分类语言是指以数字、字母或者字母与数字相结合作为基本字符，采用字符连接并以圆点或其他符号作为分隔符的书写法，以基本类目作为基本词汇，以类目的从属关系来表达复杂概念的一种检索类语言。

3.2.1 常用聚类方法

近年来，随着因特网的大规模普及和企业信息化程度的提高，各种资源呈现爆炸式增长。然而，大部分信息是存储在文本数据库中的，对于半结构或无结构化数据，能够获取特定内容信息的手段却较弱，导致信息搜寻困难和信息利用率低下。快速高质量的文本聚类技术可以将大量文本信息组成少数有意义的簇。这种技术能够提供导航/浏览机制，通过聚类驱动的降维或权值调整来改善检索性能。因此，聚类技术已成为文本信息挖掘技术中的核心技术。

聚类本质上是一种通过对对象集合按照某种规则进行划分或覆盖从而发现隐含的潜在有用信息的一种知识发现方法。聚类算法有许多种，通常有以下几类：①通过构建类别层次或者构造一棵类别树进行聚类的层次聚类算法；②将数据集进行划分的分割聚类算法；③按其连接分量的密度定义类别的基于密度的聚类方法；④通过对属性空间进行单元划分，然后对单元进行聚类的网络聚类算法；⑤其他聚类算法还有基于"核"的聚类算法以及利用进化算法，梯度下降法等。

1. 聚类算法的比较标准

文本聚类的目的是为了将大规模的文本数据集分组成为多个类，并使同一类中的文本信息之间具有较高的相似度。不同类之间的文本差别较大，可方便人们对文本信息的利用。因此文本聚类算法的比较应基于以下六个标准。

1）有较高的可伸缩性。聚类算法不仅在样本数据集上，而且在大规模的现实文本数据集上都要有较好的效果。

2）能处理高维数据。用支持向量机（support vector machines，VSM）表示的文本数据集通常有数千维甚至上万维，因此用于文本聚类的算法要能处理高维数据。

3）能发现任意形状的聚类。由于学科发展的交叉性与综合性，类与类之间的界线越来越模糊，类的形状不局限于球状或其他凸状，这就要求文本聚类的算法能发现任意形状的类。

4）输入参数与领域知识的依赖性低。很多算法都需要事先给出一些参数，而在没有先验知识的情况下，这些参数是很难确定的，且聚类结果对这些参数非常敏感，因此要尽量避免。

5）对数据的输入顺序不敏感。用 VSM 表示的文本中是用词汇作为特征项单位以词汇的词频处理值作为特征项的数值，这样，要求文本数据的输入顺序应对最终的聚类结果无影响。

6）有较好的处理噪声数据的能力。绝大多数现实世界中的数据库都包含孤立点、未知数据等噪声数据，若算法对这样的数据敏感，则会降低聚类结果的质量。

2. 常用的聚类算法

（1）层次聚类算法

层次聚类法把类别看作是有层次的，即随着类别层次的变化，类别中的对象也相应发生变化。层次聚类结果形成一棵类别树，每个类结点还包含若干子结点，兄弟结点是对其父结点的划分，因此该方法允许在不同的粒度上对数据进行分类。按照类别树的生成方式，可将层次聚类法分为两种，一种是融合方法（自底向上法），另一种是分裂方法（自顶向下法）。融合方法从每个单个对象出发，先将一个对象看成单独一类，然后反复合并两个或多个合适的类别。分裂方法则恰恰相反，从整个集合出发看成一类，然后反复将结点分裂出新的子结点。层次聚类法循环进行直至满足停止条件。

（2）分割聚类算法

分割聚类算法将数据集分成若干子集。由于在计算上不可能搜索全部可能子集空间，因此往往采用一定迭代优化的启发式方法。这就意味着反复在 K 类之间重新定位每类的类别中心，以及重新分配每类中的对象。与层次聚类不同的是这类算法反复调整聚类结果来进行聚类优化。

典型的算法有 K-means 方法。K-means 方法有如下优点：①对数值属性有很好的几何和统计意义；②对顺序不太敏感；③对凸型聚类有较好结果；④平行运行；⑤可在任意范围内进行聚类。K－means 方法有如下缺点：①对初始聚类中心选取较敏感，往往得不到全局最优解，而常常得到的是次优解；②关于 K 值的确定没有可行的依据；③该算法容易受到异常点的干扰；④缺少可伸缩性；⑤聚类结果有时会失衡。

（3）基于密度的聚类算法

这种算法认为，类别是向任意方向按相同密度扩张的连通区域。因此基于密度的聚类算法可以发现任意形状的类别，同时此算法对噪声有自然的抵制作用。这种算法主要需要考虑数据空间的密度、连通性与边界区。其中典型的基于密度的算法是 DBSCAN 算法，其基本思想是：对于一个类中的每一对象，在其给定半径（用 R 表示）的领域中包含的对象数目不小于某一给定的最小数目，即在 DB-SCAN 中，一个类被认为是密度大于一个给定的阈值的一组对象的集合，能够被其中的任意一个核心对象所确定。DBSCAN 存在如下缺点：一是随着数据量的增大，需要有很大的内存支持与 I/O 开销；二是由于使用了全局参数 E 和 Min pts，因此没有考虑数据密度和类别距离大小的不均匀性，DBSCAN 很难得到高质量的聚类结果。

（4）基于网格的聚类算法

为了减少搜索复杂度，需要考虑多边形分段区域。一个分段区域就是空间中的一个划分的小的超立方体，而利用划分空间进行聚类的方法通常就称为网格聚类算法。每一个分段区域就称为一个单元。网格聚类算法把对数据的分割转换成对空间的分割。数据分割是通过数据点之间的关系导致空间的分割而产生的，但是空间分割则是基于输入数据累加的空间小超立方体（网格）。本质上，它经过了如下的转换过程：数据→网格数据→空间分割→数据分割。这样不直接对数据进行处理的优点是网格数据的增加使得基于网格的聚类技术不受数据次序的影响。基于网格的聚类算法适用于各种类型属性的数据，不像基于密度的聚类算法仅对数值属性的数据有较好的效果。在参考文献中提出的基于密度的网格聚类算法，兼有基于密度算法和基于网格算法的双重特性。

3.2.2　常用分类方法与技术

1. 常用分类方法

分类方法包括朴素贝叶斯（naive Bayes，NB）法、K 最邻近结点（K-nearest neighbor，KNN）算法、决策树、神经网络法、支持向量机法、基于投票的方法等。

（1）朴素贝叶斯法

朴素贝叶斯分类方法是一种最常用的有指导意义的方法，以贝叶斯定理为理论基础，是一种在已知先验概率与条件概率的情况下的模式识别方法。贝叶斯分类器分为两种：①朴素贝叶斯分类器，它假设一个属性对给定类的影响独立于其他属性，即特征独立性假设。对文档分类来说，它假设各个项之间两两独立。当假设成立时，与其他分类方法相比，朴素贝叶斯方法是最精确的。但是文档属性之间的依赖关系是可能存在的。②贝叶斯网络分类器。可以考虑属性之间的依赖程度，其计算复杂度比朴素贝叶斯高得多，更能反映真实文档的情况。贝叶斯网络分类器实现十分复杂，目前还停留在理论的研究阶段。

朴素贝叶斯分类器是在已知新实例的文档特征值的情况下，利用训练数据来评估每个类的概率的。设训练集分为 k 类，记为 $C = \{C_1, \cdots, C_k\}$，则每个类 C_i 的先验概率为 $P(C_i)$，$i = 1, 2, \cdots, k$，其值为 C_i 类的样本数除以训练集总样本数 n。对于新样本 d，其属于 C_i 类的条件概率是 $P(c_i \mid d)$。根据贝叶斯定理，c_i 累积后验概率为 $P(d \mid c_i)$

$$P(c_i) = \frac{1 + |D_{c_i}|}{|C| + |D_c|} \tag{3-1}$$

式（3-1）中的分母在各个类中并没有什么不同，可以忽略，可简化为

$$P(c_i \mid d) \propto P(d \mid c_i) P(c_i) \tag{3-2}$$

为避免 $P(c_i)$ 等于0，采用拉普拉斯概率估计

$$P(c_i) = \frac{1 + |D_{c_i}|}{|C| + |D_c|} \tag{3-3}$$

式中，$|C|$ 为训练集中类的数目，$|D_c|$ 为训练集中属于类 c_i 的文档数，$|D_c|$ 为训练集包含的总文档数。

（2）支持向量机

支持向量机是由贝尔实验室研究者 Vapnik 于20世纪90年代最先提出的一种新的机器学习理论，是建立在统计学习理论的 VC 维理论和结论风险最小原理基础上的，根据有限的样本信息在模型的复杂性和学习能力之间寻求最佳折中，以期获得最好的推广能力。支持向量机从诞生至今才10多年，发展史虽短，但其理论研究和算法实现方面却都取得了突破性进展，有力地推动机器学习理论和技术的发展。这一切与支持向量机具有较完备的统计学习理论基础的发展背景是密不可分的。

支持向量机的基本原理是使用一个非线性变换将一个线性不可分的空间映射到一个高维的线性可分的空间，并建立一个具有最大边界宽度的分类器，该分类器仅由大量样本中的极少量支持向量确定。支持向量机是根据结构风险最小化原

则，尽量提高学习机的泛化能力，即由有限的训练样本得到的小的误差能够保证对独立的测试集仍保持小的误差。

（3）TFIDF（term frequency inverse documment frequency）算法

TFIDF 的主要思想：如果某个词或短语在一篇文章中出现的频率高，并且在其他文章中很少出现，则认为词或者短语具有很好的类别区分能力，适合用来分类。TFIDF 实际上是：TF * IDF，词频（Term Frequency，TF），反文档频率（Inverse Document Frequency，IDF）。TF 表示词条 t 在文档 d 中出现的频率。

IDF 的主要思想是：如果包含词条 t 的文档越少，也就是 n 越小，IDF 越大，则说明词条 t 具有很好的类别区分能力。如果某一类 C_i 中包词条 t 的文档数为 m，而其他类包含 t 的文档总数为 k，显然所有包含 t 的文档数 $n = m + k$，当 m 大的时候，n 也大，按照 IDF 公式得到的 IDF 的值会小，就说明该词条 t 类别区分能力不强。但实际上，如果一个词条在一个类的文档中频繁出现，则说明该词条能够很好代表这个类的文本特征，这样的词条应该给它们赋予较高的权重，并选来作为类文本的特征词以区别与其他类文档。

（4）KNN 算法

KNN 是当 $K = 1$ 时的一种特定的 NN。KNN 算法的思想很简单：给一篇待识别的文章，系统在训练集中找到最近的 K 个近邻，看这 K 个近邻中多数属于哪一类，就把待识别的文章归为哪一类。K 个近邻分类器在已分类文章中检索与待识别的文章最相似的文章，从而获得被测文章的类别。在 KNN 中计算词的权重，可以采用二项式赋值方法（即单词在文档中出现就设为 1，否则设为 0）或者计算单词在文档中出现的频率来统计词频矩阵，然后可以根据 TFIDF 公式进行计算。

评估分类准确程度的依据是通过专家对文本的正确分类结果的比较，与人工分类结果越相近，分类的准确程度就越高，常用评估文本分类系统的指标是查准率（precision）、查全率（recall）、F1 值、宏平均（macro-averaged score）和微平均（micro-averaged score）。

$$查准率 = 正确分到类 C 的文档数/分到类 C 的总文档数 \times 100\% \qquad (3-4)$$
$$查全率 = 正确分到类 C 的文档数/类 C 中应有的文档数 \times 100\% \qquad (3-5)$$
$$F1 = （查准率 \times 查全率 \times 2）/（查准率 + 查全率） \qquad (3-6)$$

宏平均用于评价分类器的整体表现，将 precision、recall、F1 标准在单个类别上的数值进行平均，则分别得到它们的宏观平均值。微平均是分类器在整个测试集上做出的分类中正确的比率，即在各类上正确分类的文档数与分类器分类的总文档数之比，是在整体上来平均。

2. 分类技术

20 世纪 90 年代以来，随着计算机技术及其应用的迅速发展，Web 上的文本资源在几年间呈现爆炸式的增长，网上庞大的数字化信息和人们获取所需信息能力间的矛盾日益突出。传统的做法是对网上信息进行人工分类，并加以组织和整理，以方便人们浏览，为人们提供一种相对有效的信息获取手段。但是，这种人工分类的做法存在着许多弊端：一是周期长、费用高、效率低，而且往往需要具有专业知识的人员才能胜任；二是存在分类结果一致性不高的问题。即使分类人员的语言素质较高，对于相同的内容由不同的人来分类，其分类结果仍然是不尽相同的。甚至是同一个人，在不同时间做相同的分类也可能会有不同的结果。一方面网络信息的激增增加了对于快速、自动文本分类的迫切需求，另一方面又为基于数据挖掘技术的文本分类方法准备了充分的资源。

现在的很多系统，由于对样本文档的数量要求较大，从而造成系统效率的下降，或是由于不能满足样本文档的数量，造成分类不全、含义不清、缺乏学习能力等问题。因此，研究有效的自动文本分类就显得十分必要，并且它在文本检索、信息获取、信息过滤、数据组织、信息管理，乃至因特网上的搜索都有十分广泛的应用，有效地提高了信息服务的质量。

按照自动分类的实现途径进行划分，可将自动分类分为自动归类和自动聚类。

（1）自动归类

自动归类是指先分析分类对象的特征，将其余各种类别中对象具有的共同特征进行比较，在将待分类对象归入特征最近的一类并赋予相应的分类号。

1）自动归类的分类。根据使用的技术通常将其分为基于词的自动分类和基于专家系统的自动分类两大类，也有人把介于两种技术之间的技术称为基于信息的自动分类。

a. 基于词的自动分类。这是目前比较成熟的、使用比较多的自动分类技术，核心是把从待分类文本中抽取的代表知识主题的词语与分类系统中代表各个类目含义的词语进行相符性比较，把分类对象归入相符程度最高的类中。基于词的自动分类以分类表与分类规则、词典为基础，主要应用文本分词技术、词频分析技术、权重评价技术、相似度分析技术。

b. 基于专家系统的自动分类。系统在文本中抽取分类特征时具有自然语言理解的能力，它抽取最能代表信息中知识主题的概念，在将分类对象的特征与知识库类别特征进行比较时，能模仿专家系统的思维推力、判断，它的自学功能还能不断完善知识库。基于专家系统的自动分类，核心是知识库和知识表达，知识库是人工建立的分类体系、语义网络和分类规则等，知识库的规模影响着系统的智能水平。由于不同知识领域使用不同的知识表示方法，通常把一个综合的知识库划分成若干专业知识库。

2）自动归类的主要算法。主要包括汉字字频向量方法、基于神经网络的自动分类优化算法和语义逻辑算法。

a. 汉字字频向量方法的主要思想是：利用对训练集中语料的手工分类标引和对文本和类别间的相关性判定，建立汉字类别向量映射函数，并利用该函数对测试文本进行分类。

b. 基于神经网络的自动分类优化算法的主要思想是：利用人工神经网络推论，参照传统分类的思维模式，对信息进行自动分类。

c. 语义逻辑分析法的主要思想是：根据字面相似度值，分析语义逻辑关系，确定归类中心词，实现对信息进行最终分类的目的。

（2）自动聚类

自动聚类是指从待分类对象中提取特征，在将提取的全部特征进行比较并按照一定原则将具有相同或近似特征的对象定义为一类，设法使各类中包含的对象大体相等。

文献自动聚类的主要算法包括：数值矢量法（单篇聚类法、小中取大距离分析法、自上而下的类别精化法、密度测试法）、图分法（完全子图分法、单链法）、逐步分类法（系统聚类法、模糊聚类法、利用最大数作模糊类法）。

1）单篇聚类法的聚类过程：首先，将所有的文献按照任意次序排列，并把第一篇文献看做是第一类目的聚类中心。接着，依次取其余文献，每一篇文献都要和已经存在的聚类中心逐一比较：如果该文献与某一类足够相似则将其归入该类，同时修改该类的聚类中心；如果与所有的类目均不相似，则该文献自称一新类。

2）小中取大距离分析法的主要思想：从文献集合中选取一些有代表性的文献作为聚类中心，在将其余文献就近匹配。

3）自上而下的类别精化法的主要思想：通过多次迭代来获得较为理想的分类结果。

4）密度测试法的基本思想：如果某一篇文献附近有较多的文献，并且在该文献周围较广泛的范围内也有一定数目的文献，则选取该文献作为类别中心。

5）完全子图分法的主要思想：从文献相似性矩阵出发，按完全图的定义来对文献进行聚类。

在文本分类研究中，随着技术的进步和研究的深入，出现了一些新的思想，如依据反馈学习的思想和支持向量机分类算法，在分析中文文本分类过程的基础上，给出基于反馈学习的中文文本分类模型，从而解决了由于训练语料数量有限而难以覆盖类别内所有内容，以及该类别又增加了许多新特征而使原有分类器过时的问题。实验结果表明，反馈学习对分类性能的提高有明显作用，它是对实时变化信息的有效解决方法。

3.3　信息摘要技术

3.3.1　文本信息摘要的生成与实现技术

随着数据量以及文本表现形式的多样化，文本摘要也在逐渐向自动化方向发展。对文本信息的研究形成了会话分析（discourse analysis，DA）和信息抽取（information extraction，IE）这两个分支。DA 的基本内容主要有两个部分：一是篇章结构分析，二是对话分析。早期的文本摘要生成中的文本处理主要结构图如图 3-2 所示：

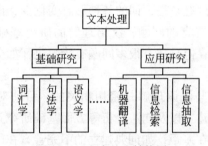

图 3-2　文本处理结构图

文本摘要生成的研究对象是自然语言书写的书本，它将文本中所表达的主要内容概括起来形成简短的摘要。因而，文本摘要生成涉及自然语言理解和自然语言生成两个方面，还涉及知识获取以及统计分析等方法。

文本摘要生成技术书要涉及以下几种技术。

1. 篇章技术

篇章技术主要有：篇章的分段，如利用词的内在联系来把带有注释的文本按照子标题分成多段；关于照应问题的研究算法，如用词语标注法代替句法分析解决代词指代问题；描述对象的终止与否的判定，如何确定连接描述词与其前述词的关系；给予会话分析的摘要生成，如把连贯和衔接用于建立一种基于分类的模型从而生成文摘；主题的确定，如根据文本及篇章结构的不同从语料中学习句子出现的位置规律进而确定题目。

2. 基于统计的文摘生成

如利用对所有句中词加权建立一个矩阵方法从而生成摘要；段落抽取，如利用一个基础语料及共同出现的高频率的词在各段落中出现的相似度从而确定出重要的段落形成摘要；句子抽取，如利用各种加权特征给句子打分，取出最具有代表意义的句子作为文摘句；基于模板填充的信息抽取，如利用背景知识建立以时事新闻模式对多篇报道进行比较分析形成摘要；文本分类，如通过语料学习建立一组相关语义词典作为以后判别所读的文本类别的提供依据。

3. 其他相关技术

如用于快速文本浏览的超文本摘要生成提取的图形用户接口技术；基于心理学方法的摘要生成技术；从多媒体中生成最新摘要技术；摘要系统的评估和可移植技术等。

文本摘要生成技术在我国开始时间不长，基本处于起步阶段，由于汉语与印欧语系不同，其词之间没有空格，词的各种形态变化少，语序也极为灵活，因而对汉语的分析带来许多特有的问题，汉语理解的研究基础已经有很长的一段时间，也取得了许多成果，但是还有很多问题有待解决，如分词中的歧义问题，词义的解释等等。

中文文本摘要生成与汉语理解是密切相关的。目前对汉语的分词、词性标注、词义排歧、语料库建立以及句法分析等方面基础研究正在进行之中，和外国同类的研究相比较还存在差距，如词典建立的不完善，在国内很难找到一本带有基本词义或者词性标注的汉语词典为大家所共享，一般都是各自为政；另外我们在词汇、句式的自学习方面研究还不够，自动建立一部信息词典或自动归纳出短语、句式规则都将极大地促进中文信息处理的研究。

3.3.2 网页信息摘要的生成与实现技术

Web 页面都以文件的形式存储在服务器上，为了生成其摘要，首先要将页面文件下载到本地机器，这可以通过很多高效的网上搜索和下载程序实现。下载程序将服务器上的 Web 页面文件下载，并按照一定层次的目录格式保存在本地机器上。摘要处理要分析的对象即为这些页面源文件。

对 Web 页面进行摘要处理，整个流程可如图 3-3 所示。

在摘要分析之前，需要对页面文件做预处理。在一篇 HTML 文档中，有很多和页面正文内容无关的语句，需要将它们过滤掉。例如一些以 < SCRIPT > 标签开头嵌在页面中的脚本程序，以 < STYLE > 标签开头的文档风格设定和一些与正

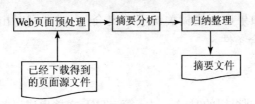

图 3-3 网页信息摘要生成流程图

文内容不相关的标签都应该过滤掉，在摘要分析的时候缩小扫描范围。然后需要把页面文件内容划分成若干单元，实际应用中按照不同的摘要生成方法可以划分成若干段落或者句子，同时还需要处理页面中的特殊字符。

在摘要分析之中首先确定关键字。该关键字作为生成摘要的引导关键字。接着扫描 Web 页面源文件，可以按照三种不同的方法分析页面文件，提取其中符合条件的内容。下来进行归纳整理，摘要分析结束后，归纳所有分析得到的符合条件的内容，整理出页面摘要，以文本文件或者其他的形式保存在本地机器上，提供给用户浏览。

1. 设定引导关键字

引导关键字由用户设定，它可以是用户关心的某一主题；生成摘要以引导关键字为中心，得到与其相关的页面摘要内容。定义它有以下几种格式。

1) 单个关键字，由单个的字或词语构成。形式表示为字符串 S。例如"国"、"春运"、"冬奥会"等。

2) 模糊关键字，是单个关键字的扩展，有两种形式：第一种形式表示为 S1_ S2，可以有多个下划线，每一个下划线表示在单个关键字 S1 和 S2 之间可以有一个任意字符，下划线个数 n 可以自定（$n>0$）；第二种形式表示为 S1%S2，其中的百分号表示在单个关键字 S1 和 S2 之间可以有 n 个任意字符（$n\geq0$）。例如，"奥_ 会"可以理解为"奥委会"或者"奥运会"，"奥_ 克"可以理解为"奥林匹克"，"南%学"可以理解为"南京大学"或者"南开大学"。

3) 关键字组合，有时单个或模糊关键字仍无法很好地满足摘要需要，这时可定义更复杂的关键字组合，它由多个、单个或模糊关键字通过逻辑组合构成。逻辑组合包括"逻辑与"和"逻辑或"，定义逻辑与的优先级大于逻辑或。假设 K_i（$i=1, 2, 3, \cdots$）表示单个或模糊关键字，L_i（$i=1, 2, 3, \cdots$）表示逻辑组合词"AND"或"OR"，则关键字组合的形式表示为：$K_1 L_1 K_2 L_2 K_3 \cdots$。例如，"春运 AND 票价"表示在某一页面内容单元中，如果同时出现"春运"和"票价"两个关键字，则该页面内容单元符合条件，将被收入摘要；"冬奥 OR 金牌"表示在某一页面内容单元中，如果出现"冬奥"和"金牌"这两个关键字中的其中一个，则该页面内容单元符合条件，将被收入摘要；"奥会 OR 金牌

AND 中国"表示如果出现模糊关键字"奥会",或者同时出现关键字"金牌"和"中国",则符合条件。

2. 摘要生成方法

对网络信息新型组织的时候,对一篇 HTML 文档生成以关键字为中心的摘要生成方法主要有以下三种。

1)段落生成法。设定引导关键字及其引导频度,扫描 HTML 文档,根据其中的 HTML 标签将文档划分为若干段落,对每个段落作如下分析:统计引导关键字在该段落出现的次数,若大于等于引导频度,则将该段落收入摘要。所有段落分析完后得到摘要。该方法的引导关键字可以是单个关键字、模糊关键字或者关键字组合。

2)句子生成法。设定引导关键字,扫描 HTML 文档,根据 HTML 标签将文档划分为若干句子,对每条句子作如下分析:扫描该句子,若出现引导关键字,则将该句子收入摘要。所有句子分析完后得到摘要。该方法的引导关键字可以是单个关键字、模糊关键字或者关键字组合。

3)范围生成法。设定引导关键字及其前后范围字符数 N,扫描 HTML 文档,在引导关键字出现的位置,前后提取 N 个字符(这些字符不包括 HTML 标签),将该字符串收入摘要。然后继续扫描后面的文档。如果得到的两个相邻字符串有交错部分,则合并两字符串。整个文档扫描完后得到摘要。该方法的引导关键字可以是单个关键字或模糊关键字。

3. 页面预处理

在页面预处理中需要过滤无用信息。一篇 HTML 文档中有很多和页面正文内容无关的语句,需要将它们过滤掉。扫描页面源文件,检查 HTML 标签,去掉以下对摘要无用的信息:

1)页面中 < STYLE > ... < /STYLE > 之间的 HTML 文档风格设定。

2)页面中 < SCRIPT > ... < /SCRIPT > 之间的脚本程序,这里的脚本可以是 VBScript,也可以是 JavaScript 编写的。

3)页面中 < ! _____ > 表示的 HTML 文档注释。

4)其他一些对摘要分析无用的 HTML 标签。通过过滤无用信息,可以缩小扫描范围,减小摘要分析时的工作量。

在完成上述步骤后还要进行处理特殊字符。HTML 文档由 ISO 8859-1 规定的拉丁-1 字符集(Latin-1)中字符组成,由于使用者键盘只支持 ASCII 的限制,HTML 文档用转义序列来代替一些特殊字符。特殊字符表由标准给出,它们都由

"&" 开始，以 ";" 结束。在处理完特殊字符以后还要确定段落和句子，Web 页面和一般的文档有一定的差别，由于 HTML 文档中多余的空格和换行都被语法分析忽略掉，浏览器中显示的页面段落并不由文件中的行分隔符确定，因此不能简单地按照一般的格式确定段落和句子。准确地划分 HTML 文档的段落和句子，对于生成一篇好的摘要非常重要。

由于 Web 页面文件编写的随意性和多样性，要划分段落，需考虑以下一些情况：

1）根据 HTML 标签 <P> 划分段落。例如，<P> This is a paragraph. </P>，结尾的标签可以省略。

2）HTML 标签 <TITLE> ... </TITLE> 之间的内容为网页标题栏的标题，可以将其看作一个段落。

3）HTML 标签 <CENTER> ... </CENTER> 之间的内容为页面中居中显示的标题，可以将其看作一个段落。

4）HTML 标签 <Hn> 表示一个标题层次，其中 n 为 1，2，3，4，5 或 6，可以将其看作一个段落。

5）HTML 标签
 表示一个分行符，网上很多页面的段落并不采用 <p> 来划分，而是用
 来划分，可以将其看作一个段落划分标记。

6）HTML 标签 <TABLE> ... </TABLE> 之间的内容为一个表格，可以将其看作一个段落。

7）HTML 标签 <LI> 表示一个列表中的一项，通常用于新闻网页的新闻标题列表中，可以将其看作一个段落。

8）HTML 标签 <PRE> ... </PRE> 之间的内容在 HTML 文档语法分析时要考虑文本的布局，不会忽略回车换行符，因此可以根据回车换行符确定段落。但有些页面，如包含一篇很大的小说的页面，每一行都有回车换行符，而不单是在段落结尾。在此需继续判别后面是否有空格或回车换行符，若有则为段尾，否则只是一行的结尾。要划分页面中的句子，需考虑以下一些情况：①判断标点符号。常见的句子结束符号包括句号、问号、感叹号、分号，以及对话句中表示话语结束的双引号等。②在有些网页中，很多时候一条字符串结尾缺少标点符号，但按实际情况需要把它们看成句子。

3.3.3 视频信息摘要的生成与实现技术

1. 视频摘要生成的基本定义

首先给出一些视频摘要生成研究之中的基本定义：X 为一随机事件可能出现

的时间的集合，即 $X = \{x_1, x_2, \cdots, x_n\}$，$P$ 是事件 X 的概率分布 $P = \{p_1, p_2, p_3, \cdots, p_n\}$，$p_i \geqslant 0$ 并且

$$\sum_{x \in X} P_X(X) = 1$$

则随机变量 X 的熵为

$$H(X) = - \sum_{x \in X} P_X(X) \log p_x(X) \tag{3-7}$$

熵是对随机变量 X 信息量大小的量度，按照信息论的有关理论，随即变量 X，Y 之间的交互信息量为

$$I(X,Y) = - \sum_{x,y \in X,Y} P_{XY} \log \frac{P_{xy}(x,y)}{p_x(x) \times p_y(y)} \tag{3-8}$$

式中 $P_{xy}(x, y)$ 为 x，y 的联合密度函数，交互信息量是两个随机变量之间相关性的量度。

如果 X，Y 是独立的随机变量，则交互信息量有如下性质：

1）$I(X, Y) \geqslant 0$

2）若 $H(X)$，$H(Y)$ 均为零，则 $I(X, Y) = 0$

3）$I(X,Y) = H(X) + H(Y) - H(X,Y)$

从上述公式可知，交互信息量不仅是两个随机变量相关性的量度，同时也决定了每一个独立的随机变量在交叠处各自表示的信息量的大小，若随机变量 X 和 Y 在它们的交叠处熵值的减少，则它们的交互信息量也相应减少。

在镜头检测之中，图像可以看作是一个二维的随机变量，由上面的基本概念介绍可以很容易地推广到二维空间。图像的熵值表示图像所包含的平均信息量的大小。对于一幅单独的图像，可以认为其各自像素的灰度值为独立的样本，则这幅图像的灰度分布为 $p = \{p_0, p_1, p_2, \cdots, p_{L-1}\}$，$p_i$ 为灰度值为 i 的像素点的个数与图像总的像素点之比。设图像的大小为 $m \times n$，图像 A、B 具有相同的灰度级别，设图像的灰度级为 l，令 $p_A(a)$ 和 $p_A(b)$ 分别表示图像 A、B 的概率密度，概率密度函数可以方便的由图像的直方图除以图像总的像素个数得到，令 $p_{AB}(a, b)$ 表示图像 A、B 的联合概率密度，它在求出的图像 A、B 的联合灰度直方图的基础上，除以图像总的像素个数得到。

2. 视频摘要生成技术

随着多媒体技术、数字电视和网络的发展，产生了大量的视频文档，如何对其进行管理和利用就成为迫切需要解决的问题，而基于内容的视频存取则成了对其进行有效处理的一个基础。对于一个视频文档，如电影故事片，用户可能需要在短时间内，无须浏览整部影片，而仅通过了解其主要内容，即能决定是否值得进行详细的观赏。因此如何快速地浏览视频，并且了解其主要内容已经成为一个

重要的研究课题。视频摘要（video abstraction），是解决这种问题的一个途径。由于视频摘要同时也能辅助建立视频检索和索引系统，因此对于视频摘要的研究有着重要的意义。

视频摘要就是对长时间视频文档的简短内容总结，在表现形式上，它是一个静止或者运动的图片序列。视频摘要可以通过人为地选取视频中具有代表性的图片序列来产生，但是由于视频数量巨大和手工建立的低效，尽量减少人为的干预，以实现自动建立就成为一种必然的趋势。通常有两种基本形式的视频摘要：视频总结（video summary）和视频预览（video skimming），其中，视频总结是从视频中提取的一个静止图片（帧）的集合；而视频预览则是从原始视频序列中提取的由一些简短的视频片段组成的集合，它是动态的，也可能包含相应的音频和文本信息；由于视频总结需要通过提取一些最能反映视频内容的帧（关键帧）来组成，因此提取和生成这些帧就成为系统建立的核心；视频预览建立的目的或者是为了给用户以整个原始视频的内容的简单印象（summary sequence），或者是为了给出其中的一些精彩片段（high light）。因为这两种形式的视频摘要具有不同的特点，所以建立它们所使用的算法也相应的有所不同。鉴于视频总结建立过程快速简单，并且一旦建立就可以很方便地显示和组织，因此目前在这方面的研究比较多。由于关键帧能反映视频的内容，相应的，关键帧的提取算法研究就成了中心内容。

在生成视频预览方面，由于判断视频中的精彩片段是一个非常主观的问题，并且把人的认知转化为计算机自动提取的过程是很困难的，因此目前的视频预览研究集中在产生一些视频内容的简单总结上。如今有的视频预览原型系统仅建立在快速回放的基础上，而有的则综合利用声音、文字、视觉信息来建立，还有人提出了一种综合利用语言和图片理解来提取重要声音和视频信息的方法。

一般来说，视频摘要有以下几种类型。

1）文字描述（textual description）。这种方式是最紧凑的视频摘要形式，它非常便于用户理解和建立索引，但很难由计算机自动生成能准确概括视频内容的文字描述，其一般采用人工输入的方式，也可通过识别视频标题或视频中的其他注释文字来获得。

2）视频代表帧（video key frame）。这是一种使用较多的视频表现形式，它是一幅从视频片段中抽取的图像，但是由于无法表现视频的时间和动态特性，因此这种方式在视频检索中多用于表示镜头或场景。由于对这种形式的视频摘要的研究起步较早，因此技术比较成熟，已有大量的文献介绍了这方面的内容。

3）情节串连图（filmstrip/storyboard）。这种摘要十分类似于电影海报，它是由一组从视频片段中抽取的图像，按照时间顺序组合而成，此类摘要有些用图像不同的大小来表示视频中相应内容的重要程度。此类摘要不仅可以向用户给出视频情节的总体描述，而且在浏览过程中可以方便地定位到视频中感兴趣的部分。

4）缩略视频（video skim）。这种摘要是由视频中的一些片段拼接而成，或者是由视频中的图像序列和声音片段合成得到。查询时，用户可以通过播放这些相对短小的视频片段来了解整个视频的内容，如电影预告片/宣传片（preview/trailer）就属于这一类。

5）多媒体视频摘要（multimedia video abstract）。多媒体视频摘要是由多种媒体形式组成的视频内容表现方式。它是将文字、图像、声音、视频等媒体综合集成在一起来表现视频的主要内容，例如，在一个 HTML 的页面中，可以包含文字形式的视频名称、简介，图像形式的演员照片、场景图，声音形式的精彩对白，视频形式的精彩片段等。这种多媒体视频摘要的生成可以基于其他形式的摘要生成技术，以便给用户以更加完整而丰富的视频内容表现，同时为用户提供多种浏览和检索视频的方式。

3.4 信息资源内容描述

3.4.1 元数据

1. 元数据的基本概念

元数据（metadata）就是"关于数据的数据"，是对数据进行组织和处理的基础。元数据的典型实例，如数据的重要特性（如创作者的名称、出版年）、用于数据定位的数据（如图书馆图书的杜威分类号、电视节目的时间和频道）以及有助于数据检索的数据（如数据的自由文本描述或数据的摘要，或者一系列适用于数据的可检索的主题关键词）。

关于元数据，迄今为止还没有完全统一的定义，最常规的定义就是：元数据是关于数据的数据（data about data）。但这个定义过于简洁，无法清晰地反映出元数据的内涵。于是，一些专家和学者就把这个解释加以扩展和深化。以下是比较具有代表性的几种定义。

1）元数据是关于数据的结构化的数据（structured data about data）。这个概念突出了元数据的结构化特征，从而使采用元数据作为信息组织的方式同全文索引有所区分。

2）元数据是与对象相关的数据，此数据使其潜在的用户不必预先具备对这些对象的存在或特征的完整认识。它支持各种操作。用户可能是程序，也可能是人。

3）元数据是对信息包裹（information package）的编码描述（如用 MARC 编码的 AACR2 记录、都柏林核心记录、GILS 记录等），元数据之目的在于提供一个中间级别的描述，使得人们据此就可以做出选择，确定孰为其想要浏览或检索的信息包，而无需检索大量不相关的全文文本。

4）元数据，即代表性的数据，通常被定义为数据之数据，它包含用于描述信息对象的内容和位置的数据元素集，促进了网络环境中信息对象的发现和检索。

我们可以认为，元数据就是描述一个具体的资源对象，并能对这个对象进行定位、管理，且有助于它的发现与获取的数据。一个元数据由许多完成不同功能的具体数据描述项构成，具体的数据描述项又称元数据项、元素项或元素。

2. 元数据的类型、作用和结构

（1）元数据的类型

1998 年，美国 Getty 信息研究所（Getty Information Institute）曾就元数据进行过一次专项研究。在有关于此的专著中，Anne J. Gilliland-Swetland 根据功能将元数据划分为管理型元数据、描述型元数据、保存型元数据、技术型元数据和使用型元数据五种类型，其各自的定义及相应的例子如表 3-1 所示。

表 3-1 不同类型的元数据及其功能

类　　型	定　　义	例　　子
管理型元数据	在管理信息资源中利用的元数据	√采购信息 √权利和复制品追踪 √法定检索所要求的文献 √位置信息 √用于数字化的挑选标准 √版本控制
描述型元数据	用来描述或识别信息资源的元数据	√编目记录 √查找帮助 √特殊化的索引 √资源之间超链接的关系 √用户的注解
保存型元数据	与信息资源的保存管理相关的信息	√资源实体条件方面的文献 √保存资源的物理和数字版本中所采取行动，如数据更新和移植方面的文献特殊化的索引

类　型	定　义	例　子
技术型元数据	与系统如何行使职责或元数据如何发挥作用相关的元数据	√硬件和软件文献 √数字化信息，如格式、压缩比例、缩放比例常规 √系统反应次数的追踪 √真实性和安全性数据，如口令、密码
使用型元数据	与信息资源利用的等级和类型相关的元数据	√展览记录 √使用和用户追踪 √内容在利用和多个版本的信息

同时 Anne J. Gilliland-Swetland 从元数据的属性出发，采用相对的方式，更加深入而细致地揭示了元数据的特征，如表3-2 中所示。

表3-2　元数据的属性和特征

属　性	特　征	例　子
元数据的来源	信息对象内部的元数据，信息对象的制作部门首次生成该对象或将其数字化时编制。与信息对象相关的信息对象外部的元数据，是后来生成的，往往由其他人而不是信息对象的原来制作者编制	√文件名和标题信息 √指南 √文件格式和压缩方案 √注册和编目记录 √权利和其他法律信息
元数据生成的方式	由计算机自动生成的元数据	√关键词索引 √用户处理日志
	由人工编制的元数据	√诸如目录记录和都柏林核心之类元数据的描述替代物
元数据的本质	外行编制的元数据，不是由主题或信息专家编制的，而常常由信息对象的原作者编制	√为个人的网页编制的光标识符 √个人归档系统
	专家编制的元数据，由主题或信息专家而非信息对象的原作者编制	√特殊化的主题标目 √MARC 记录 √档案发现帮助
元数据的状态	稳定的元数据，一旦生成就永远不变	√信息资源生成时的题名、出处和日期
	动态的元数据，可能会随着信息对象的使用或操作而改变	√指南 √用户处理日志 √图像分解

续表

属　性	特　征	例　子
元数据的状态	长期的元数据，用于保证信息对象的持续存取和使用	√技术格式和处理信息 √权利信息
	短期的元数据，主要是用于处理的数据	√保存管理文献
元数据的结构	结构化的元数据，符合可预言的标准化的或非标准化的结构	√MARC √TEI 和 EAD √本地的数据库格式
	非结构化的元数据，不符合可预言的结构	√非结构化的辅助字段和注释
元数据的语义	控制的元数据，符合标准化的词汇或规范格式	√AAT √ULAN √AACR2
	非控制的元数据，不符合任何标准化的词汇或规范格式	√自由文本附注 √HTML 元标识符
元数据的层次	馆藏元数据，与信息对象的集合相关	√馆藏级的记录，如 MARC 记录或发现帮助 √特殊化的索引
	文献元数据，与单个信息对象相关，通常被包含在馆藏中	√经过处理的图像标题和日期 √格式信息

Lorcan Dempsey 与 Rachel Heery 根据结构和语意的递增，将元数据分为以下三组，如表 3-3 所示。

表 3-3　元数据格式的类型

第一组	第二组	第三组	
（全文索引）	（简单结构化的普通格式）	（结构更加复杂，特殊领域内的格式）	（更大的语义框架中的部分）
专属格式	专属格式　都柏林核心 IAFA/WHOIS ＋ ＋ Template RFC 1807	FGDC MARC GILS	TEI 标题 ICPSR EAD

在表 3-3 中，第一组是取自资源本身的全文索引的数据，通常根本都不使用"元数据"这个术语。随着摘要和抽取技术的提高，其质量也会有所提高。因特网标引服务中使用的系统所生成的数据，即被包括在第一组内。第二组是简单的

结构化的格式，使用范围相当普遍。它包括几个在计算机科学领域已经出现的支持检索和目录服务的格式。都柏林核心是此类格式中的一个例外，它是一个得到普遍认同的简单的元数据元素集。第三组是特殊领域内所使用的格式。在此，人们发现，更完整、更加结构化的格式通常都是为了满足特殊的功能需求和在特定的领域或医学传统内发展起来的。第三组中较新的格式通常都是基于通用标记语言（standard generalize markup language，SGML）的，或正在向这个方向发展。第三组内某些格式的一个特征是：它们很明显的是包含了"内容"标识（如 TEI）的更宽泛的框架中的部分。当然，还有许多在表中未提及的格式。

（2）元数据的作用

显而易见，元数据具有传统目录的"著录"功能，目的在于使资源的管理维护者及使用者可通过元数据了解并辨别资源，进而利用和管理资源，为由形式管理转向内容管理奠定必要的基础。

根据 Lorcan Dempsey 对元数据作用的研究，元数据主要具有找到信息的位置、搜寻信息、记录信息、评估信息、选择信息等作用；Renato lannella 及 Andrew Waugh 对元数据的主要用途进行了更详细的研究，他们指出元数据可用在如下情景：概述资源的内涵；让用户查找到该资源；让用户确定该资源是否是他所需要的；避免用户存取出资源；让用户检索、复制资源；指示应如何解释该资源（如说明资源的格式、编码、加密等情况）：用来决定可检索哪一项资源（若资源可以多种格式存在）；说明资源使用的合法情况；说明资源的历史，如说明其原始资源如何以及其他变化；说明资源的联系人，如拥有者；指示该资源与其他资源的关系等。

总之，通过精心设计而形成的元数据，都尽可能地与国内或国际的标准相吻合，它们业已成为信息专家们充分利用现有的机遇并解决新问题的工具。它的作用总体上包含：

1）提高可检索性。通过采用丰富而相容的元数据，检索的有效程度得到了大大的提高。只要在各个地点的描述型元数据是相同的或是可以被映射的，元数据就能够使在多个馆藏间的检索或为分散在数个收藏地的资料生成数字馆藏成为可能。

2）保持情境。博物馆、档案馆和图书馆并非简单地拥有信息对象，它们还维护着存在复杂的内部关联的馆藏对象，这些对象皆与一定的人物、地点、活动和事件相关。在数字世界里，并不难做到将一个馆藏中的某个单一的对象数字化，继而将它与它自己的编目信息及其与同一馆藏中其他对象的关系中分离出来。元数据在记录、维护这些关系以及显示信息对象的真实性、结构完整性和综合性的过程中发挥着重要的作用。例如，当记载一条档案记录的内容、情境和结构时，有助于将此记录与无关的信息区分开来，正是以档案查找帮助形式出现的元数据。

3）拓展使用。针对博物馆和档案馆馆藏的数字信息系统，使得唯一对象的数字版本更易于传播；否则，由于地理上的原因、经济上的困难或其他障碍，数字版本的差异性会使得这些机构的馆藏对象不可能为全局的用户所用。然而，新的用户群的出现又带来了新的挑战，要求专家们解决如何使用户最便利地检索到这些资料的问题。这些新用户群的需求可能与一些传统用户的需求大相径庭，而现有的信息服务却是为这些传统用户设计的。例如，学生所要检索和使用的信息对象与学术研究者所要检索和使用的就相差甚远。元数据能够记录系统使用和内容方面的变化，并将此类信息反馈给系统开发的决策部门。结构良好的元数据还能够为检索信息、显示结果甚至在不影响完整性的情况下对信息对象进行特殊处理提供几乎无限多样的途径。

4）版本多样化。如果信息和文化对象以数字形式存在，为其制作多个不同的版本便不费吹灰之力，因而提高了人们在这方面的兴趣。这种加工简单，像既可以出于保存或学术研究的目的而制作高分辨率的副本，同时为了便于快速参考，制作能在网上迅捷传递的低分辨率的图像。或者，可以针对不同的用途，诸如为出版、展览或学校教室使用，生成变化的或派生的形式。在这两种情况下，是元数据将多个版本链接起来并捕捉到各个版本之间的异同。元数据还能够识别数字版本和原件之间质量上的差异。

5）法律事宜。元数据使得拥有者能够跟踪到许多信息对象及其多个版本的权限层面和复制方面的信息。元数据还能够记录有关对象的其他法律或捐赠人方面的要求，如隐私或正当权益。

6）保存。如果通过计算机硬件和软件不断的升级换代，或转移到全新的传递系统，有为正在制作中的数字信息对象连续移植的机会，这些信息对象就需要能够使其独立于系统存在的元数据，而此系统正是被用于存储和检索这些信息对象的。

7）系统改进和经济考虑。计算机将自动收集一些作为基准点的技术数据，这对于评估和改进系统、从而使系统效率更高和从技术和经济学角度考虑更经济至关重要。此类数据还将被用于新系统的设计。

（3）元数据的结构

元数据的结构有以下三个层次的结构组成：内容结构（content structure），主要用于描述某个元数据的构成元素和定义标准；语义结构（semantic structure），主要用于描述具体的元数据元素；句法结构（syntax structure），主要用于描述元数据的整体结构和描述方法。

1) 元数据的内容结构主要由以下元素组成：①描述性元数据（descriptive elements）：这类元数据主要对数据对象的内容进行描述，比如作者等内容；②管理性元数据（administrative elements）：这类元数据主要对描述对元数据本身进行管理的要求、规则、控制机制等，比如元数据的使用权限等；③技术性元数据（technical elements）：这类元数据主要描述数据对象制作、传输、使用和保存的技术条件和控制机制，比如压缩方法等；④复用元数据（reused elements）：这类元数据主要是指从其他元数据集中复用的元数据，比如要对其语义范围进行限制等操作。

2) 元数据的句法结构主要定义了元数据的格式结构和描述方式：①元素的分区、分层、分段组织结构，比如 EAD 分为头标段、前面事项段和档案描述段三部分；②元素结构描述方法，通常情况下使用的是 XML DTD；③DTD 描述语言；④元数据复用方式，比如相关的 DTD 可以通过 Namespace 来连接。

3) 元数据的语义结构主要定义元素语义的具体描述方法，其中主要包括三个方面：①元素定义。元素定义一般通过 ISO11179 标准对元素本身有关属性进行定义，它主要通过以下十个属性来界定元素：a. Name，元素名称；b. Identifier，元素标识；c. Vesion，版本；d. Registration Authority，登记机构；e. Language，描述元素本身的语言，不是元素内容语言；f. Definition，定义；g. Obligation，使用约束；h. Datatype，数据类型；i. Maximum Occurrence，出现最高次数；j. Comment，注释。②元数据内容编码规则定义。内容编码规则是在描述元素内容时使用的编码规则。它既可以是自定义的描述要求，也可以是特定标准。随着元数据的标准化的发展，在定义元素时应采用相对应的编码规则。③元素语义概念关系。元素的语义在元素定义中予以描述，这些元素之间是相互联系的，有的元素在不同的领域有不同的概念，遇到这种情况，需要把元素放在一个概念体系中根据上下文来说明其具体含义。

可以在实际应用中将元素与对应的语义定义、语义概念和语义网络通过 XML Namespace 技术链接起来，说明元素语义的明确含义。

3. 都柏林核心元素集（DC）

都柏林核心（Dublin Core，DC）全称为都柏林核心元素集（Dublin Core Elements Set），它起源于 1995 年的 OCLC（Online Computer Library Center）和 NCSA（National Center for Supercomputing Applications）在美国俄亥俄州都柏林市召开的元数据讲习班，通过国际性合作逐步完善，都柏林核心旨在推动电子资源发现的最小单位的元数据元素集，它原是为了作者生成对 Web 资源的描述而设计的，但是它却吸引了一些正规资源描述机构的注意，如博物馆、图书馆、政府部门或商业组织等。都柏林核心是目前世界上使用最广泛的元数据格式，它得到了国际的广泛认可，具有强大的弹性和适应性。

DC 元数据是在充分吸纳了图书情报界所具有的编目、分类、文摘等经验，同时在利用计算机、网络的自动搜索、编目、检索等研究成果的基础上发展起来的。DC 是描述、支持、发现、管理和检索网络资源的信息组织方式，它的最大特点是数据结构简单，信息提供者的文件只要产生就可以直接编码。DC 的数据记录可以由非专业的用户自己创建，不需要特定领域的专业知识；DC 的可扩展性使它更加灵活，可以通过加码扩展或者其他的更加复杂的纪录来增强功能；DC 的可选择、可重复性使得它所有的著录项都成为可选择的、可重复的，从而保持它的灵活性。

（1）都柏林核心结构

都柏林核心元素集以 15 个基本的元素为基础，元素和标识如表 3-4 所示。

表 3-4　都柏林核心的元素和标识

内容描述	知识产权	外形描述
题名（Title）	创建者（Creator）	日期（Date）
主题（Subject）	出版者（Publisher）	类型（Type）
描述（Description）	其他责任者（Contributor）	格式（Format）
来源（Source）	权限（Rights）	标识（Identifier）
语种（Language）		
关联（Relation）		
覆盖范围（Coverage）		

1）题名。通常由创作者或者出版者赋予资源的名称。

2）创建者。对于资源创建的知识内容负有主要责任的个人或者组织，如书写文献的作者。

3）日期。与资源的创建或可获得性相关的日期。主要采用 ISO8601 中所定义的日期形势采用年（YYYY）或者年—月—日（YYMMDD）的形式。

4）主题。资源的主题。通常的情况是主题被表达为描述资源的主题或者内容的关键词或词组。DC 中鼓励使用控制词汇和正式的分类词表。

5）出版者。负责使资源能够以现有形势被获得的实体，如出版公司等。

6）类型。资源的种类。如网页、小说、诗歌、报告等。资源将类型大概分为六种，即文本、图像、声音、软件、数据和交互式应用。

7）说明。资源内容的文本描述，包括文献类中的文摘或者视觉资源中的内容描述。

8）其他责任者。在创建者元素中未指明的个人或者组织，对于资源做出了重要的贡献，但是他们的贡献次于创作者元素中制定的个人或者组织所作出的贡献。

9）格式。资源的数据形式和大小。这种元素被用于标识可能被需要显示或者操作该资源的软件和硬件。

10）来源。有关另外一个资源的信息，当前的资源源于该资源。

11）权限。作者版权声明和使用范围。可能值如下：空白，主要指无特别声明，使用者须自行参考其他来源；无限制，对于再利用没有限制，可复制再传播。

12）标识。用于唯一标识资源的字符串或者数字。如网络资源中用于标识资源的 URL 和 URN。

13）语种。资源的内容中所使用的语言。

14）关联。另一资源的标识符及其与当前资源的关系。这种元素被用于揭示资源之间的联系。

15）覆盖范围。资源内容的空间和时间空间方面的特征。空间覆盖范围是指使用地理名称或相应的物理范围。时间范围是指资源与什么时间范围有关系，而不是资源自身被创造出来的或者可以获得的时间。

（2）DC 的特点

1）简单易用。DC 结构简单，从而使得那些没有经过专业编目训练的作者使用 DC 进行资源描述，使得他们的资源更容易检索。

2）语义互用。在因特网上，各种资源的描述模式阻碍了跨学科的检索能力。DC 的 15 个元素都可以自由选取以及重复使用，元素含义不会因为其是否是嵌入的而受到影响。DC 并非具体学科专用的，它支持任何内容的资源描述，使得跨学科的语义描述有了互操作性可能。

3）国际一致性。DC 已经有德语、日语、葡萄牙语等十余种不同语种的版本，已有 70 多个国家认同了都柏林核心。

4）灵活性。可容纳新增加的结构，可容纳更多正式信息描述应用的精确描述。

5）全面性。比较全面地概括了网络信息资源的主要特征，涵盖了资源的重要检索点、辅助检索点以及有价值的说明性信息。

6）可扩展性。它可以与其他元数据元素链接使用，以弥补自身的不足。

4. 元数据的发展方向

元数据标准的设计与实现是数字信息资源建设过程中首要的、基础性的工作。目前国外已经产生并得到实际应用或试验的元数据标准有20多种，下面对其中7种进行了比较分析，如表3-5所示。国际上比较有影响的7种元数据分别是：CDWA、DC、EDA、FGDC、GILS、TEI、VRA，这些元数据标准适用的著录对象基本涵盖了目前可能处理到的资料类型。表中列出了这7种元数据标准适用的资料类型，以及使用目的。元数据标准实现的功能包括对资源的描述、管理和定位，以及对资源的评估。但是由于它们分别适用于不同类型的信息资源，其使用者和所针对的用户范围也有所不同，因此在元素的设置上，个性化的特点非常突出。比如，可以说CDWA、FGDC、GILS、DC、CRA等均实现了上述功能，但他们又各具特性，表现了不同类型资料的特色。同时，对于特点相近的资料，相应的元数据标准也有很多相似之处。

表3-5　七种元数据标准比较

	使用的资料类型	使用者	目 的
CDWA	艺术品	从事艺术历史研究、艺术品管理的人员，以及信息技术专家	对艺术品的分类编目
VRA	艺术、建筑、史前古器物、民间文化等艺术类可视化资源	艺术品收藏单位	方便描述艺术类可视化资源
Dublin Core	网络环境	任何人，包括学者、专家、学生和图书馆编目人员	资源发现
FGDC	地理空间信息	政府，公立或私立研究机构或公司	为NSDI制作、共享地理信息
GILS	政府的公用信息资源	政府部门	方便共众查找定位公用的信息资源
EAD	档案和手稿资源、包括文本和电子文档、可视材料和声音记录		针对电子文本全文的编码标准
TEI	对电子形式全文的编码和描述		电子形式交换的文本编码标准

可以说，这些元数据标准制订的出发点都是以具体的应用为背景，针对某一特定类型的资源或实体的特点，不求标准可以包罗万象，只要满足具体需要即可。这样可以保证元数据标准简单易用，而且具有足够的描述能力。

在所有的元数据的应用项目中，DC元数据在图书馆中的应用占整个应用项目中的28%。数字图书馆是DC元数据应用的重要领域，其中包括北美的数字图书馆、佛罗里达国家大学数字图书馆、华盛顿大学数字图书馆等，这表明了元数据格式能够适应数字化信息资源的描述。这些数字化信息主要集中在全文资料、图像、声音以及录像等信息类型，同时这些数字图书馆项目提供了元数据元素，并且具有支持元数据内容的浏览、检索和修复等功能。到目前为止，最大的元数据项目就是北欧元数据项目（the Nordic metadata project），它也是当前在 DC 元数据应用和实践系统上最著名的研究项目之一。

国外在元数据方面的研究工作开展较早，已有许多元数据标准被广泛采用。我国的元数据研究与应用也取得不少成果，对一些具备中国文化特色的信息资源或是直接采用现成的元数据标准，通过制订详细著录规则的方法来处理，或是借鉴其他元数据的成功经验制订相应的新的元数据标准。

3.4.2　超文本标记语言

超文本标记语言（hyper text mark-up language，HTML）是一种用来制作超文本文档的简单标记语言。HTML 是 SGML 的一个子集。用 HTML 编写的超文本文档称为 HTML 文档，它能独立于各种操作系统平台（如 UNIX，WINDOWS 等）。自 1990 年以来 HTML 就一直被用作 WWW 的信息表示语言，用于描述主页（homepage）的格式设计和它与 WWW 上其他主页的联结信息。使用 HTML 语言描述的文件，需要通过 WWW 浏览器显示出效果。

HTML 格式是网上应用最多的文件格式，处理好 HTML 格式的文件对处理网上的信息内容有很大的意义。HTML 利用 SGML 定义了一些标记，主要用于描述文本的显示方式。HTML 文件为标准 ASCⅡ 文本文件，是有各种具有语义的对象所构成的逻辑结构体。例如一份 HTML 文件可由标题、段落、列表、表格、单字以及其他对象组成。在实际应用中，HTML 文件分为文件头和文件尾两个部分。文件头通常包含控制方面的信息，供浏览器参考；文件体包含文件的内容用于供浏览器进行显示。

HTML 使用标签（tag）来分割或描述文本内各对象。标签分为开始标签（start-tag）和结束标签（end-tag）两种，分别出现于被分割或描述对象的前后以表示起始每组标签都有名称，开始标签可指定属性，结束标签可选择地省略。一个属性有一个名称以及选择性的值组成。组成 HTML 的基本单位为"元素"。每个元素包括一对标记"< >"有些则只有一个，如水平线 < hr >、换行符 < br >。当把文字写进一对 < > 时，便形成一个完整的元素，如"< b > Heading </b >"。

HTML 标签可以分以下几类：文件整体结构标签，它主要用于体现一份 HTML 整体结构，如 HTML、HEAD、BODY、TITLE、MEAT 等。HTML 文件的完整性结构模板如下：

　< HTML >

　　< HEAD >

```
    < TITLE >
    </TITLE >
  </HEAD >
  < BODY >
  </BODY >
 </HTML >
```

主题标签用于表示文件内各章节或段落主题，HTML 提供了 7 级标题，由大到小分别用标签 H1 至 H7 标记，浏览器一般以黑体、较大尺寸的字形显示这类标签所包含的文字；段落式标签用于处理文件中段落格式，如 P、BR、PRE 等；文字强调性标签用于强调文件中所包含的文字，如 I、B、U、SUB、STRONG 等；链接（参考）性标签用于在文件中设置链接（参考）电或被链接（参考）点，主要通过一个被称为锚的标签 A 来设置；列表标签用于用列表（list）的形式整齐地列出一些项目，如 UL、OL、DL；输入表标签用于提供一个表格形式的输入界面供浏览端的用户填写数据，并将这些数据收集成一个查询字符串以后传到指定的 URL 处理。输入表由以 FROM 为主的标签标记；外部对象标签用于将非文本的多媒体对象引入，成为 HTML 文件中的一部分，随着网络技术的发展，新的标签不断推出。

在 HTML 结构中 < HTML > 是最根本，也可以说是最外围的 HTML 元素。作用是标示一个 HTML 文件的开始和结束。不论是普通网页还是框架网页，在其代码中的开头位置有 < HTML >、结束位置有 </HTML >。

在 < HTML > 元素里，一般还包括两个主要的元素，分别是 < HEAD > 和 < BODY >。

< HEAD > 包含了 HTML 文件里一些基本的资料，例如：标题、编码类型等。在 < HEAD > 元素里，有一个 < TITLE > 的元素，能把网页的标题显示在浏览器窗口的标题栏上。

< BODY > 是 HTML 的主要成分，因为大部分的网页内容及元素都包含在其中。文档体和文档头两者属于并列关系，它们不能互相包含，也不能互相交叉，只有在 < HEAD > </HEAD > 代码结束后才能开始 BODY 代码。

< HTML > < HEAD >：</HEAD > < BODY >：</BODY > </HTML >

HTML 标识符可以和另一个标识符出现在同一行里。

在 HTML 的常见元素中主要有：< Hn > 标识符、< P > 标识符、< A > 标识符、< IMG >。

1) < Hn > 标识符。HTML 提供有 6 级标题，使用 < Hn > 可建立各种尺寸的标题。< Hn > TEXTOFHEADING </Hn >，n 为 1~6。

2）＜P＞标识符。HTML 文档中回车符不起作用，连续空格符只算一个空格。＜P＞为段落标识符，而且还可以使用一些段落的格式标志。例如：＜P ALIGN = CENTER＞This is the first paragrph＜/ P＞。

3）＜A＞标识符。HTML 最强大的功能是与其他文档相连接的功能，这些文档可能是文字、图像或其他融合形式的信息。浏览器一般采用不同的颜色或下划线来标识超链接。＜A＞和＜/A＞是 HTML 超链接的标志。当你在上面按一下，你就可以链接到其他网页去了。在英文中，A 表示"Anchor"，用于表达从一个地方抓住另一个地方，这与从一个文件链接到另一个文件很相似。超链接的格式如下：

用"＜A"开头，A 后应有一个空格；用 HREF = "FILENAME" 指出需要链接的文档名；用"＞"跟随在上面的参数之后；然后是当前文档中表示超链接的提示字符串；用＜/A＞结束。

4）＜IMG＞。＜IMG＞是图像标记，希望在网页里插入一些图像时，便可加以利用。使用＜IMG＞时，可以指定图像的来源、图像的大小以及一些简短的辅助文字，例如：＜IMG SRC = "image/title. gif" WIDTH = "491" HEIGHT = "221" ALT = "自得其乐"＞。

3.4.3 可扩展标记语言

XML 可扩展标记语言（extensible markup language，XML）是 SGML 的一个子集，是简化的 SGML。XML 在使用上比 SGML 简单，结构上比 HTML 更加严格。XML 技术自出现以来，发展非常迅速，在许多领域内得到广泛的支持而且有着广阔的应用前景。

XML 的特点包含以下 4 部分。

1）结构化。XML 是一种极端标准化的语言规范，它利用了一个 DTD 规范（用来定义 XML 文件的语法、句法和数据结构的标准），XML 带有一个 XML 语法分析器（使用 DTD 来确定一个文件是否是规范化的），可以通过内置的 DTD，或通过使用＜DOCTYPE＞HTML 元素外部定义的 DTD，或通过使用描述逻辑规则，或一个外部定义的处理指令集来自动检查 Web 页面是否完全符合 DTD 规范。这就使在客户端的浏览器和数据库之间来回传输文件变得很可靠，也使用户可以使用结构化的 XML 文件作为一种中介体让数据在两种数据库之间灵活地进行转移。

2）允许有自描述信息。尽管并不要求 XML 文件必须是可以自描述的（只要求是结构化的），但带有自描述可以增强 Web 的检索功能。这些描述被称作"元数据（metadata）"。它们可以包括有关一个文件的信息如安全、阅读范围、文件内容、文件是用什么语言写的、作者是谁以及关于这个文件的其他任何信息。元数据可以大大增强 Web 的检索和导航功能。

3）可扩展性。可扩展性一直是 HTML 的弱点。由于现在 Web 页面需要表达的内容越来越丰富、越来越复杂，标准 HTML 规定的标签远远不能满足页面设计的需要。就要求新的页面标签具有可扩展性：能够创建新的标签。在 XML 中，标签是由 DTD 定义的，正是它来定义在一个文件的结构中允许有什么样的应用（如风格、浏览器、检索数据库、打印引擎等）。

4）浏览器自适应。XML 提供的软件功能能够对用户输入的数据进行动态的计算和显示。有了 XML，Web 页面的制作和显示将更加方便，有了各种风格机制，开发人员就可以为同样的数据创建多种浏览形式，以便满足不同地区和爱好的用户需要，使未来的 Web 更加多姿多彩。

虽然人们对 XML 的某些技术标准尚有争议，但是人们已经普遍认识到 XML 的作用和巨大潜力。XML 应用可以分为以下几类。

1）设置标记语言。XML 作为元标记语言，为用户提供了定义本行业本领域的标记语言的最好工具。目前这一应用的成功例子有很多，例如化学领域的 CML，数学领域的 MathML，移动通信领域的 WML 等。

2）文件保值。XML 良好的保值性和自描述性使它成为保存历史档案的方式。

3）数据交换。数据交换的核心问题是信息的标准化，主要解决信息的可理解性问题，包括人和机器对信息的理解，而且，更重要的是机器对信息的识别，并能根据数据进行自动处理。由于数据交换在电子商务尤其是企业——企业电子商务的核心作用，XML 为电子商务带来了新的机遇和活力。

4）Web 应用。由于 XML 是 SGML 特别为 Web 简化的，因此 XML 文档将成为 Web 资源的重要组成部分，XML 使得搜索引擎更为智能和准确。XML 还可以用于建立多层 Web 应用。XML 的 Web 应用有：集成不同的数据源、本地计算、数据的多种显示、网络出版等。

XML 自从出现以来，以其可扩展性、自描述性、自相容性等优点，被誉为信息标准化过程的有力工具，基于 XML 的标准将成为以后信息标准的主流。XML 可以广泛地用在电子商务、数据存储、跨媒体出版、移动通信等很多领域。

总体而言，现有的研究方法体现如下特点：多数工作采用层次树对 XML 建模，而 XML 文档中存在文档到文档、文档到元素的链接，链接与节点往往形成图形，因此，基于图形结构的 XML 文档建模值得探讨；XML 查询有结构和内容的严格和松散约束，现有工作或者仅从关键词约束，为显著改善查询结果可以进一步深入兼顾内容和结构的近似查询；CAS 查询默认用户对 XML 文档模式有所了解，这类检索不适用于普通用户，因此文档结构信息的获取对引导普通用户寻找更为相关的信息很有帮助；一个 XML 查询给出了两层语义：内容语义和结构语义，现有工作多从概念相似度计算查询相关度，如何从内容语义和结构语义计算相似度值得研究。

XML 已经成为正式的规范，开发人员能够用 XML 的格式标记和交换数据。XML 技术的应用从大的方面讲可以被分成以下四类：需要 Web 客户端在两个或更多异质数据库之间进行通信的应用；试图将大部分处理负载从 Web 服务器转到 Web 客户端的应用；需要 Web 客户端将同样的数据以不同的浏览形式提供给不同的用户的应用；需要智能 Web 代理根据个人用户的需要裁减信息内容的应用显而易见，这些应用和 Web 的数据挖掘技术有着重要联系，基于 Web 的数据挖掘必须依靠它们来实现。

通过对 HTML 和 XML 介绍，我们可以看出它们之间的一些不同。HTML 和 XML 都是由一个固定的 SGML 定义和一个 DTD 定义组成。XML 不像 HTML 只有内建的样式，XML 提供了样式表标准，称为可扩展样式语言。XML 除了支持像 HTML 的简单链接，也提供了几种功能更强大的超链接机制。两者之间具体的比较如表 3-6 所示。

表 3-6　HTML 和 XML 的比较

	HTML	XML
灵活性	较差	好
简单性	好	好
通用性	差	好
可扩展性	不	好
信息的再利用性	较差	较差
应用程序的开发难易	易	易
商家的支持	多	多
DTD 是否必备	否	否
是否支持精确查询	否	是
是否元标识语言	不是	是
开放性	好	好

XML 与 HTML 存在许多的不同。

1）HTML 的标记集固定，不能人为扩展。XML 的标记集并不是固定的，它是一种元语言，允许人为创建其他标记语言或者使用他人已经创建的标记语言。正是这种定义新标记的能力使 XML 成为一种真正的可扩展语言。

2）HTML 主要用于显示，即数据只是显示项，对数据只提供了一个"视图"。如果你想要得到不同的视图的话，必须重新生成一个 HTML 网页。XML 主要考虑的是数据及其结构，没有假定标记如何在显示设备上显示，仅提供了一种方式，使用我们自己定义的标记来构建数据。HTML 标记仅向浏览器描述了该文档中数据显示的格式，并没有明确指出数据组成及各数据所代表的含义；而 XML 文档中并不包含浏览器显示格式。它只包含标记和数据，并未明确告知浏览器何时换行，何时字体加粗。但 XML 分层展示了数据组成以及它所代表的意义。

3）许多 HTML 标记都只取首字母的缩写词，因此它们不如普通语言那么易读。XML 标记名便于阅读，且表达了数据的含义。每个 XML 标记就位于相关联数据的前面，这样人和计算机都可以容易地识别信息结构。

4）在 HTML 中，数据及其表示逻辑是交叉存取的。HTML 标记没有给数据的内容添加任何语意含义，仅描述了表示信息。这种方式很难只维护数据或只维护数据的表示方式。而 XML 主要考虑的是数据及其结构，在其语法规则上要严格得多，或有"良好的格式"，这要求所有的标记都有对应的结束标记，不能重叠。从本质上看，使用相同的 XML 数据文档在不同的设备上显示的结果不同。这种数据与表示的分离也极大地方便了数据的访问；另外数据结构遵循显而易见且有用的模式，使得处理和交换数据更容易。

5）HTML 中数据不能指定层次，而 XML 中数据成树形等级结构。文档至少包括一个根元素或文档元素，所有的下级元素都包含在根元素中。元素之间不能交叉。

6）使用 HTML 搜索如"Tom Wolf"编写的书籍时，有可能会返回作者上下文之外的术语"wolf"。而使用 XML 可将搜索范围限制在适当的上下文（如包含在 < author > 标记中的信息）之内，从而只返回想要的信息类型。使用 XML、Web 代理程序和智能程序（用来使 Web 搜索或其他任务自动化的程序）将更加有效并且产生更有用的结果。

7）HTML 的格式既不适合机器分析也不适合人阅读它的源码，而且格式要求比较松散；HTML 解释器采用的是尽量解释的机制。这样造成的一个弊病是同一个页面在不同的浏览器中可能显示的结果大不相同。而对于 XML，我们可以为不同的浏览器用不同的样式表转换不同的 HTML 文档。

8）XML 的应用并不局限于 Web。XML 在体系结构上是中立的，可以很容易合并到任何应用程序设计中。

3.4.4　资源描述框架

随着因特网上的信息与日俱增，对网络信息资源的描述与组织变得越来越重要，于是出现了多种元数据格式，如目前在因特网广泛使用的 XML 和 HTML 语言。元数据的种类复杂且用途各异，造成了多种元数据共存于数字图书馆的局面。一种可同时携带多种元数据来往于因特网和 WWW 架构上的工具是必要的。为了能够在网上有效地利用信息资源，使用各种新的、旧的、不同地区的针对不同数据对象而编制的各种目录规则或者元数据格式能够长期共存，建立一种能够允许不同的目录规则或元数据格式共存的描述方法是十分必要的。资源描述框架（resource description framework，RDF）技术的出现为我们提供了可能。

1. 资源描述框架的含义

RDF 的含义是描述资源的框架（framework for describing resources）。RDF 采用 SGML 的子集 XML 来描述，是一种人和机器都能理解的描述框架。它提供了一种强有力的表述、交换与利用元数据的机制，使得各种不同元数据体系之间具有互操作性。RDF 的核心定义就是任何一个可以被标识的"资源"都可以被一些可以选择的"属性"描述，每一个属性的描述都有"值"。这一表述如图 3-4 所示。

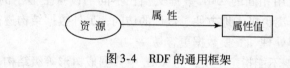

图 3-4　RDF 的通用框架

下面逐个来看这三个词的意思。

资源（resource）：所有在 Web 上被命名、具有统一资源描述符（Unified Resource Identifier，URI）的东西。如网页、XML 文档中的元素等。

描述（description）：对资源属性（property）的陈述（statement），以表明资源的特性或者资源之间的联系。

框架（framework）：与被描述资源无关的通用模型，以包容和管理资源的多样性、不一致性和重复性。

RDF 提供了一种容器结构，可以将几个资源或者属性值包在一起，这种容器有三种形式：

（1）包

"包"用来描述一个无次序特性的列表。"包"中的资源或属性值没有先后顺序的区别。例如，张三、李四、王五三个人参加《ABC》一书部分章节的编写，他们应该是该书的其他责任者，这三位作者对该书所负的责任不分主次，这时就可以用"包"的容器来描述这些作者的信息。"包"中所列的各个著者没有先后顺序的区别。

（2）序列

"序列"用来描述一个有次序的特性的列表，"序列"中所列的资源或者属性值有先后区别之分别。例如，当书有三个著者，第一著者为张三，第二著者为李四，第三著者为王五，这时就可以用"序列"的容器来描述者的属性，"序列"中所列出的著者又先后区别。

（3）交替

"交替"用来描述一个选择其中属性值的列表，在使用时，只能选择"交替"中所列的一个资源或者属性值。当资源有两个标识时，用户可以选择其中的任何一种资源标识来检索。这时，可以用"交替"的内容来描述这两种资源标识。

综合起来，RDF 就是定义一种通用框架，即资源—属性—值的三元组，以不变应万变，来描述 Web 上的各种资源。

虽然 W3C 将 RDF 设计为常规元数据建模工具，但它还有更多的功能，使之成为 XML 描述数据的理想搭档。在许多 XML 应用程序中，封装在应用程序中的信息以 XML 文档形式存储在数据库或资源库中。作为工具的 RDF，其基本用途是：组织、关联、分类和注释这些信息，从而增加存储数据的总计值。

RDF 通过使用 XML 语法来表示简单元数据，从而描述网络资源的特性及资源与资源之间的关系。RDF 还为元数据在网络上的各种应用架构了一个统一的平台，使各应用程序在这个平台上可以自由交换元数据，以促进网络资源的自动化处理。RDF 有各种不同形式的应用，例如在资源发现方面，能够提高搜索引擎的检索准确率；在编目方面，能够描述网站、网页或电子出版物等网络资源的内容及内容间的关系等。

总之，RDF 定义了一种通用框架，即资源—属性—值三元组，以统一的方式描述 Web 上的各种资源。

2. 资源描述框架的元数据描述与交换机制

（1）RDF 的两大关键技术

RDF 有两大关键技术——URI 和 XML。URI 是 Web 资源的唯一标识，它是更常用的统一资源定位符 URL 的超集。除了网页以外，它还可以标识页面上的元素，虚拟世界中与实物对应的概念，以及与网络连在一起的实物等。在 RDF 中，资源无所不在。资源的属性是资源，属性的值可以是资源，甚至于一个陈述也可以是资源。也就是说，所有这些都可以用 URI 来标识，可以再用 RDF 来描述。XML 作为一种通用的文件格式承担了这个责任，它定义了 RDF 的表示语法，这样就可以方便地用 XML 来交换 RDF 的数据。

（2）词汇集

可以看到，RDF 只定义了用于描述资源的框架，它并没有定义用哪些元数据来描述资源。因为显然描述不同资源的元数据是不同的，而如果要定义一种元数据集，包括所有种类的资源，这在目前还是不现实的，不但工作量巨大，而且即使定义出这样的元数据集，能不能被大家采纳还是个问题，因为对于已经用元数据描述其资源的系统，要放弃原来的元数据集采用一种新的元数据集，其工作量是可想而知的，估计实施过程中遇到的阻力会很大。

RDF 采用的是另外一种方法，即它允许任何人定义元数据来描述特定的资源。由于资源的属性不止一种，因此实际上一般是定义一个元数据集，这在 RDF 中被称作词汇（vocabulary）。词汇集也是一种资源，可以用 URI 来唯一标识。这样，在用 RDF 描述资源的时候，可以使用各种不同的词汇集，只要用 URI 指明它们即可。当然，各种词汇集的受欢迎程度可能不同，有的也许只是被定义它的人使用，有的可能由于定义得比较科学而为许多人所接受。既然词汇集是资源，当然可以用 RDF 来描述它的属性以及和其他词汇集间的关系。W3C 为此特地提出 RDF Schema 来定义怎样用 RDF 来描述词汇集。也就是说，RDF Schema 是定义 RDF 词汇集的词汇集，但这个 RDF Schema 不是随便什么人都可以定义的，它只有一个，就是 W3C 定义的版本。RDF Schema 正是通过这样的方式来描述不同词汇集的元数据之间的关系，从而为元数据交换打下基础。

3. 资源描述框架的特点

1）简单。RDF 使用简单的资源—属性—值三元组，所以很容易控制，即使是数量很大的时候。这个特点很重要，因为现在 Web 资源越来越多，如果用来描述资源的元数据格式太复杂，势必会大大降低元数据的使用效率。其实从功能的角度来看，完全可以直接使用 XML 来描述资源，但 XML 结构比较复杂，允许复杂嵌套，不容易进行控制。采用 RDF 可以提高资源检索和管理的效率，从而真正发挥元数据的功用。

2）易扩展。在使用 RDF 描述资源的时候，词汇集和资源描述是分开的，所以可以很容易扩展。例如，如果要增加描述资源的属性，只需要在词汇集中增加相应元数据即可，而如果使用的是关系数据库，增加新字段有可能造成大量的空间浪费。

3）开放性。RDF 允许任何人定义自己的词汇集，并可以无缝地使用多种词汇集来描述资源，以根据需要来使用，使各尽所能。

4）易交换。RDF 使用 XML 语法，可以很容易地在网络上实现数据交换。另外，RDF Schema 定义了描述词汇集的方法，可以在不同词汇集间通过指定元数据关系来实现含义理解层次上的数据交换。

5）易综合。在 RDF 中资源的属性是资源，属性值可以是资源，关于资源的陈述也可以是资源，都可以用 RDF 来描述。这样就可以很容易地将多个描述综合，以达到发现知识的目的。例如，在描述某书籍时指明其作者属性值是另一资源，我们就可以根据描述作者的 URI 来获得作者的信息，在表面上看来没任何关系的两者之间建立了联系，而不需要任何人工的干预。

4. 现有资源描述框架的数据存储模式

通过对现有的 TM 模型存储模式的分析，理想的 TM 模型存储模式除了应该具有尽量高的规范化程度，还应该满足以下原则。

1）易于理解。该原则是为了便于 TM 模型查询的实现。如果模式结构不直观，会给查询语句的设计带来困难。

2）结构稳定。TM 模型的变化不会引起数据库表结构的变化。因为 TM 模型是不断进化的，如果设计的模式结构会随着 TM 模型的变化而变化，对数据库系统维护代价就太大。

3）利于查询。该原则是评价各种存储模式的一个重要指标。因为数据库中不仅包含大量的数据，而且在查询中还经常需要表连接。例如在现有的垂直模式和基于属性的分解模式中，那些涉及表连接的查询效率非常低。

RDF 模型存储模式主要有几类。

1）水平模式。该模式只在数据库中保留一张通用的表，表中的列是 TM 模型中的属性。TM 模型中的每个实例都是该表中的一个记录。这种模式比较简单，但是表中包含了大量的列，所以该模式无法存储大规模的 TM 数据，而且该通用表是稀疏的，不仅浪费存储空间，而且增加了系统维护索引的代价。另外，该通用表的模式会不断变化，导致维护数据库系统中关系表的代价很大。

2）垂直模式。该模式包含一张三元组表，表中的每个实例都对应于一个 TM 三元组。在这种模式下需要将 TM 模型中的所有信息都使用三元组来表示。这种模式设计简单，并且模式稳定，随着 TM 模型的修改只需要修改表中相应的元组。但是，对于开发人员来说，这种模式的可读性差，设计有关的 TM 语句比较困难并且容易出错。而且该模式最大的不足在于，对于每个查询都必须搜索整个数据库，导致查询效率非常低。

3）分解模式。该模式基本思想是将数据库进行模式分解。根据分解的对象不同，现采用的分解模式的方法有两种。一种分解模式是基于类的分解模式，即为 TM 模型中的每个类都创建一张单独的表。这种模式结构清晰，但很难适应 TM 模型动态变化的情况，因为随着 TM 模型中类或属性的变化，表结构都要随着变化。另外一种分解模式是基于属性的分解模式，即为 TM 模型中的每个属性创建一张单独的表。该模式中对类的隐含实例的查询代价很大。而且现有的这两种分解模式随着 TM 模型的变化都要不断的创建和删除表，导致存储效率低。

4）混合模式。该模式通常将上述几种模式进行混合使用。基于类的分解模式与基于属性的分解模式混合的存储模式，为 TM 模型中的每个类和每个属性各自创建一个表。对于只包含少数类的 TM 模型，这种模式在简单检索的情况下，运行得很好。但是，如果 TM 模型的类比较多，这种方式就会存在一些问题，例如：数据库无法容纳这么多表，或者效率很低。

3.5 信 息 构 建

信息构建（information architecture，IA）是对信息进行组织以有效地帮助人们满足其信息需求的艺术和科学，最早由美国人 Richard Saul Wurman 于 1975 年提出，Wurman 在 1976 年担任美国建筑师协会（American Institute of Architects，AIA）全国会议主席时，将"the Architecture of Information"作为该协会年会的主题。他经研究发现，收集、组织、展示信息的过程与建筑设计过程中的一些模式非常相似，在此基础上，Wurman 将两个意义相差很远的概念结合在一起，提出"Information Architecture"这一解决信息组织和提供与满足用户信息使用需求之间矛盾的全新理念。他当时对 IA 的具体描述为：①将数据中固有的模式进行组织，化复杂繁琐为简单明晰；②创建信息结构或地图，以便让他人获得自身所需的知识；③21 世纪 IA 将应用于信息组织等学科领域。当时 Wurman 的工作集中于二维的页面展示和版面编排，后来随着因特网的兴起，IA 的工作更多地集中于网站的结构和组织，很多人已经提出该术语的不同定义。

3.5.1 信息构建的含义

IA 的定义繁多，国内外学者对此都未达成共识。1989 年 Wurman 在 *Information Anxiety* 一书中正式定义 IA 为"组织、标识、导航和检索系统的设计，目的是帮助用户查找和管理信息"。目前对 IA 所下定义比较全面的是 1998 年两位图书馆学家 Louis Rosenfeld 和 Peter Morville 所下的定义：信息构建是一门组织信息和界面的艺术和科学，涉及组织系统、标识系统、导航系统和搜索系统的设计，目的是帮助人们在网络和 Web 环境中更成功地发现和管理信息，有效地解决用户的信息需求。

国内研究中，周晓英参考和归纳美国情报科学与技术协会 2000 年峰会的定义及 Wurman 和其他学者的看法后将 IA 定义为"组织信息和设计信息环境、信息空间或信息体系结构，以满足需求者信息需求的一门艺术和科学"。马费成等从4个方面定义 IA：①信息系统内组织、标引、导航和检索体系设计的总和；②为帮助用户访问信息内容并完成任务而进行的信息空间结构设计；③为帮助人们查找、管理信息而对网站进行构造与分类的艺术和科学；④将建筑设计原理引入数字领域的新兴学科和行业。荣毅红等认为 IA 的主要活动是信息的组织、结构的构建、系统的设计，IA 活动的主体是信息建筑师，客体是数据、信息、内容、结构、系统。服务对象是用户，目的是使信息可视化和可理解，帮助人们更加成功地找到和管理信息，是一种多学科的方法、艺术和科学。王知津等进一步梳理了信息构建的发展脉络，把信息构建看做一种定义和控制界面并整合系统各组成部分的一种机制。赖茂生认为关于 IA 的本质理解差异很大，大体可以分为两种观点：一是认为信息构建是关于信息组织的概念，二是认为信息构建是关于体系结构（尤其是系统或网络体系结构）的概念。

3.5.2 网站 IA

IA 起源于任意的信息集合，受到网络环境的促进，目前主要应用于网络信息构建领域。IA 这个词汇在 20 世纪 70 年代中期开始出现时，并不是针对网站而言的，其思想原理和方法尽管在网站上最先受到推崇，但并不代表这种原理和方法只适合于网站；任意信息集合的有效利用，都存在着对信息内容组织、信息结构设计和信息空间优化的需要，因此，它们都需要 IA 的理论和方法。IA 可有广义和狭义之分，前者包括了书本 IA 和网站 IA，后者则面向组织机构整体，包括机构信息活动中涉及的各个要素：除信息本身外，还有人员、技术和部门等。

1. 网站 IA 的核心内容

万维网信息构建研究的开山之作《万维网的信息构建》由美国的两位具有图书馆学情报学背景的学者在 1998 年完成，2002 年出版第 2 版。他们在书中首次确立了信息构建的核心构成要素，即组织系统、导航系统、搜索系统、标签系统，这些要素作为信息构建的核心内容为广大学者所认可。因此对于网站的评价分析就是基于这几项的考察指标进行分析。

1）组织系统。也称分类系统，就是将所有无序的信息块组织起来并建立起彼此间的联系。信息建筑师致力于以最具逻辑性的方式组织信息，从而创建一种等级结构使用户可以快速找到自己所需的内容。

2）导航系统。导航系统就是为用户在新环境中快速定位提供帮助的系统。用户从导航系统中获取视觉线索和用于网站内定位的图形标识。导航系统具体又分为全局导航、局部导航、语境导航以及补充导航。全局导航主要是对全网站内容进行导航，它可以让用户按层次浏览各内容领域，并进入搜索工具以及补充浏览工具；局部导航不同的内容领域的导航是不同的，局部导航主要是让用户在一个内容领域里按层次浏览；语境导航主要是让用户浏览上下文之间相关的内容。补充导航主要是让用户通过网站地图的方式纵览整个网站，快速到达网站内部的栏目中去。

3）搜索系统。搜索系统与导航系统互为补充以更好地满足不同用户的需求。搜索系统通过为用户提供搜索入口，使得用户可以快速地查找到网站中是否包含了自己所要寻找的信息。

4）标签系统。标签系统是向用户展示组织和导航系统的手段，网站点中的标识主要包括对导航系统、索引项、链接、标题的标识和图标标识体系。

2. 网站 IA 的设计原则

IA 是信息建筑师根据用户需求对信息、数据、内容等全局性系统性的进行信息的组织、结构的构建、系统的设计过程。它的设计原则可以概括为以下四点。

1）以人为本。信息构建要以用户为中心，重视用户体验，符合用户经历，从用户的角度来组织、架构和呈现信息。

2）"一站式"服务体系。提高网站平台的服务质量和服务效率。用户可以轻便、舒服、自由地选择自己需要的信息服务和信息资源。

3）强调可用性和可视化。方便用户容易便利地查找所需信息。信息界面便于定位、理解、导航和使用，以智能技术、场景分析、内容组织、需求分析等为支撑。

4）构建共享的资源与交流的空间。用户之间能够简单而有效地进行知识和感情交流，进行双赢的资源共享利用，把网站平台营造成聚集学科专家、爱好学者、核心用户以及大量资源的交流空间和学习环境。

3. 网站 IA 的基本方法

（1）自顶向下和自底向上 IA 方法

信息构建过程中采用的两种主要方法为自顶向下（top-down）和自底向上方法（bottom-up）。

自顶向下方法从宏观的角度对信息进行组织，基于上层信息分类系统来收集信息资源，确定信息内容所属的领域，它建立在内容语境和对用户需求理解的基础之上，需要完成下列工作：确定网站的范围、蓝图设计，再具体考虑内容区的分组和标识系统设计问题。

自底向上方法从微观的角度组织信息，是一种基于底层信息来构建网站信息空间的方式，它建立在对内容和所用工具的理解基础上，需要深入到繁杂的内容层面，需要完成下列工作：创建内容板块、建造数据库（包括标引、内容分组等）。

（2）信息建筑师在实践中采用的方法

目前从事信息构建工作的信息建筑师们在实践中采用的方法主要可以分为四类。

第一类方法应用于了解雇主的情况：包括访谈、观察、背景调查、工作会议、交互回馈等，主要目的是理解雇主的事业特点、目标和任务，以便进一步设计雇主满意的信息系统或网站。

第二类方法应用于了解用户的情况：包括访谈、在线调查、用户体验、可用性测试、用户参与式设计会议等一切用户发现技术，主要目的是理解最终用户的信息需求、信息行为和对信息内容、结构的评价，以便信息构建的结果达到最大的用户满意。

第三类方法应用于对信息内容的分析和组织：包括卡片分类法、笔纸记录、信息导航、标引、组织等方法，以确定信息集之间的关系、规定主要的内容目标类型、标识信息集，以便形成一个满足各方面要求的、易于更新修改的、清晰的信息结构模型。

第四类方法应用于对 IA 工作全过程进行规划：主要包括工作流程图、开发标准和进度安排以及其他一些项目管理所使用的方法，主要目的是保证信息构建的活动能按照计划、时间进度、预算的要求高质量地完成。

4. 网站 IA 的过程

关于 IA 的具体过程，不同的学者存在着不同的看法。周晓英从 IA 过程中信息的状态及其变化角度研究认为，信息状态的转变分为片段集成、集合序化、结构展示、空间优化四个阶段。因特网咨询公司负责人 John Shiple 认为，网站的信息构建的第一步是定义网站的目标，收集客户或协作伙伴的看法，并将它们按照协调性和重要性次序集合在一起；第二步是在弄清观众是谁之后，开始组织网站需要有的内容和功能页；第三步是富有创造性的形成一个架构，制定导航系统，生成规划图，设计框架和模型并开始建造。也可以按照系统设计的基本流程，将信息构建过程分为研究、策略、设计、实施和管理 5 个阶段。下面将具体解释这五个阶段。

在信息构建的初始研究阶段，需要了解组织的性质、宗旨和任务，并进而确定网站的目标、作用和任务；进行用户分析，对目标用户进行分类和排序，了解用户的信息需求，划分用户的需求层面；根据网站和内容的性质，并结合技术等方面的限制因素，确定网站的内容和功能要求。此阶段解决网站做什么和谁做的问题。

在战略制定阶段，要根据网站的内容和功能要求，结合组织环境和用户背景，制定出信息构建的战略，作为此后的设计和实施工作的路标，用于指导网站建设相关人员的工作；提交信息构建的战略的书面报告；撰写信息构建设计的项目计划。此阶段完成网站建设的计划和方针指南，明确怎么做的问题。

概念设计阶段，也称为功能虚拟设计阶段。主要在用户界面、导航系统、交互功能、安全性、易用性等几个方面进行宏观的蓝图设计。采用情景模式，调查用户和模仿用户浏览和使用信息的实际过程，分析不同需求和行为的人们游历网站的进程；制定网站主页的鸟瞰图，用以表达网站总体全貌；创建页面模块，显示主页内容和链接的信息，以便在页面的层次上清晰地展示网站的构建；随后信息构建师、图形设计师、程序设计师和网站编辑者合作，在纸上创建网站主页的设计草图，开发出完成部分编程的 Web 网站的原型。

在实施制作阶段，要制作出详细的信息构建的框图；讨论具体的详细的组织、标记和导航问题；编制基于内容块的内容地图；完成了内容图示后，创建一个包括所有 Web 网页的清单，并设计出网页模板。据此，网页设计人员、图形设计师、程序员、编辑者就可以制作出整个网站。至此，信息构建的主要过程已基本完成。

最后一个阶段是管理和维护，在这个阶段，首先要总体确定网站日后的管理和维护工作任务，以免信息构建遭到破坏；其次，开展日常的维护工作，包括内容管理和受控词表的维护与更新；此外，还要开展进一步的使用测试，召开用户讨论会，追踪用户对网站的使用情况，多方面进行网站的评价，收集来自各个方面的意见和建议，以期不断完善信息构建，优化网站结构，提高网站的可用性。至此，信息构建的整个过程结束。

3.5.3　信息构建的应用

因特网的普及使得信息构建成为今天众多领域共同关注的焦点。信息构建通过采用知识组织、元数据创建、图形设计、导航结构、信息需求分析、有效沟通以及其他知识技术，指导信息技术的使用，如 Web 设计、用户界面、数字图书馆、数据库系统、远程通信和网络，或者协作的计算机环境。信息构建的内涵逐渐延伸，应用领域逐步扩大，它的发展对于信息资源的开发和管理有着重大的作用和意义。

（1）加强信息资源的有效控制

随着因特网信息量的急剧膨胀，从而造成的信息检索难、信息表达不清、导航标识系统效率低下的网络信息空间混乱等问题。信息构建的出现和发展同当代社会迫切需要加强对"信息爆炸"这一问题处理能力的时代背景密切相关。IA与网站设计相结合，便形成了网站IA。在网站建设中，IA的主要应用是：借助图形设计、可用性工程、用户体验、人机交互、图书学情报学等的理论方法，在用户需求分析的基础上，组织网站信息、设计导航系统、标签系统、索引和检索系统等帮助用户更加成功地查找和管理信息。信息构建的理念、过程、方法和技术在实践中指导着千千万万个网站的建设走向科学化和规范化，有力地推动了网络信息资源的有效控制。

（2）拓展信息资源开发和管理的应用领域

信息构建本身就是信息技术在信息资源开发和管理方面的应用成果；反过来，信息构建又将拓展信息资源开发和管理的应用领域。信息构建的理念产生对多种学科知识的新需求，信息构建的设计从平面向立体和多维空间不断扩展，信息构建由网络空间走向更广泛的信息空间，大大拓展了信息资源开发和管理的应用领域。如数字图书馆的信息构建以用户为中心，首先进行各种类型数据库的建设，其次把隐藏在图书馆员头脑中的隐性知识与隐藏在馆藏资源中的知识揭示出来，做到为用户提供一站式服务并及时与用户交流沟通。

（3）为知识组织奠定基础

知识组织是在信息资源组织的基础上发展起来的，两者互相衔接。在采集、组织、检索、开发、利用、管理等方面采用类似的方法和技术。IA为组织的知识管理提供了一条新颖有效地解决途径，使得知识管理从理论转化为实践。信息构建有助于隐性知识的显性化，可通过IA思想用图表、图形、网络等手段相结合的方法把隐形知识显示出来；信息构建用于指导组织的网站建设；同时还可帮助建设结构合理、功能完善、使用便利的信息平台，为知识管理提供一个高度集成的信息系统；最后IA可服务于知识管理的全过程，帮助组织迅速地找到信息并获取信息。信息构建体系借用数学、计算机科学、通信技术、信息管理学、图形学、美学、新闻学、工业设计学等学科工具，将整个信息资源管理进一步归纳整理，形成体系，从具体到抽象、从理论到实践，适应了信息资源的分布式管理、开放、自适应和应急的发展方向，为知识组织奠定了基础。

第4章 信息资源压缩与存储技术

在多媒体计算机系统中，信息从单一媒体转到了多种媒体，系统要表示、传输和处理大量的声音、图像甚至影像视频信息，其数据量之大是非常惊人的。如此巨大的数据量如果不对其进行压缩，计算机是无法存储与处理的。通过对数据进行压缩，可以大幅度减少数据量，从而减少所需要的存储容量，提高处理速度。

另外，作为信息资源管理技术之一的信息存储技术，一直伴随着信息资源管理技术的发展，同时推动着 IT 业各方面技术的协同发展。纸的发明记载了人类的历史和文明，现代信息存储技术则大大超越了纸张记录的含义。磁存储技术、激光存储技术、半导体存储技术的出现大大推动了存储技术的发展。本章主要概述文本、图像、音频、视频信息的主要压缩方法与技术，同时阐述信息存储的各类技术以及存储技术的新发展。

4.1　信息压缩技术

信息压缩就是在给定空间内增加数据存储量或对给定的数据量减少存储空间的方法。信息压缩可以节约大量存储空间、减少数据传输时间、节省频带宽度，并在一定意义上使数据保密。

4.1.1　数据压缩方法的分类

多媒体数据压缩方法很多，但本质上只有两类：无损压缩和有损压缩。

无损压缩算法是指能不失真地将数据信息恢复，如进行文本数据、程序以及珍贵的图片和图像等的压缩时需采用无损压缩。其基本原理是统计压缩数据中的冗余（重复的数据）部分。例如：最早出现的是霍夫曼（Huffman）压缩技术，1952 年由 D. A. Huffman 提出。它的算法原理为：先统计出信源符号出现的概率并按大小进行排序，出现概率大的分配短码，概率小的分配长码。常用的无损压缩算法还有：RLE 行程编码、Huffman 编码、算术编码、LZW 编码等。

有损压缩算法是指不能将原始数据进行完全恢复的压缩技术。有损压缩是压缩技术的重要方法。其原理为人类视觉和听觉器官对图像或声音的某些频率成分不大敏感，有损压缩以牺牲这部分信息为代价，换取了较高的压缩比。有损压缩中非常重要的一个技术为预测编码，预测编码是数据压缩理论的一个重要分支。它根据离散信号之间存在一定相关性的特点，利用前面的一个或多个信号对下一个信号进行预测，然后对实际值和预测值的差（预测误差）进行编码。如果预测比较准确，那么误差信号就会很小，也就可以用较少的码位进行编码，以达到数据压缩的目的。

4.1.2　数据压缩技术的性能指标

数据压缩技术的核心是计算方法。不同的计算方法，产生不同形式的压缩编码，以解决不同数据的存储与传送问题。数据冗余的类型和数据压缩技术的算法是对应的，一般根据不同的冗余类型采用不同的编码形式，随后是采用特定的技术手段和软硬件，以实现数据压缩。数据压缩处理一般分为两个过程：编码过程与解码过程。编码过程是将原始数据进行压缩，形成压缩编码，然后将压缩编码数据进行传送和存储；解码过程是将压缩编码数据进行解压缩，还原成原始数据，提供使用。编码过程与解码过程是成对出现的，其计算方法严格配套。

评价一种数据压缩技术的性能好坏主要有三个关键指标：压缩比、图像质量、压缩和解压缩速度。

（1）压缩比

压缩性能常常用压缩比来定义，也就是压缩过程中输入数据量和输出数据量之比。在实际应用中，一种更好的定义是压缩比特流中的每一个像素所需的比特数，其定义为：压缩比（y）=压缩前图像每像素所需要的比特数/压缩后图像每像素所需要的比特数。通常压缩比大于等于2时才有实用价值。一般来说，有损压缩编码比无损压缩编码具有更大的数据压缩比。

（2）图像质量

图像质量分为图像保真度和图像可懂度。图像的保真度描述所处理的图像和原始图像之间的偏离程度；图像可懂度则表示人或机器能够从图像中抽取有关特征信息的程度。在一些图像的传输系统之中，允许压缩后的图像具有一定的误差，因此需要某种标准来评价压缩后的图像质量，保真度准则就是这样一种评价标准。保真度准则有两种：客观保真度准则和主观保真度准则，前者是以压缩前后图像的误差来度量的，后者则取决于人的主观感觉。

（3）压缩和解压缩速度

在许多应用中，压缩和解压缩将在不同的时间、不同的地点、不同的系统之中进行，因而必须分别评价压缩和解压缩的速度。在静态图像中，压缩速度没有解压缩速度要求严格，处理速度只需比用户所能够忍受的等待时间快一些即可。

但是对于动态视频的压缩与解压缩，速度是至关重要的。动态视频为保障帧间动作变化的连贯要求，必须有较高的帧速。对于大多数情况来说至少要 15 帧/s，而全动态视频则要求有 25 帧/s 或者 30 帧/s。在电话线上传输视频，因为受到线路传输速率的限制，帧速率没有那么高，但是也会达到 5 帧/s 以上，否则动态图像就会产生跳动感，使人难以接受。

此外还要考虑软件和硬件的开销。有些数据的压缩和解压可以在标准的 PC 硬件上用软件实现，有些则因为算法太复杂或者质量要求太高而必须采用专门的硬件。

4.1.3 常用的数据压缩方法

按照数据压缩的原理，可以将压缩方法分为以下几类。

1. 预测编码

预测编码是统计冗余数据压缩理论的三个重要分支之一。预测编码可以减少数据在时间和空间上的冗余。它是根据离散信号之间存在着一定关联性的特点，利用前面一个或多个信号对下一个信号进行预测，然后对真实值与预测值的差进行编码。例如，对于静态图像，因为当前像素的灰度或者颜色信号的数值与其相邻的像素往往是比较接近的，所以当前像素的灰度或颜色信号的数值就可以用前面出现的像素的值进行预测；对于序列图像，通过相邻帧间的相关性可以从前面出现的帧预测出后面的帧。如果预测比较准确，预测误差将会很小，这样，在同等精度下，就可以用较少的比特对进行编码，达到压缩后面数据的目的。如果能把预测误差不经过量化而精确地传送到接收端，可以无失真地恢复原有信号。但是为了降低数据量，一般要随误差进行量化，这时预测编码就是有损失的。常见的算法有：差分脉冲编码调制（differential pulse code modulation，PPCM）和自适应差分脉冲编码调制（adaptive differential pulse code modulation，ADPCM）。

2. 统计编码

以信息熵原理为基础，用较少的比特表示概率大的码字，用较多的比特表示概率小的码字。常见的算法有：行程编码、霍夫曼编码、算术编码。

（1）行程编码

行程编码主要检测信源中重复出现的符号序列，用它们的出现次数进行编码。通过计算信源符号出现的行程长度，然后将行程长度转换成为代码。

行程编码是一种无损压缩。其压缩效果取决于压缩的内容。例如在黑白二值图像中存在大量的重复像素，采用行程编码可以有效地压缩数据。然而，对于一些各种像素分布均匀的特殊图像，采用行程编码会使数据量不降反增，出现所谓的负压缩。这是行程编码的局限。

（2）霍夫曼编码

媒体数据的编码有时候是等长的。Shannon 编码理论指出，在变长编码中，对于出现的概率大的信息符号，赋以短字长的码，对于出现概率小的信息符号赋以长字长的码，如果码字长度严格按照符号概率大小的相反顺序排列，则平均码字长度一定小于按照任何其他方式排列的码字长度。

霍夫曼编码的步骤如下。

1）信源符号按照概率大小顺序排列，并设法按照逆序分配码字的长度。

2）在分配码字长度时，首先将出现概率最小的两个符号的概率相加合成一个概率。

3）把这个合成的概率看成是一个新的组合符号的概率，重复上述做法直到最后只剩下两个符号概率为止。

4）完成以上概率顺序排序以后，再反过来逐步向前进行编码，每一次对两个分支各赋予一个二进制码，可以对概率大的赋为 0，概率小的赋为 1。

霍夫曼编码的优点是编码简单，短码字不会构成前码字的前缀，这在通信中十分有用。但是，如果不在发送端和接收端交换码表，编码会不唯一。这主要是由信源符号中会有相同概率的符号存在所导致的。因此，霍夫曼编码的码表也需要传送和存储。

（3）算术编码

算术编码方法是将编码信息表示成实数 0、1 之间的间隔，信息越长，表示它的编码的间隔就越小、这一间隔所需要的二进制位数就越多。符号出现的概率越大对应于区间越宽，可以用长度较短的码字来表示；符号出现的概率越小区间越窄，需要较长的码字表示，这就是用区间作为代码的原理。

3. 变换编码

首先对信号进行某种变换，从信号的一种表示空间变换到另一种表示空间，然后在变换后的域上，对变换后信号进行编码。一般通过正交变换来实现。常见的算法有：离散傅里叶变换（discrete fourier transform，DFT）、离散余弦变换（discrete cosine transform，DCT）、Walsh-Hadamard 变换等。

4. 分析—合成编码

通过对信源的分析，将其分解成更适合表示的基本单元，或从中提取若干具有本质意义的参数，编码仅针对这些基本单元或特征参数进行，译码时则借助一定的规则或模型，按照一定的算法将这些基本单元或特征参数综合起来逼近原来的数据。常见的这类编码有：矢量编码、基于小波和分形的编码、基于模型的编码、基于区域分隔、子带分隔的编码等。

4.1.4 文本信息压缩技术

文本压缩是指通过一定的技术使文本变得更短，且可精确地将被压缩的文本恢复原样。文本压缩具有重要的应用价值，首先可以节省存储空间，再者可提高传输速度和降低传输花费，并可起到一定的加密作用。文本压缩很早就受到了重视，并且有了各种压缩技术。

对文本进行压缩主要涉及两个方面：一是压缩，二是恢复。完成压缩任务者称为压缩者，完成恢复任务者称为解缩者。解缩者必须精确地恢复被压缩的文本，为了实现这一点，压缩者与解缩者必须使用统一模式。模式的维持通常有三种方式：静态、半自适应、自适应。静态模式是指压缩者与解缩者都使用一个固定不变的模式，不论是什么文本都使用该模式对其压缩与恢复。半自适应模式是指压缩者在压缩前先读一遍文本，记下其中经常出现的字（或者词、字符串），由这些字构成一个适合于该文本的代码簿，而后再第二遍扫描文本。在扫描中，压缩者与解缩者则根据代码簿进行压缩与恢复。自适应模式是指压缩者（解缩者）在压缩（恢复）过程中，记录下所读过的字。当一个字被读两次时，将其记入代码簿中，并分配给该字一个可用的代码。以后，压缩者遇到该字时便使用其代码，而解缩者遇到该代码时，就将其恢复为相应的字。静态模式简单，但是适应性差。对于某些文本，可能压缩率为0。半自适应模式虽然与特定文本相联系，但是保留压缩文本的同时需要保留其相应的代码簿。特别是在传输时还要注意将代码簿一同传输，这在很大程度上降低了压缩的效率。自适应模式是一种较好的方法，虽然算法比较复杂，但是它解决了静态与半自适应模式的缺陷。

最简单的压缩算法是连续长度压缩，即一连串出现的符号用该字符后跟一个重复次数来表示。该方法只适用于字符表很小的串，特别是0、1串的压缩。对一般字符表上的文本串，其压缩方法总的可以分为两大类：统计方法和字典方法。统计方法又称为概率方法，常用的有霍夫曼编码法和算术编码法。字典方法主要采用静态模式或自适应模式，一种有效的自适应字典方法是LZ压缩法。

4.1.5 图像信息压缩技术

1. 图像信息压缩的可能性

人们研究发现，数据图像表示中存在大量的冗余。通过去除那些冗余数据可以使得原始数据极大地减少，从而解决数据巨大的问题。图像数据压缩技术就是研究如何利用图像数据的冗余性来减少图像数据量的方法。图像信息存在的冗余主要有：

（1）空间冗余

这是静态图像存在的一种最主要的数据冗余。一幅图像记录了画面上可见景物的颜色。同一景物表面上采样点的颜色之间往往有空间连贯性，但是基于离散像素采样来表示物体颜色的方式通常没有利用景物表面颜色的这种连贯性，从而产生了空间冗余。我们可以通过改变物体表面颜色的像素存储方式来利用空间的连贯性，达到减少数据量的目的。

（2）时间冗余

这是序列图像表示中经常包含的冗余。序列图像一般为位于以时间轴区间内的一组连续画面，其中的相邻帧往往包含相同的背景和移动物体。只不过移动物体所在的空间位置略有不同，所以后一帧的数据与前一帧的数据有很多共同的地方。这种共同性是由于相邻帧记录了相邻时刻的同一场景画面，所以称为时间冗余。

（3）结构冗余

有些图像的纹理区，图像的像素值存在着明显的分布模式。例如：方格状的地板图案等，这称为结构冗余。已知的分布模式可以通过某一过程生成图像。

（4）知识冗余

有些图像的理解与某些基础知识有很大的相关性。例如：人脸的图像具有特定的结构，这类规律性的结构可以由先验知识和背景知识得到，称此冗余为知识冗余。根据已有的知识，对某些图像之中所包含的物体，可以构造其基本模型，并创建对应各种特征的图像库。进而图像的存储只需要保存一些特定的特征参数，从而可以大大减少数据量。而知识冗余是模型编码主要利用的特征。

（5）视觉冗余

事实表明人类的视觉系统对图像的敏感性是非均匀和非线性的。然而，在记录原始的图像数据时，通常假定视觉系统是线性的和均匀的，对于视觉敏感和不敏感的部分相同对待，从而产生了比理想编码更多的数据，就是视觉冗余。通过对人类视觉进行的大量实验，发现了以下的视觉非均匀特性：视觉系统对图像的亮度和色彩度的敏感性相差很大；随着亮度的增加，视觉系统对于量化误差的敏感度降低；人眼的视觉系统把图像的边缘和非边缘区域分开来处理；人类的视觉系统总是把视网膜上的图像分解成若干个空间有向的频率通道后再进一步处理。

（6）图像区域的相同性冗余

它是指在图像中的两个或多个区域所对应的所有像素值相同或相近而产生的数据重复性的存储，这就是图像区域的相似性冗余。在以上情况下，记录了一个区域中各个像素的颜色值，则与其相同或者相近的其他区域就不再需要记录其中各像素的值。向量量化方法就是针对这种冗余性的图像压缩编码方法。

（7）纹理的统计冗余

有些图像纹理尽管不严格服从某一分布规律，但是它在统计的意义上服从该分布规律。利用这种性质也可以减少表示图像的数据量，所以我们称之为纹理的统计冗余。

随着对人类视觉系统和图像模型的进一步研究，人们可能会发现更多的冗余性，用图像数据压缩编码的可能性越来越大，从而推动图像压缩技术的进一步发展。

2. 图像编码压缩技术

（1）图形压缩系统的组成

典型的图像压缩系统主要由三部分组成：变换部分（transformer）、量化部分（quatizer）和编码部分（coder）。

1）变换部分。它体现了输入原始图像和经过变换的图像之间的一一对应关系。变换也称去除相关，它减少了图像的冗余信息，与输入原始图像数据相比，变换后的图像数据提供了一种更易于压缩的图像数据表示形式。

2）量化部分。这部分把经过变换的图像数据作为输入进行处理后，会得到有限数目的一些符号。一般而言，这一步会带来信息的损失，而这也恰是有损压缩和无损压缩方法之间的主要区别。在无损压缩方法中，这一步骤并不存在。在有损压缩中这是一个不可逆的过程，原因就在于这是多对一映射。

3）编码部分。这是压缩过程中最后一个步骤。这个步骤将经过变换的数据编码为二进制位流，可以采用定长编码，或变长编码。前者对所有符号赋予等长的编码，而后者则对出现频率较高的符号分配较短的编码。变长编码也叫熵编码，它能把经过变换得到的图像数据以较短的信息总长度来表示，因而在实际应用中，多采用此类编码方式。

（2）图像压缩编码标准

对于静止图像压缩，已经有多个国际标准，如 ISO 制定的 JPEG 标准、JBIG（joint bi-level image group）标准、ITU-T 的 G3 和 G4 标准等。特别是 JPEG 标准，适用于黑白及彩色照片、彩色传真和印刷图片，可以支持很高的图像分辨率和量化精度。

1）JPEG 标准。为了解决图像压缩标准问题，促进数字图像设备的发展，国际标准化组织和国际电报电话咨询委员会在 1986 年联合组建了一个联合图像专家组——JPEG，该专家组专门致力于静止图像压缩工作。

　　JPEG 是一种静止色彩图像和多灰度级图像的压缩标准，这些图像也称为连续色调图像。它也是为处理局域网/广域网的数字化图像数据而制定的标准，广泛用于彩色传真、黑白和彩色照片、报纸、有线电传、图形艺术和图片、桌面排版、视频会议、彩色扫描仪、打印机等领域。JPEG 有时候也用于运动图像压缩，称之为 M-JPEG 方式。

　　JPEG 的压缩率在无损模式下大约为 2:1，在有损模式下为 100:1，普遍可达到 20:1。如果压缩率小于 40，解压后所获图像与原图像主观效果几乎一致。此标准用于视频信息时，其方式是对视频信息的每帧都采用 JPEG 压缩，由于是帧内压缩编码，所以不能消除帧与帧之间的冗余度，因此需要牺牲一些带宽来传输。在较高的压缩比下，会损失若干图像信息。

　　2）JBIG 标准。JBIG 标准编号为 ISO/IEC 11544，是由 1988 年成立的 JBIG 标准专家组制定的用于二值图像累进编码标准，于 1993 年被 ISO 采纳并定为国际标准。对于二值图像，ITU-T 有 Group3（G3）、Group3（G4）传真机编码算法，以及 T.4、T.6 建议。JBIG 编码类似于 G3、G4 算法，也是无失真编码。制定 JBIG 的主要原因是要改进灰度色调图像的压缩性能，另一个原因就是工业界正在努力使所有的文档图像系统支持 JBIG 格式，使得 JBIG 成为一种更加"标准"的标准。

　　JBIG 是一种最初为传真传输而开发的先进的无损压缩算法，其算法的有效性来源于算术编码。算术编码是一种基于图像上下文的复杂的数学编码。因为 JBIG 将数据存储在独立的平面中，所以 JBIG 能有效地压缩二值和灰度数据。

　　JBIG 的特点是：减小文件大小；提供更好的图像质量；兼容的累进/顺序编码；单层编码；具有较高的编码效率。

4.1.6　音频信息压缩技术

　　音频信号是多媒体信息的重要组成部分，是仅次于图像数据的第二大类数据。音频信号可以分为电话质量的语音、调幅广播质量的音频信号和高保真立体声信号。对于不同类型的音频信号而言，其信号带宽是不一样的。随着对音频信号质量要求的提升，信号频率范围逐渐增加，要求描述音频信号的数据量也就随之增加，从而造成处理这些数据的时间和传输、存储这些数据容量的增加。一般来说，音频信号的压缩编码主要分为无损压缩编码和有损压缩编码两大类，无损压缩编码包括不引入任何数据失真的各种熵编码；有损压缩又分为波形编码、参数编码和同时利用这两种技术的混合编码。

　　（1）熵编码

　　这是以信息论变长编码定理为理论基础的编码方法，如 Huffman 和 Shannon

编码及其各种修订方案，还有游程编码等。

（2）波形编码

在信号采样和量化过程中，考虑到人的听觉特性，使编码信号尽可能与原输入信号匹配，又能适应人的应用要求。如全频带编码、子带编码、矢量量化。波形编码的特点是可获得高质量的音频信号，适用于高保真度语音和音乐信号的压缩技术。

（3）参数编码

参数编码技术又称语声编码技术，是根据声音的形成模型，将声音变换为参数编码方式。其实施方法是将音频信号以某种模型表示，再抽出合适的模型参数和参考激励信号进行编码。在声音重放时，再根据这些参数重建。这就是通常讲的声码器。参数编码压缩比很高，但计算量大，不适合高保真度要求的场合。此类方法构成的声码器有线性预测声码器、通道声码器、共振峰声码器等。

（4）混合编码

这是一种吸取波形和参数编码的优点，进行综合的编码方法，如多脉冲线性预测，矢量和激励线性预测等。

4.1.7　视频信息压缩技术

随着经济的发展，计算机和网络已经普及到全世界的各个角落，如今在 In-ternet 上，传统基于字符界面的应用逐渐被能够浏览多媒体信息的 WWW 方式所取代。现在网络应用最重要的目标之一就是进行多媒体通信。不过 WWW 尽管漂亮，但是也带来了一个问题：多媒体信息主要包括图像、声音和文本三大类。其中视频、音频等信号的信息量是非常大的，这使得本来就已经非常紧张的网络带宽变得更加不堪重负，使得 World Wide Web 变成了 World Wide Wait。正是因为以上的原因，动态图像专家组（moving pictures experts group，MPEG）应运而生，对多媒体通信的发展起到了革命性的推动作用。对于今天我们所泛指的 MPEG-X 版本，是指一组由 ITU 和 ISO 制定发布的视频、音频、数据的压缩标准。

MPEG 的缔造者们原先打算开发四个版本：MPEG-1、MPEG-2、MPEG-3、MPEG-4，以适用于不同带宽和数字影像质量的要求。后由于 MPEG-3 被放弃，MPEG 现在的版本：MPEG-1，MPEG-2，MPEG-4，MPEG-7，MPEG-21。总体来说 MPEG 在三方面优于其他压缩/解压缩方案。首先，由于在一开始它就是作为一个国际化的标准来研究制定，所以 MPEG 具有很好的兼容性。其次，MPEG 能够比其他算法提供更好的压缩比，最高可达 200:1，更重要的是 MPEG 在提供高压缩比的同时，对数据的损失很小。

现在就 MPEG 现有的几个版本进行介绍如下。

（1）MPEG-1

MPEG-1 压缩的基本方法为：在单位时间内首先采集并保存第一帧图像的信息，此后在对单帧进行有效压缩的基础上，只存储其余帧图像中相对第一帧图像发生变化的部分，以达到图像数据压缩的目的。它包括时间上的压缩和空间上的压缩两个方面。

MPEG-1 制定于 1992 年，为工业级标准而设计，可适用于不同带宽的设备，如 CD-ROM、Viode-CD 等。它可针对 SIF 标准分辨率的图像进行压缩，传输速率为 1.5Mbits/s，每秒播放 30 帧，具有 CD 音质，质量级别基本与 VHS 相当。MPEG 的编码速率最高达 4 ~ 5Mbits/s。但随着速率的提高，其解码后的图像质量有所降低。MPEG-1 也被用于数字电话网络上的视频传输，如非对称数字用户线路、视频点播以及教育网络等。同时 MPEG-1 也可被用做记录媒体或是在因特网上传输音频。

（2）MPEG-2

MPEG-2 是建立在 MPEG-1 的基础上，以提高图像质量为目标的通用国际编码标准，共包括系统、视频、音频、符合性测试、软件、数字存储媒体的指令和控制、非向后兼容音频、10 比特视频、实时接口等九个项目。其中第 1 ~ 3 部分作为 MPEG-2 的核心，已在 1994 年 11 月正式公布执行，其他的部分在 1995 ~ 1997 年陆续公布。

MPEG-2 的压缩方法与 MPEG-1 的方法相似，基本算法也相同，但增加了场间预测。MPEG-2 的传输码率可以调整，支持从可视电话到 HDTV 多种应用。MPEG-2 的设计目标是高级工业标准的图像质量以及更高的传输率。它所能够提供的传输率在 3 ~ 10Mbits/s，其在 NTSC 制式下的分辨率可以达到 720×486，MPEG-2 也可以提供广播级的视像和 CD 级的音质。

MPEG-2 的音频编码可提供左右中即两个环绕声道，一个加重低音声道和多达 7 个伴音声道。由于 MPEG-2 在设计时候的巧妙处理，使得大多数 MPEG-2 解码器也可以播放 MPEG-1 格式的数据，如 VCD。

MPEG-2 除了作为 DVD 的指定标准外，还可以为广播，有线电视，电缆网络以及卫星直播提供广播级的数字视频。MPEG-2 的另外一个优点是可以提供一个比较广泛的范围改变压缩比，以适应不同画面的质量，存储容量以及带宽的要求。对于最终用户来说，由于现存电视机的分辨率限制，MPEG-2 所带来的高清晰度画面质量在电视机上效果并不明显，其音频特征更加引人注目。

（3）MPEG-4

MPEG-4 主要适用于电视电话、视像电子邮件和电子新闻等，其传输速率要求较低，在 4800 ~ 64000bits/s，分辨率为 176×144。MPEG-4 利用很窄的带宽，通过帧重建技术，压缩和传输数据，以最少的数据获得最佳的画面质量。

与 MPEG-1 和 MPEG-2 相比，MPEG-4 的特点是其更适用于交互 AV 服务以及远程监控。MPEG-4 是第一个使被动变为主动的动态图像标准；它的另外一个特点是其综合性。从根源上说 MPEG-4 试图将自然物体与人造物体相融合。MPEG-4 的设计目标还有更广的适应性和可扩展性。

（4）MPEG-7

MPEG-7 力求能够快速且有效地搜索出用户所需的不同类型的多媒体资料。MPEG-7 将各种不同类型的多媒体信息进行标准化的描述，并将该描述与所描述的内容相联系，以实现快速有效的搜索。该标准不包括对描述特征的自动提取，它也没有规定利用描述进行搜索的工具和任何程序。MPEG-7 可以独立于其他的 MPEG 标准适用，但是 MPEG-4 中所定义的对音、视频对象的描述适用于 MPEG-7，这种描述是分类的基础。另外我们可以利用 MPEG-7 的描述来增强其他的 MPEG 标准的功能。

MPEG-7 的应用范围和广泛，既可以应用于存储，也可以应用于流式应用。它可以在实时或非实时环境下应用。另外 MPEG-7 在教育、新闻、导游信息、娱乐、研究业务、地理信息系统、医学、购物、建筑等各个方面均有较深的应用潜力。与同样是音频压缩标准的杜比公司的 CA 系列标准相比较，MPEG 标准系列由于存在专利权的问题，所以更加适合我国的国情。

（5）MPEG-21

MPEG-21 标准其实就是一些关键技术的集成，通过这种集成环境就对全球数字媒体资源进行增强，实现内容描述、创建、发布、使用、识别、收费管理、产权保护、用户隐私权保护、终端和网络资源抽取、事件报告等功能。任何与 MPEG-21 多媒体框架标准环境交互或使用 MPEG-21 数字项实体的个人或团体都可以看做是用户。从纯技术角度来看 MPEG-21 对于"内容供应商"和"消费者"没有任何区别。MPEG-21 多媒体框架标准包括如下用户需求：内容传送和价值交换的安全性；数字项的理解；内容的个性化；价值链中的商业规则；兼容实体的操作；其他多媒体框架的引入；对 MPEG 之外标准的兼容和支持；一般规则的遵从；MPEG-21 标准功能及各个部分通信性能的测试；价值链中媒体数据的增强使用；用户隐私的保护；数据项完整性的保证；内容与交易的跟踪；商业处理过程视图的提供；通用商业内容处理库标准的提供；长线投资时商业与技术独立发展的考虑；用户权利的保护，包括服务的可靠性、债务与保险、损失与破坏、付费处理与风险防范等；新商业模型的建立和使用。

4.2　信息存储技术

　　信息存储是指对经过描述与揭示后的信息按照一定的格式与顺序进行科学有序的存放、保管于特定的载体中，以便查找、定位和检索信息的过程。所以，信息的存放与保管必须依托在一定的载体之上。从人类信息存储介质的发展历史来看，它经历了纸片、磁介质、光介质等阶段。

4.2.1　信息的印刷存储技术

1. 传统印刷的种类

　　印刷方法有多种，方法不同，操作也不同，印成的效果亦各异。传统使用的印刷方法主要可分为：凸版、平版、凹版和孔版印刷四大类。

　　1）凸版印刷。活版印刷是由早期胶泥活字到木刻活字及铅铸活字发展而成，延至近代大多数是以铅字排版为主。凸版印刷所用的印版，除了文字部分使用铅字排版外，其他如特殊字体或图案、图片之类，则使用照相制版方法，制成锌版，而近期更发展至尼龙胶版，改良网点印刷效果。

　　2）橡胶版印刷。橡胶版印刷和活版印刷相似，不同的是印版是一块软胶，有如图章用的橡胶。

　　3）平版印刷。凡是印刷部分和非印刷部分均没有高低之差别，亦即是平面的，利用水油不相混合原理使印纹部分保持一层富有油脂的油膜，而非印纹部分上的版面则可以吸收适当的水分，在版面上油膜之后，印纹部分便排斥水分而吸收了油墨，而非印纹部分则吸收水分而形成抗墨作用，此种印法，就称为"平版印刷"。

　　4）凹版印刷。该印刷方法的基本原理是印纹部分与非印纹部分高低差别甚多，与凸版恰恰相反，即印版着墨部分有明显的凹陷状于版面之下，而无印纹部分则是光泽平滑。

　　5）孔版印刷。其基本原理是印纹部分呈孔状，并利用这种方式印刷均称之为"孔版印刷"。一般用钢针在蜡纸上刻字或用电子蚀版的油印机印刷，而在设计或工业上应用到的是丝网印刷。

2. 数字印刷

　　数字印刷的出现，无疑是未来印刷发展的趋势。但就目前来看，数字印刷并不是要完全取代传统印刷，而是对传统印刷中存在的问题和难题的解决方案。所以，数字印刷和传统印刷在近一段时期中应该是一个互补的关系。

印刷存储技术广泛应用于报刊、杂志、书籍、资料、广告等文化宣传媒体上。这是目前人们俗称的第一媒体。随着各种技术的发展，以及社会信息量的日益膨胀，印刷存储也显露出许多不足之处。印刷出版周期过长，印刷速度过慢是其最明显的缺点。而且印刷品的管理工作大多需经手工操作，因而较为繁琐、繁重和复杂；此外，人们从印刷制品中获取信息的速度较慢，文献传输速度慢，信息存储密度小；同时，纸张印刷品的保存保管对环境要求高，保存空间大。为了克服这些缺点，人们不断地寻找新的信息存储技术。

4.2.2 信息的磁存储技术

磁存储就是将一切能够转变成为电信号的信息通过电磁转换，记录和存储在磁记录介质上，并可以重复输出的存储技术。

1. 磁存储技术的特点

20 世纪 80 年代开始，磁存储密度的发展到了每 10 年增加 10 倍的速度。后来磁存储密度更是以每 10 年增加百倍的发展速度迅猛增加。总的来说磁介质存储技术的发展超出了人们的想象，它具有以下几个特征。

1) 存储密度高、存储容量大。

2) 信息的写入和输出速度快，可以立即重放和再现。

3) 记录的信息经过千百次的重放后仍然可以保持原有的特性。

4) 可以将原来记录的信息抹掉，重新记录。即磁存储介质可以重复使用。

5) 可以实现多通道记录，特别是对数字记录。可以将多个磁头配在一起，记录许多磁迹。

6) 记录和存储的信息稳定性高。

7) 成本低、维护简单，适用于大量生产。

同时磁存储技术也存在一些缺点，如磁带的制造、保存、使用过程对环境有很高的要求，因为它对机械装置震动、温度、电磁场和尘埃都十分敏感；磁带记录仪器对磁浮的机械装置的精密度要求高，因而十分复杂；磁介质的可抹消性既是缺点也是优点。

2. 磁存储器类型

现阶段使用的磁存储器主要有磁带存储器、磁盘存储器、磁泡存储器。

（1）磁带存储器

磁带主要是由磁性材料、带基、黏合剂三部分以及各种添加剂组成，与磁记录媒体和磁记录有直接关系的是磁性材料，黏合剂和带基以及将这三部分整合在一起的技术对于磁材料能否充分发挥其作用有着十分重大的影响。

　　磁带上面的数据通常情况下都按照七条或者九条磁迹平行记录，每条磁带的头尾两端都作有标记，两者对称，实现两个方向的读出。磁带上面的字符组成数据块，它是磁带机和计算机之间传输的最小单位，数据块之间由间隔块隔开，计算机中使用的磁带具有瞬间启动、停止、反转的功能。计算机在短时间内请求磁带运行，然后停机等待计算机的请求或者继续传送数据。但数据读出后磁带立即停止运行，下次重新启动的时候必须在下一个数据块开始时就能达到正常的线速度，否则就会出错。磁带的加速和减速运行的长度必须小于间隔块的长度。

　　磁带的容量除了与磁带长宽度以及记录密度单位有关以外，还和编码方式、磁迹数、数据块和间隔块的长度有关。现在磁带以容量高、成本低、易存储、传输速率高等优点在数据存储中占有至关重要的地位，所以对磁带技术的研究一直是磁存储技术的研究重点，其中主流的磁带存储技术主要有：DAT、DLT、LTO 技术。

　　1）DAT（digital audio tape）技术。DAT 技术最初是由 HP 和 Sony 一起开发的，该技术以螺旋扫描记录为基础，将数据转化为数字后再存储下来。最早的DAT 用于声音的记录，后来随着技术的不断发展和完善，DAT 被用于数据存储领域。DAT 技术主要应用于用户系统或者局域网，它以非常合理的价位提供高质量的数据保护。

　　2）DLT（digital linear tape）技术。DLT 最早于 1985 年由 DEC 公司开发的，价格比较昂贵，但其性能出众。

　　DLT 采用单轴 1/2 英寸磁带仓，以纵向曲线性记录法为基础。DLT 产品定位于中高端的服务器市场和磁带库应用系统。DLT 的劣势在于其驱动器和介质造价昂贵，主系统与网络之间的通道狭窄，限制了传输的速度，增加了操作的时间，非标准的外形设计使内部设置受到限制，单一产品提供使得渠道受到限制。

　　3）LTO（linear tape open）技术。LTO 就是线性磁带开放协议，它结合了现行多通道、双向磁带各式的优点，基于服务系统、硬件数据压缩、优化的磁道面和高效的纠错技术，来提高磁带的性能。LTO 是一种开放格式的技术，由于是不同的厂家联合开发的，就可以使得不同厂家的产品能够更好地兼容。这意味着用户将拥有更多的产品可以选择。

　　LTO 有两种存储格式：一种是高速开放磁带格式，还有一种是快速访问开放磁带格式。定制这两种格式是因为用户对磁带的要求不同。这两种格式都是使用相同的头、介质磁道面、通道和服务技术，并且共享许多普通的代码部分。因为目前存储用户更加偏重于对存储技术的需求，所以两种格式相比而言前一种是当今存储技术关注的重点。

（2）磁盘存储器

磁带的结构决定了它只能顺序存取，在应用上受到了限制。相对而言，磁盘不仅可以按顺序存取数据，还可以直接随机存取所需要的数据。磁盘根据采用的材料不同，分为硬盘和软盘两种，前者以硬质铝合金为基底，后者以软塑料为基底，它们的存储原理和存储器结构大致相同。

磁盘的磁迹是以盘心为中心的若干同心圆，它被分成称为扇区的若干相等的部分，以扇区为单位进行数据存取操作。扇区的开头都预先录有包括磁迹序号在内的扇区地址。在存储数据之前，要对磁盘进行格式化，也就是要告诉计算机在磁盘或者磁盘组的什么地方可以进行数据存取，规定磁迹位置、主数据磁迹以及替换磁迹等。磁盘存储器由磁盘驱动器、磁盘控制器和磁盘片组成，主机通过磁盘控制器与磁盘驱动器相接，主机以命令的形势控制磁盘控制器，由磁盘控制器产生若干控制信号发送给磁盘驱动器，由磁盘驱动器将控制器的信号转换成为驱动磁盘的各种电气和机械的动作，驱动磁盘完成主机所要求的操作。

软盘携带方便，但是存储容量比较小，读写速度慢，闪存和移动硬盘出现以后软盘就逐渐丧失了优势。硬盘后来成为计算机的必备部件，其技术发展围绕着容量和转速以及接口三个方面发展。

（3）磁泡存储

磁泡主要是指利用一定条件下的磁性薄膜中所存在的圆柱形磁畴来表示二进制信息。磁泡只能在自发磁化垂直于膜面的材料中形成。这种膜很薄，对于可见光是透明的，利用透射偏光显微镜可以清晰地观察到。磁泡可以凭借外加一定的电路或者控制磁路中磁场的大小和分布而产生、传输和消失，这样就可以制造出可供实用的磁泡存储器。它的存储量比较大，存取速度快，信息不容易丢失，可随意存取，具有其他磁存储器共同具有的优点，同时弥补了半导体存储器的不足之处。

4.2.3 信息的激光存储技术

激光存储技术是用具有很高相关性和单色性的激光束汇聚到光衍射极限的斑点上，在这个微光斑区使某种存储介质产生物理或者化学变化，从而使该微区的某种光学性质与四周介质有较大的反衬度。要存储的信息、模拟量或者数字量用调制激光束载入；用另一束激光束检测光信号，经过解调取出信息。相对于利用磁通变化和磁化电流进行读写的磁盘，人们把光学方式读写信息的圆盘叫做光盘。光盘存储技术是采用磁盘以来最重要的新型数据存储技术。

1. 激光存储器的特点

与其他的存储器相比，激光存储具有以下几个优点。

1）记录密度高，存储容量大。存储密度是指记录介质单位长度或者单位面积内所能存储的二进制位数，前者是线密度，后者是面密度。

2）存储寿命长，易于保存。光盘存储介质稳定，对于存储环境的要求不高，其寿命一般在 10 年以上。而磁存储的信息存储寿命很大程度上取决于环境，在正常情况下一般可以保存 2～3 年，而且要定期保养。

3）非接触时读写信息，这是光盘存储器特有的性能。读写光头与光盘之间距离大概约有 1～2mm，互相之间不接触。光头不会磨损和划伤盘面，也不会损坏光头。这种读写方式使得光盘存储器具有磁存储器所不具有的优点。光盘外表面上的灰尘颗粒与划伤对记录信息的影响微小，无需严格控制使用环境。由于没有磨损，因而能够以极高的可靠性多次读出同一信息，在使用电视录像盘时，能够实现静电图像、慢动作等特殊功能。

4）信息的载噪比高。载噪比是载波电平与噪声电平之间的比值，以分贝表示，光盘的载噪比平均能够达到 50 分贝以上，而且多次读写后不会降低。所以光盘多次读出的音质和图像清晰程度是磁带和磁盘所无法比拟的。

5）易于大量复制，信息位价格低。

6）能够自由地更换光盘。在使用可换式存储媒体的同时，仍然能够保持极高的面存储密度，这意味着无限扩大了可联机存储的信息容量。

2. 光盘的组成结构

大多数的实用光盘的记录机理是基于热效应的，就是利用激光束聚焦在记录介质表面，引起介质局部升温而使被照光点融化、蒸发、变形，产生磁场方向的变化或者结晶态的变化等进行信息的记录。为了用最小的能量达到记录信息的目的，被加热的光点的体积必须尽可能地小。所以光学记录材料都采用薄膜形式，薄膜厚度约为几十至几百纳米，主要取决于材料性能、薄膜的均匀性等。

作为光盘记录材料必须有称为衬盘的承载体，即基片。由于基片的存在，记录介质吸收的热量会向基片传播而造成热量的损失，基片的材料通常采用热扩散率低的塑料、玻璃或者吸有塑料的金属片等材料。光盘结构从最初的只由记录介质和基片构成的单层结构逐步发展成为多层结构。后来增加的各层材料主要分为三种：第一种是隔热层，通常位于记录层和基片或反射层之间，将记录的介质与衬盘或其他导热层隔开；第二种是密封层，有时也兼作抗反射层，起到保护记录介质或者减少光反射的作用；第三种是反射层，将入射到表面的光反射回去，多用于反射式光记录系统。

除此之外光盘表面还有一层保护层。在现阶段广泛采用的是三层膜消反射结构。该结构用于形成凹坑式烧蚀型一次写入光谱系统，记录激光束入射到记录介质的表面后，即在空气/记录介质层和隔热层/反射层的界面处来回反射，两束反射光光程相反，因而相互抵消。三层膜光盘的光学耦合是单层的 2～3 倍，它的灵敏度较高，有较好的信号对比度和信噪比。

3. 光盘的类型

光盘家族由许多种不同的光盘构成，这里主要介绍只读光盘、写一次性光盘和可擦光盘。

只读光盘（read-only memory）中的信息是制造厂家事先写入和复制好的。用户只能从中读取其中的信息，不能再往上写信息或者修改原有的信息。它的主要特点有数据先写到盘上，然后利用母盘大量复制盘片供发行；可采用工业化的生产方式，价格低廉；用户需要使用标准的光盘驱动器或者播放器才能够读取盘上的信息。它主要用于存储声音、图像或者文字信息，作为出版工具、信息检索设备或信息传递工具。后来它成为计算机的外部存储设备，并且出现了 CD - ROM 光盘软件。从而可以在一张光盘上十分密集地存储大量数据，同时使其符合现有的信息交换标准。更加容易地实现从任何一种计算机文字处理程序中提取数据。

写一次性光盘（WORM 或 WOAM）主要利用聚焦激光照射记录层薄膜，使得存储介质产生不可逆转的物理和化学变化以达到写入信息的目的。由于照射微区与周围介质的反射率具有差别，从而可用光学方法读出信息。这种光盘只有读、写两种功能，可用于文档的存储和检索以及图像存储和检索。它的主要特点就是存储密度小于 CD-ROM，适用于现场记录数据，不能够大量复制，盘片和驱动器价格较高，并且没有标准化。用户可以用它来自建数据库或者信息检索系统，也可以作为计算机的外存储设备。现在市面上可见到的 WORM、DRAM、OD3 等产品都是属于此类的。

可擦光盘除了用来写、读光盘以外，还可以将已经记录在盘上的信息擦除，然后再重新写入新的信息。根据擦写是否能够同时进行，可擦重写光盘又分为先擦后写光盘和直接重写光盘。从记录介质写、读、擦的机理来讲，目前的光盘主要分为两大类，他们分别是主要用于多元半导体元素配置的记录介质和利用稀土—过渡金属合金制成的机理介质。前者利用激光与介质薄膜相互作用时激光的热和光效应在晶态与玻璃态之间的可逆相变来实现反复写擦的要求；后者利用光致退磁效应以及偏置磁场作用下磁化强度取向的正负来区别二进制中的 0 或 1。

从激光热敏效应导致可逆变相的角度来看，材料设计基于以下考虑：记录介质应满足光相应灵敏度高、热稳定性好、变相速率快以及反衬度高等要求。

4. 2. 4　信息的半导体存储技术

半导体存储器是利用晶体管的电容效应来完成信息存储的，其信息存取是依靠检测晶体管的电平以及对其充放电来完成的。随着半导体集成电路的出现，半导体存储器蓬勃地发展起来。半导体存储器具有以下优势：存取速度快、功耗低；生产工艺简单，生产过程便于自动化；体积小，结构紧凑，价格低廉，可靠性高。缺点是断电以后就会丢失信息，这种缺点称为信息的易失性或者挥发性，它的抗辐射性也不如磁芯。

按照信息存取方式，半导体存储器可分为随机访问存储器（RAM）和只读存储器（ROM）。RAM 存储器的存储内容按照需要可以随时读出和随时写入，它有静态随机访问存储器和动态随机访问存储器之分。由固定稳态以及稳态的转换来即以信息的 RAM 叫做静态 RAM。靠电容的存储电荷来表示所存内容的 RAM 存储器称为动态 RAM。动态 RAM 与静态 RAM 相比，集成度高、功耗小、价格低、存取时间短、需要进行刷新。只读存储器（ROM）所存的内容是预先给定的，在工作过程中，只能将其中所存的内容按照地址单元读出，而不能写入新的内容。

1. 半导体存储器的基本结构

各类的半导体存储器尽管性能各异，但是它们构成的基本组成部分是相同的。半导体存储器芯片内，有许多基本记忆电路构成的存储单元列阵，还有地址缓冲器、译读写电路、数据缓冲器和控制电路等。存储芯片通过地址总线、数据总线和控制总线与外部连接。

存储单元列阵是存储器的核心和基础，它是许多存储器的集合。每个存储单元存储一位二进制信息。在同一个芯片里，存储单元越多，集成度就越高，存储容量也就越大。

中央处理器若要访问某一个存储单元，就在地址总线上输出此单元的地址信号，并存放于地址寄存器。地址译码器把来自地址寄存器的表示地址的二进制代码转换输出端高的电位，来驱动相应的读写电路，以便选择所要访问的存储单元。

一个完整的存储器是由一定数量的集成片按一定的方式连接以后组成的。在地址选择时首先要对某一个集成片进行选择，通过地址编译器输出和一些控制新信号形成片选信号，片选信号有效选中某一片，此片所连的地址线有效，此片的存储元才能进行读写操作。

2. 半导体存储器的分类

（1）随机存取存储器

随机存取存储器有双极型和 MOS 型。由两种极性的载流子参与导电的晶体管称为双极晶体管，双级型随机存取存储器是由双极晶体管作为存储元构成存储体，再加上外围设备构成。随机存取存储器分为动态和静态两种。RAM 静态存储用触发器线路记忆与读写数据通常具有六个 MOS 管组成存储一位二进制信息的存储单元。动态 RAM 存储器单元经历了 6 管、4 管直至现在的单管存储单元。

（2）只读存储器

只读存储器在结构上比随机存取存储器简单得多，单片存储容量也大得多。所用的器件根据需要而定，可以是 MOS 也可以是双极型晶体管，还可以采用电阻。ROM 可以分为四种类型：

1）掩码 ROM。在制作只读存储器时，根据使用要求，在制作掩码版里，用这种办法制作的存储器，它所在的信息和掩码版是一致的，是不能改变的，所以成为掩码型 ROM。这种掩码型 ROM 适合于大量生产，成本低，对于专用小批量产品，成本则较高。要改变存储的内容就要重新设计掩码版，制版是件很麻烦的事情。工艺比较复杂，生产周期长，所以掩码型 ROM 适合做代码转换等标准产品。

2）可编程 ROM。在制作 ROM 时，都写成一样的全"1"信息，等用户使用时，可根据需要，用点方法进行一次而且是仅一次改写，故又称为一次可编程 ROM。其窜出单元的基本结构有两种：熔断丝型和结击穿型。

3）可擦除可编程 ROM（EPROM）。EPROM 采用电写入信息，紫外光擦除信息的方法。目前广泛使用的是采用浮动栅雪崩注入型 MOS 管构成 EPROM，称为 FAMOS 型 EPROM。它具有非易失性，可现场编程和改写的特点，从而得到了广泛的应用。但是同时存在两个问题：一个是紫外线擦除信息需要时间比较长；二是不能把芯片中个别需要修改的存储单元单独擦除与重写。

4）电可改写 EEPROM。EPROM 的擦除只能借助于长时间暴露于紫外光，使用很不方便，不能满足高性能系统的要求，所以 EEPROM 越来越多地吸引人们的重视，它的优点是非挥发性、可字节擦除、编程速度快。对 EEPROM 编程无需将 EEPROM 从系统中移出，从而使存储和刷新数据非常方便、有效、可行。EEPROM 消除了 EPROM 还使得通过无线电或导线进行远距离编程成为可能。EEPROM 结构大致分为三大类：一类是金属—氧化物—半导体结构，二是表面变形的结构式晶硅单元，最后一种是浮栅结构。第一和第二类结构为早期结构，现在很少使用。

4.2.5　信息存储技术的新发展

最近几年磁介质之中应用比较多的是 USB 硬盘，由于 USB 接口技术成为计算机外部总线接口的标准配置，使得其非常流行。USB 移动硬盘充分利用 USB 热插拔、易安装、速度快和兼容性好的先天的特点，真正做到无需外接电源、即插即用。USB 移动硬盘具有极高的安全性，它一般采用 IBM 的玻璃盘片和巨阻磁头，并且在盘体上精密设计了专有的防震、防静电保护膜，是 USB 高端应用性能和抗震性能得以加强，从根本上提高了抗震能力、防尘能力和传输速度，不用担心锐物、灰尘、高温或磁场等对 USB 硬盘造成伤害。还有现在的移动硬盘体积轻盈，设计紧凑而且外观时尚靓丽，随着信息时代人们对数据资料的重视，用户对数据存储的高效、快速、便捷以及数据共享的安全性都有越来越高的要求，移动硬盘将在未来发挥越来越重要的影响。

要在未来实现磁存储技术的革命性进步，就需要从以下两个方面努力：一是研制均匀分布的非常细密的磁性材料，二是有足够小的磁头能够读写如此细微的磁颗粒。与此存储技术相关的基础还有盘面润滑物、磁头在磁介质表面运动的空气动力学、精密的机械构造、控制磁头和介质运动的电气和软件技术等。目前垂直记录方式和巨磁电阻存储器是磁存储技术的研究重点。

在半导体存储方面，最新的介质是快闪存储器（Flash Memory），它是 EPROM 走向成熟和半导体发展可以满足大容量可擦写存储器的产物。它既有 EPRONM 价格便宜、集成度高的优点，又具有 EEPROM 的电可擦除性和可重写性，并且可以在短时间内访问到数据，单元面积小，存储容量大。缺点是只能整片擦除，而且允许擦出的次数有限。

Flash Memory 提出了一种全新的存储技术，具有以下功能：固有不挥发性，不需要盼来提供数据、程序、文件的后备存储；经济实惠而且高密度，Flash Memory 的价格与 SRAM 一样；固态性能 Flash Memory 极少使用电池，重量极轻，体积小并且比盘驱动器更加抗冲击和更可靠；易于更新；直接访问，Flash Memory 可以存放应用程序和数据文件，所存应用程序可以直接访问和执行，数据文件可以直接被改写；可以兼容其他软件。Flash Memory 的主要部件是芯片，它像 Flash Memory 的大脑。目前三星和东芝两家大公司有能力进行大规模的生产。

光存储介质之中的 ROM 在近些年来出现了一种高密度只读存储器——DVD-ROM，它是在 CD 工艺的基础上形成的数字化光盘，现在 DVD 已被认为是多用的数字化光盘的一种制式，与 CD 相比较，DVD 的记录激光波更短，信息记录点间距更加小，因此其存储密度更高。DVD 是以红光镭射为主，在 2002 年亚洲和欧洲的 9 家大型 AV 设备制造公司对使用蓝光技术作为新的光源的新一代大容量光盘——"蓝光光盘"的基本规格进行了规定。随后开始向有意签署使用授权合同的设备制造商以及媒体制造商公司公布规格手册并且签署使用授权合同。索尼和三菱公司先后推出了蓝光光盘和蓝光光盘录像机。

网络存储也成了现阶段高速发展的存储技术的一大亮点。NAS 和 SAN 两驾马车并驾齐驱。推动网络存储的主要因素是数据共享和数据安全。高速、安全的网络基础设施为网络存储提供了保障。利用网络将存储系统和用户端设备连接，用户可以方便地使用管理软件进行数据的存取和管理，构成了网络存储的基本结构。存储系统成了网络系统之中独立的构件。

虚拟存储技术旨在简化存储系统管理和提高存储资源利用率。虚拟存储技术通过动态地管理存储空间，避免存储空间被无效占用，从而提高存储设备的利用率。存储虚拟化将不同接口协议的物理存储设备整合成为一个虚拟存储池，根据需要为主机创建并提供等效于本地逻辑设备的虚拟存储卷。虚拟存储设备正在逐渐成为共享存储管理的主流技术。

第 5 章　信息检索技术

信息检索（information retrieval）是指利用一定的检索算法，借助于特定的检索设施，并针对用户的检索需要，从结构化或者非结构化的数据集合中获取有用信息的过程。信息检索技术大致可分为文本信息检索技术、多媒体信息检索技术、并行与分布式检索技术、跨语言检索技术、智能检索技术、自然语言检索技术和搜索引擎技术等。本章基于信息资源管理领域对信息检索技术的基本知识需要，扼要阐述各类信息检索技术。

5.1　信息检索的含义与数学模型

5.1.1　信息检索的含义

人类的信息需求千差万别，获取信息的方法也多种多样，但信息检索的基本原理却是相同的。我们可以把信息检索最本质的部分概括为一句话：信息集合与需求集合的匹配与选择。

人们在访问某一任务或满足某种需要时，往往会觉得缺少某些知识，因而产生了信息需求，从而会去访问信息检索系统。信息集合就是有关某一领域的文献或数据的集合体。它可视为一种公共知识结构，用于弥补某个特定用户的知识结构缺陷，即可以向用户提供所需要的知识或事实，或获取知识的线索，或提供某种信息去激活人脑中存储的知识。而匹配与选择则是一种机制，它负责把需求集合与信息集合进行相似性比较，然后根据一定的标准选出符合用户所需要的信息。

但是，现实世界中的信息量是非常庞大的。仅以文献为例，每年发表的科技文献就达数百万篇，即使是一个较小的学科领域，其文献量也是数以万计，且来源广泛。所以，要进行有效的信息匹配与选择，首先必须对大量的原始信息进行收集和加工处理，例如内容的分析与标引、编目、做文摘等。另一方面，用户提出的情报需求也需要做类似的加工处理，即分析需求的内容，提取出主体概念和其他属性，并利用与信息集合相同的标识系统（检索语言）来表示需求中所包含的概念和属性。经过这样加工的信息需求称为提问。

这样，原先的信息需求和信息集合的匹配就简化为用户提问与有序的、特征化表示的信息集合之间的匹配，即两组有限的语词符号化特征之间的匹配比较。

5.1.2　信息检索数学模型

信息检索的基本原理就是检索系统对用户信息需求（集合）与系统存储的信息资源（集合）的匹配与选择。要严密准确地描述和论证这一基本原理，离不开数学工具，即需要建立信息检索的数学模型。信息检索的数学模型，就是运用数学的语言和工具，对信息检索系统中的信息及其处理过程加以抽象和描述，表述为某种数学公式，再经过演绎、推断、解释和实验检验，反过来指导信息检索实践。

基本的信息检索模型可以分为三种：布尔模型、向量空间模型和概率模型。在布尔模型中，文档和查询式都表示为特征项的集合，可以通过运用集合运算来进行检索；在向量空间模型中，文档和查询式则表示为高维空间中的向量，可以通过对于向量的代数运算进行检索；在概率模型中，文档和查询式则是通过概率理论形式化为概率分布，检索模型也建立在概率运算的基础之上。

1. 布尔检索模型

布尔模型（boolean model）是基于集合论和布尔代数的一种简单检索模型。

在布尔检索中，要定义一个二值变量的集合，这些变量都对应文献的某个特征，称为索引项。索引项一般是词或词组等简单的文本项，文献由这些索引项的组合来表征和索引，如果该项对文献的内容表示有贡献，则赋值为1，否则为0。查询式是索引项和操作符或（or）、与（and）、非（not）等组成的表达式，如"信息检索"、"信息检索"与"倒排文档"、"信息检索"与（"倒排文档"或"顺排文档"）。匹配函数遵循布尔逻辑的原则，检索时将用户查询和文献集合进行匹配。

在传统的布尔模型中，每一篇文献用一组标引词表示。例如，对于某一特定文献 i，可表示为：

$$D_i = (T_1, T_2, T_3 \cdots\cdots T_m)$$

每个提问则表示为标引词的布尔组配。例如，对于特定提问 Q_j，可表示为：

$$Q_j = (T_1 \text{ AND } T_2) \text{ OR } (T_3 \text{ AND } (\text{NOT } T_4))$$

系统对提问的响应是输出一个包含有该提问式的组配元素且符合组配条件的文献集合。例如，对上述提问 Q_j 来说，系统的响应必须是这样一组文献：它们都含有标引词 T_1 和 T_2，或者含有标引词 T_3，但不含有标引词 T_4。

布尔模型的主要优点在于具有清晰和简洁的形式，语义表达能力强、结构化好。但其主要缺陷在于采取精确匹配策略，太僵硬，不考虑那些大体能满足提问需要的文献，常常使检索结果不能令人满意。

2. 向量空间模型

向量空间模型（vector space model）主要是将文献看作由相互独立的特征向量构成，同时它将用户的查询描述进行词汇的切分，形成相互独立的用户查询特征向量。在进行检索匹配时，使用计算用户的查询向量与文献的特征向量之间距离的方法，即将文献信息的匹配问题转化为向量空间中向量匹配问题。于是，系统中的匹配处理，就转化为向量空间中文献向量与提问向量的相似度计算问题。

向量空间模型突破了一般的布尔模型中索引项在文献中的权重及索引项和文献的相似度都只能是 0 或 1 的局限，其权重和相似度是某个范围中的一个实数。该模型可以将检出的文献按相似度的大小进行排序，让更相关的文献排在前面。但是，向量空间模型也存在某些明显的缺陷。例如，相似度计算的工作量巨大；文献向量中各分量的值（标引词权值）难以确定；对标引词两两正交的假设也太僵硬等。

3. 概率模型

概率模型（probabilistic model）基于概率论原理，认为给定文献和给定提问之间存在某种相关概率。进一步讲，如果文献按照与查询的概率相关性的大小排序，那么排在前面的文献是最有可能被检索出的文献。它是按照关键词在文档中出现的概率来计算查询与文献的相关性的。

概率模型的主要优点是理论上严密，文献可按照其相关概率的降序排列输出，其效率明显优于布尔模型；其主要缺点是在初始状态就需要将文献分为相关和不相关的集合。

4. 其他信息检索模型

（1）模糊集合模型

模糊集合模型是建立在模糊集合论的基础上。它把"相关性"看作是一个不完全确定的概念，即把文献看做与某提问在一定程度上相关。人们可以这样设想，在检索系统中，对每个标引词，都存在一个模糊的文献集合与之相关。同时，对某一个给定的标引词，用某种隶属函数去表示每一文献与该词相关的程度，即隶属度，在 0～1 之间取值。

（2）扩展布尔检索模型

20 世纪 80 年代初，出现了一种更灵活的布尔提问处理技术。它以对布尔算符的一种近似解释系统为基础，被称为扩展布尔模型。在此模型中，能以一种比传统布尔模型限制更小的形式处理布尔提问式。特别是当某一给定文献中出现较多提问词时，它的值就大于含提问词较少的文献。具体地说，就是用一个标准化的距离函数来匹配提问式与文献。

5.2　文本信息检索

5.2.1　顺排文档检索

顺排文档是将数据库的全部记录按照记录号的大小排列而成的文献集合，它构成了数据库的主体内容，类似于检索刊物中按文摘号排列文摘款目。每一篇文献作为一个记录单元存放，一个存取号对应一条记录，存取号越大，对应的记录就越新。由于它存储记录最完整的信息，所以，又把它称之为主文档。表 5-1 就是顺排文档的一个例子。

表 5-1　顺排文档的存储结构

文献编号	文章题目	标引词	发表年份
001	信息资源管理中的技术发展	信息资源管理	2008 年
002	信息资源管理中检索技术的实现	信息资源管理，信息检索	2006 年
003	信息检索专家系统的特点与发展	信息检索，智能检索系统	2008 年
004	智能检索系统的设计与开发	智能检索系统	2007 年
005	信息检索系统中倒排文档的建立	信息检索，倒排文档	2006 年

从上表可以看出，查找文献时，要顺序读取各文献地址。

目前，常采用的顺排文档检索方法主要有表展开法、逻辑树法等。

1. 表展开法

表展开法是由菊池敏典先生于 1968 年提出的。其关键技术是采用列表处理方法将提问逻辑式（检索式）变换成等价的提问展开表，然后按提问展开表的内容对顺排文档的每条记录进行检索。其优点是能够缩短每一个提问式的查找时间，并且对所存储情报的任何可检项目都能够进行相同的处理。

（1）展开表概念

用表来表达逻辑提问式，要求能够将提问式中复杂的逻辑关系充分体现，每个检索词的检索匹配要求能够精确反映，记录最终的命中与否应能准确给出。表 5-2 给出了（A＋B）×（C＋D）的展开表形式。

表5-2 (A+B)×(C+D) 的展开表形式

地址	检索词	条件满足 指向	条件不满足 指向	级位	比较 条件	检索 标识
1	A	3	2			
2	B	3	落选	省　略		
3	C	命中	4			
4	D	命中	落选			

在表5-2中，地址栏确定了每个检索词在表中的位置，条件满足（不满足）指向告之当该词满足（不满足）检索条件后应做什么处理，级位是根据检索词的运算符等给出的处理优先级，比较条件是指明该检索词采取什么方式进行匹配（如前方一致、模糊匹配以及"非"运算等），检索标识用于注明检索字段。

（2）展开表的生成

1）前处理。首先逐个扫描逻辑式的字符，将提问式的字符一个一个依次取出，再进行如下判断：①若是检索词，则将对应的检索词的有关内容由检索词表移入展开表内。②若是"+"号，把提问式中下一个检索词的地址（即表中下一行的地址）置入该"+"号左边检索词所在行的"条件不满足指向"栏；若是"×"号，把提问式中下一检索词的地址（即表中下一行的地址）置入该"×"号左边检索词所在行的"条件满足指向"栏。③若是"("，则将其前一检索词所在行的级位值加1，放入其后的检索词所在行的"级位"栏，同时有多层左括号时，级位值连续加1多次。级位的初值为零，若是")"，则将其前二检索词所在行的级位值减1，放入其紧前的一个检索词所在行的"级位"栏，同时有多层右括号时，级位值连续减1多次。④若是"."，即句号，为提问式结束标志，则在其前一检索词（即式中最后一个检索词）所在行的"条件满足指向"栏放入"命中"，"条件不满足指向"栏放入"不命中"。

至此，前处理工作结束。展开表中除第二、三栏中有空白外，其余各栏均已填好。前处理结束后，检索词表已没有存在的必要，它只起临时货栈的作用。

2）后处理。后处理的任务是填满表中的空白处。它通过比较展开表中"级位"栏内各行级位值的大小，从最后一个检索词开始，反填表的第二、三栏空白处，一直处理到第一个检索词为止，从而得到一个完整的提问展开表。

（3）表展开法的检索处理

表展开法的基本思想是从主文档中读出文献记录，并将其与已变换成的展开表的提问进行比较，若满足条件，便将该文献作为答案输出给用户。为了节省计算机检索处理的时间，提高检索速度，在进行表展开法时一般采用构造检索标识表（表5-3）的方法，即从主文档中读入一条文献记录，取出其头标部分，并根据头标信息计算出该记录含有的登录项个数，然后检索目录区，判断各登录项是否是可检项目。在建好检索标识表后，检索就从文献记录与提问的比较转变为检索标识表与提问展开表的比较。

表5-3　检索标识表

所属字段代码	有效位	检索词
650	3	计算机
650	2	检　索
…	…	…

2. 其他顺排文档的检索技术

（1）树展开法

树展开法的主要思想是把提问逻辑式变换成与之等价的树形图。树根是"检索开始"，中间树结点是检索项，遇到逻辑"或"则画并枝，遇到逻辑"与"则画下属树枝，枝的末梢（树叶）画"命中"。树展开法涉及较复杂的数据结构。

例如若提问式为 $(A+B)\times(C+D)+E\times F$，则与之等价的树形图如图5-1所示。

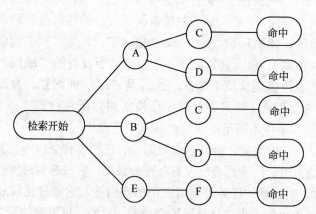

图5-1　提问式 $(A+B)\times(C+D)+E\times F$ 的树形图

使用树展开法，所有的检索词都要按照有限自动机原理构造字符树，即辅树，而主树与辅树之间的相关元素用指针链接。树展开法主要可分为三大部分，即逻辑提问式、字符树生成以及检索处理。

（2）一次扫描法

这种顺序检索算法的基本思想是：当一组提问逻辑式输入计算机后，系统自动生成下面三种表。

第一种称为项表，包括有提问项、位表指针等。一批提问只形成一张项表；

第二种称为位表，包括提问项在各提问式中的位置信息、后继指针等。一批提问也只形成一张位表；

第三种称提问表，用以表示提问式内容及控制检索过程。一个提问形成一张提问表。

检索时，读入主文档的一条记录，根据记录中含有的检索词，从项表入手，到位表，再到不同提问的提问表中去查找匹配，以确认该记录对哪个（哪些）提问是命中的。

这种检索方法，即使有任意多个提问，对主文档都只扫描一遍，故而得名。它特别适合于批式检索处理，较表展开法而言，具有检索速度快、检索方便灵活且适于中文处理的特点，值得推广。

5.2.2　倒排文档检索

1. 倒排文档的概念

倒排文档相对顺排文档而言，是将顺排文档中可检字段（如作者名、关键词、分类号等）取出，按一定规则排序，归并相同词汇，并把在顺排文档中相关记录的记录号集合赋予其后，以保证通过某一特征词能够快速、方便地获取相关记录。倒排文档和顺排文档的主要区别是：主文档以文献的完整记录为处理和检索单元，倒排档则以文献的属性（即记录中的字段）为处理和检索单元。倒排档是从主文档中派生出来的一种文档。如与表 5-1 所示的顺排文档相对应的主题词倒排文档和发表年份倒排文档的形式分别如表 5-4 与表 5-5 所示。

表 5-4　主题词倒排文档

标引词	文献标号
信息资源管理	001，002
信息检索	002，003，005
智能检索系统	001，003
倒排文档	005

表 5-5　发表年份倒排文档

文档发表年份	文献标号
2006	002，005
2007	004
2008	003，004

2. 倒排文档的建立

由顺排文档构造倒排文档需要经过抽词、排序、归并和组织等过程，具体实现步骤如下。

1）选择需要做索引的字段属性（如作者、关键词等），抽出其中的内容，并在其后附上其记录号。

2）对抽出的内容进行排序，使之便于归并相同内容。

3）对相同的内容进行归并，把合并后的内容放入倒排文档的主键字段（如标引词、作者等），统计每一数据的频次作为目长，把每一内容后的记录号顺序存放在记录号集合字段。

在建立倒排文档的过程中还要注意两个问题。

1）上述的过程是批处理的过程，我们在实际的数据库建设中是不断地追加数据的过程。因此，倒排文档的建立应具有及时更新的功能，所以对批处理创建倒排文档的过程需要更改。

2）由于每一个关键字所对应的记录数相差很大，因此对于只能处理定长字段的数据库或文件系统，需建立溢出文档来解决不定长问题。

3. 提问式的编辑

在倒排文档的检索中，对提问逻辑式的编辑有各种不同的方法，这里重点介绍由日本人福岛提出的逆波兰表示法，又称福岛方法。这种方法的处理要点是：先将提问逻辑式转换成逆波兰表示形式，然后将逆波兰表示形式翻译成一组检索指令。

（1）逆波兰变换

1）逆波兰表示法。通常我们在书写算术表达式时，总是把运算符放在两个运算项的中间，如"A 加上 B 后再乘以 C"可写为"（A + B）×C"，这种表达方法称之为中缀表示法。中缀表示法虽能表达出算式及其结果的唯一性，但有时由于括号无法去掉，影响书写的最简洁性。而且在某种场合，括号无法使用。因此，1929 年波兰的一位逻辑学家卢卡西维兹（Jan Lucasiewicz）针对该问题首先提出了两种不用括号的表达式表示方法。第一种是把运算符放在运算项前面的表示法，例如"A 加上 B 后再乘以 C"写成，"×＋ABC"，人们称这种表示法为前缀表示法或正波兰表示法；第二种表示法中，运算符则被放在运算项的后面，还用上例，其表达式为"AB＋C×"，人们称这种表示法为后缀表示法或逆波兰表示法。

2）提问逻辑式的逆波兰变换处理。为了实现提问式的逆波兰变换，首先应在计算机内存设置以下三个工作区：逆波兰输出区、算子栈、检索词表。

逆波兰输出区是为存放经变换处理后提问式的逆波兰形式而设置的区域。

算子栈是一个"后进先出"表，它是形成逆波兰表示过程中不可缺少的临时堆栈，主要用它来重新排列运算符，以便确定运算顺序。

检索词表是将提问式中的检索词列成的表，这样在逆波兰输出区中可以使用检索词表中的地址来代替作为运算项的检索词。

逆波兰变换过程中关于运算符的处理是通过各自的优先级来控制的。下面先将有关算符的优先级列如表 5-6 所示（优先级大小按数值计）。

表 5-6　各有关算符的优先级

算符	)	+	×	−	(
优先级	1	2	3	4	5/1（入栈/栈内）

经过上述准备工作，提问式的逆波兰变换处理即可依照下述规则进行：① 从左向右逐个扫描提问式的字符，然后予以适当转移。② 如果是检索词（运算项），则将其置入检索词表中。并将相应的词表地址送入逆波兰输出区中。③ 如果是运算符 +，×，−，则将它与算子栈栈顶的那个算符按优先级进行比较：若比横顶算符优先级高，则把它压入栈内；若相等或低于栈顶算符的优先级，则取出栈顶算符，转送入逆波兰输出区，然后再与新的栈顶算符比较优先级，以此类推。④ 如果是左括号"（"，由于其入栈时优先级为 5，最高，应将其无条件置入栈内，进栈后其优先级变为最低，为 1。⑤ 如果是右括号"）"，则表示该"）"及与之匹配的"（"之间的所有运算都可以执行了。这时应从算子栈中按"后进先出"次序将这对括号内的算符依次弹出，移入逆波兰输出区，而"（"本身也由栈内清除掉。⑥ 若为逻辑式结束标志"."，则将留在算子栈中的算符依"后进先出"次序全部移入逆波兰输出区中，最后将"."亦置入其中。

（2）检索指令表的生成

在提问逻辑式展开成逆波兰表示形式之后，还不能用来对倒排文档进行检索，而仅仅是把中缀表示式变换为便于计算机处理的后缀表示式。下一步应是通过计算机把逆波兰展开式加工或翻译成适当的可用于倒排文档检索的一系列检索指令。

为了将提问的逆波兰形式翻译成一组检索指令，除了用到原来的逆波兰输出区和检索词表以外，还需要设置一个检索指令表，来放置由逆波兰形式转换而来的检索指令。

另外，在倒排文档的检索处理中，为了存放含有某个检索词的命中文献的文献号码，以便对它们进行逻辑运算以及放置运算结果，一般需要设置一批工作区。

需要说明的是，针对福岛法中的逆波兰变换对系统工作区要求过高的问题，我国学者提出了一种改进方法——准波兰变换法。

4. 倒排文档的检索处理

（1）操作顺序

按照检索指令表的指令顺序执行，整个检索过程为：

1）根据"输入指令"中检索词表的地址从检索词表内取出检索词，仅以该检索词去检索倒排文档，取出含有该检索词的文献号码集合。

2）对逻辑运算指令的第一检索词和第二检索词所对应的文献号码集合进行规定的逻辑运算，以得到所需的文献号码集合。有时，参加运算的运算项本身就是由前面的运算得到的文献号码集合。

（2）检索流程

倒排文档检索处理的流程图如图5-2所示。

5.2.3 加权检索

加权检索就是指根据用户的检索需求来确定检索词，并根据每个词在检索要求中的重要程度不同，分别给予一定的数值（权值）加以区别，同时利用给出的检索命中界限值（阈值，threshold）限定检索结果的输出。加权检索分标引加权和检索加权：标引加权是对信息的每个概念（标引词）给定大小不等的数值（权值），以区分信息各主体的重要程度；检索加权是指检索者在给定检索词的同时，并为每个检索词赋予权值，以区分每个检索词在检索中的重要程度。两种方法最终都是用数量来判断检索结果与用户检索需求的相关程度。

1. 检索词赋权检索

检索词赋权检索（term weighting retrieval）是最常见的加权检索方法。在进行信息检索时，对提问中的每一个检索词（概念）给定一个数值表示其重要性

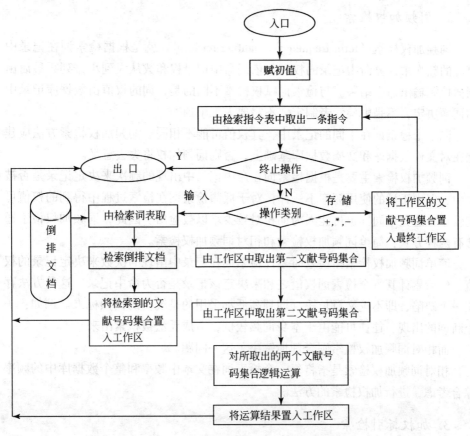

图 5-2　倒排文档检索处理的流程图

程度，即权（weight）。在检索中，先查找这些检索词在数据库记录中是否存在，对存在的检索词计算它们的权值总和。只有当数据库记录的权值之和达到或超过预先给定的值时，该记录才算命中。这个预先给定的值称为阈值。

对于词加权检索，需要说明的几点有：

1）与定性检索一定要用提问式来表达提问要求相比，词加权检索有其优点：①通过加权，明确了各检索词的重要程度，使检索更有针对性。②只要列出检索词，无需写出提问式。

2）利用词加权检索，检索者根据什么指定检索词的权值和命中文献的阈值，是检索结果是否令人满意的关键所在，而这不可避免地带有一定的主观性。

3）加权是给概念加权，不是给个别的检索词加权。当用同义词等来扩检时，这些词应具有与同一概念词相同的权值。在计算权和时，仅能计算其中一个词的权值。

2. 词频加权检索

词频加权检索（term frequency weighting retrieval）就是根据检索词在记录中出现的频次来计算命中记录的权和，依据命中记录权和数从大到小排列，最后由阈值控制输出命中结果。与检索词赋权检索不同的是，词的权值由数据库记录中的词频决定，不是由检索者制定，不需要人工干预。

同一个检索词在不同的记录中，其权值可能不相同。词频加权检索方法应建立在对文件数据库和文摘数据库基础上，否则词频加权将失去意义。

词频加权检索主要是根据检索词在命中记录中出现的频次来决定记录是否被命中，但由于词的使用频率不一样，对于低频检索词在检索过程中得到的权值可能较小，短文章同样也可能因为词相对较少难以被检出。因此，词频加权检索通常有两种方式：简单词频加权检索和相对词频加权检索。

简单词频加权检索指检索时累计检索词在记录中出现的次数来决定记录的权值，然后累计其每个检索词权值之和来决定该记录是否为命中记录。这种方法存在一个缺陷，即不论文章长短、词频高低都采用的是统一的词频标准。例如：一个新词的出现，往往可能由于本身词频较低，造成无法被检索出来。

而相对词频加权检索则合理地解决了这一问题。

相对词频加权检索是指将每一个检索词在文本中频率和整个数据库中的频率综合考虑，进行加权检索的方法。

3. 加权标引检索

加权标引检索是指在对文献进行标引时，根据每个标引词在文献中的重要程度不同为它们附上不同的权值，检索时通过对检索词的标引权值相加来筛选命中记录。

加权标引检索的具体实现原则和过程为：在进行加权标引时，对反映文献主要内容的标引词给予高权值，反映文献次要内容的标引词给予较低的权值；检索时，只需要给出检索词和检索阈值，对满足检索阈值的检索结果按其权值之和从大到小排序输出。很明显，加权标引检索较检索词赋权检索更具有科学性，它可以避免以次要内容标引的信息被检出。

5.2.4 全文检索

全文信息检索技术的研究在国外起步比较早，1959 年美国就研制出了世界上第一个全文检索系统——法律情报检索系统，以后许多联机检索系统逐渐增加了全文检索技术。全文检索真正得到迅速发展主要来自于 20 世纪 80 年代全文数据库的大量涌现。我们可以把全文检索技术归结为两个字——全文，其内涵主要体现在检索的数据源是全文的，检索的对象是全文的，采用的检索技术是针对全文匹配的，提供的检索结果也是全文信息。所以，可以说整个检索系统都是面向全文的。

1. 全文检索的技术指标

一个好的全文检索系统，除了保证较好的查准率和查全率之外，还应考虑两个指标：索引膨胀系数和检索速度。

（1）索引膨胀系数

索引的膨胀系数是指系统中针对全文所建的索引文件大小与全文文件大小之比。例如，没有为全文创建索引的全文检索系统，其膨胀系数为 0；若索引文件和全文文件一样大，其膨胀系数等于 1。

$$索引膨胀系数 = \frac{索引文件的大小}{全文数据库的大小} \tag{5-1}$$

索引文件的膨胀取决于索引的结构，为了满足全文检索的各种匹配需要，全文索引需要以最小的标引单位作为索引关键字，英语一般为单词，中文则为单汉字。

（2）检索速度

检索速度取决于检索的匹配算法，匹配算法又与索引的组织结构密切相关。检索的匹配算法一般是根据索引结构而研制的。如没有索引的全文检索系统，只能是从头到尾顺序匹配。对于具有记录号和位置的索引，其检索速度主要在于如何进行集合计算，尽可能减少比对次数，以提高检索速度。如果在单字索引的基础上，又生成了高频词段的索引。检索时，高频词就不需要再进行单汉字的匹配比较，而低频词的比较次数要少得多，从而检索速度将大大加快，但索引的膨胀系数也会增大。

对于二进制方法构造的索引，即记录号和位置号的数值与相应的二进制位对应，匹配运算完全采用二进制位的"与"运算，然后用一定的解析算法得到全部命中记录号集合。这种匹配算法速度最快，但受到数据库规模和数据复杂性的限制。

2. 全文检索的实现

全文检索的实现通常是用检索词对全文产生的词（字）索引文档的匹配，在实际的全文检索系统中，全文检索往往不是简单地考察一个词是否在全文中出现，还要考察多个词在全文中的相对位置等。西文的全文检索多数采用位置检索技术，这样可以提高全文检索的查准率。目前的大多数中文全文检索系统并不注重词相互间的位置检索，只是简单地把布尔逻辑检索引入全文检索。随着人们对中文全文检索查准率的要求越来越高，位置检索技术将会更多地进入全文检索系统中。

位置检索是在进行全文匹配时，对检索词在全文中的位置进行限定的检索。这种限定检索主要有四种级别：记录级检索、字段或段落级检索、子字段或自然句级检索、词位置级检索。通常的位置检索实现方法可以有两种：一种是先进行布尔运算，再在选中文献集中进行位置运算；另一种是直接进行原文检索，这种方法要求倒排文档中存放详细的词位置信息，如文献号、段号、句编号、词编号等。

5.3　多媒体信息检索

5.3.1　多媒体技术

1. 多媒体的基本概念

"多媒体"来源于"multimedia"的译文，字面意义可以理解为多重媒体。从技术的角度来理解，多媒体是指利用计算机及相关信息技术对多重媒体进行综合处理并实现交互应用的技术。

国际电联（ITU）对多媒体含义的描述为：使用计算机交互式综合技术和数字通信网络技术处理多种表示媒体——文本、图形、图像和声音，使多种信息建立逻辑连接，集成为一个交互式系统。因此，多媒体本身是计算机技术与视频、音频和通信等技术的集成产物。

2. 多媒体技术的概念与特征

所谓多媒体技术是把文字、音频、视频、图形、图像、动画等多媒体信息通过计算机进行数字化采集、获取、压缩/解压缩、编辑、存储等加工整理，再以单独或合成的形式表现出来的一体化技术。

（1）多媒体技术的基本特征

多媒体技术具有集成性、交互性和独立性等基本特征。

1）集成性：多媒体技术的集成性表现在对多种类型数据的集成化处理及处理各种媒体设备的集成。多媒体的内涵不仅仅在于数据类型的多种多样，重要的是各种类型的数据在计算机内不是孤立、分散的存在，它们之间存在着有机且密切的关联。

2）交互性：多媒体技术是向用户提供更有效地使用和控制多媒体信息的手段，用户面对计算机不但可以充分享受计算机提供的丰富的信息资源，还能主动进行检索、提问与回答。

3）独立性：在多媒体系统中所用的媒体是相对独立的。计算机控制的视频录像机可同时处理声音和视频信息，但声音和视频信息是相对独立，可以通过时间建立依赖关系。

（2）多媒体技术研究的主要媒体种类

多媒体技术所研究的是可被人类觉察的各种信息的表达即表示媒体，因而多媒体技术所研究的媒体是多种多样的，通常包括以下几类。

1）视觉类媒体：视觉类媒体包括位图图形、矢量图形、动画、视频、文本等，它们是通过视觉来传递信息的。

2）听觉类媒体：视觉类媒体包括波形声音、语音和音乐等，它们是通过听觉来传递信息的。

3）触觉类媒体：触觉类媒体就是环境媒体，我们的皮肤可以感觉环境的温度、湿度，也可以感受压力，我们的身体可以感觉振动、运动、旋转等，这都是触觉在起作用，都可以作为传递信息的媒体。

以上各种媒体既可以是独立的，也可以将多种媒体结合起来，通过时间或空间建立起依赖关系，形成一种合成的多媒体，如带有声音的视频等。

5.3.2　多媒体信息检索技术

1. 基于文本的多媒体信息检索

基于文本的多媒体信息检索方法（text based retrieval，TRB）是目前多媒体信息检索最常用的方法。这种检索方法的特点是以关键词的形式来反映多媒体物理特征和内容特征，并对抽取关键词进行著录或标引，建立类似于文本文献信息检索系统的索引数据库。这样，多媒体信息检索实际上就转化为对多媒体信息进行描述的关键词的检索。目前常用于抽取关键词的字段有文件名或目录名、多媒体标题、多媒体周围文本信息或解说文字等。

基于文本的多媒体信息检索方法的最主要优点是技术简单，标引和检索方便。这种检索方式是文本检索方式的延续，不需要进行新的检索技术的开发研究，因此应用实施简单，实现成本也比较低。作为一种几乎完全来自文本检索的多媒体检索方式，其流程的实质是和文本检索一样的，只是检索结果及输出形式不同而已。

当然，这种检索方式的应用是有局限性的。首先，它不能真正反映信息的内容。这种检索采用文本来表达多媒体的内容，检索对象的不一致决定了在这种信息传递过程中必定会有大量信息的丢失，这样就不可能完全反映信息的内容；其次，多媒体信息是一种抽象程度很大、随意性很强的信息，缺乏一般意义的规范性，同样的信息不同的人会有不同的理解，这样便会使得用文字描述多媒体信息时，不可能做出一个非常准确而完整的描述。

2. 基于内容的多媒体信息检索

基于内容的多媒体信息检索（content based retrieval，CBR）是目前多媒体信息检索领域最活跃的技术方法，其基本原理是通过对多媒体信息的分析，提取出能代表其内容特征的线索，然后根据其特征线索从大量存储在数据库的多媒体信息中进行查找，检索出具有相似特征的多媒体信息。

（1）基于内容检索的检索过程

基于内容的多媒体信息检索的过程，是一个通过与用户交互的方式，对查询结果逐步求精，不断调整特征、重新匹配的循环过程，对检索过程的描述如图5-3所示。

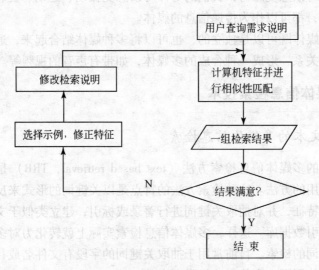

图 5-3　基于内容检索的检索流程图

用户查询需求说明：利用 QBE（一种基于关系数据库的数据示例查询语言）将用户的查询需求形成一个规范的查询要求或示例，由系统把查询要求映射为具体的特征矢量。

相似性匹配：系统按照一定的模型和算法计算待查询特征值，并与数据库中媒体项目的特征逐一进行相似性匹配。

初步结果的返回：系统根据用户选择的排序标准（如颜色、旋律、节拍等），按照相似度的大小将一组结果输出。

特征调整：用户可以对系统返回的初步结果进行审核，从中选择并确定所需的信息。或者从初步结果中选择一个示例，经过特征调整后，形成一个新的查询提交给系统，进行下一轮查询。

逐步筛选、求精：通过逐步筛选、求精，不断缩小查询范围，直到用户对查询结果满意为止。

（2）基于内容检索的特点

基于内容的多媒体信息检索方法是一种新型的检索技术，它融合了图像理解、模式识别、计算机视觉等技术，直接根据描述媒体对象内容的各种特征进行检索，从数据库中查找到具有指定特征或含有特定内容的图像（包括视频片段）。从技术上来讲主要具有如下特点：

1）直接从媒体内容中提取特征线索。

2）基于内容的检索是一种近似匹配，与传统信息检索的精确匹配方法有明显不同。特征提取和索引建立可由计算机自动实现，避免了人工描述的主观性，也大大减少了工作量。

3）整个过程是一个逐步筛选和不断求精的过程。

4）由于不同种类的多媒体信息的内容特征不同，而且多媒体信息都是以数字化形式存储和传输的，不同种类的多媒体信息在计算机上进行存储和传输的数字化形式并不相同，因此对应的基于内容的检索方法也各不相同。

5.4　并行与分布式检索

随着信息技术的普及和信息化程度的不断提高，目前在线可利用的电子文档的数量令人吃惊，万维网就包含了超过数十亿的文档，Web 页面一直以指数级数量增长。由于磁盘空间价格的下降和电子文本编辑、下载和存储的难度越来越小，存储在个人计算机上的联机文献集合也呈现出不断增长的趋势。文献集合的增大使得信息检索系统的维护开销越来越大，同时更大的文献集合使得检索响应时间越来越长。随着系统中文献数量的增加，检索系统的性能也在逐渐恶化。此外，商业检索系统和网络搜索引擎在经济上是否可行取决于它们能否高效地对查询进行处理。

计算机科学技术的发展，大容量存储技术的发展，分布处理功能操作系统的出现，使得并行与分布式信息检索领域的引入成为必然，它很好地适应了现代检索环境越来越高的要求。本节阐述并行与分布式信息检索的有关知识。

5.4.1 并行信息检索

随着因特网的发展，网络信息资源的数量迅速增长，网络信息检索系统的运转速度越来越引起人们的关注。在一些检索中，用户无法忍受漫长的检索等待时间。这就对信息检索系统的运行速度和高效性提出了更高的要求。为了提高信息检索系统的响应速度，并行信息检索技术应运而生。

并行信息检索（parallel information retrieval，PIR）是计算机并行处理技术应用于情报检索的产物，计算机情报检索领域的一个分支领域。这一领域产生于20世纪80年代初，是一个典型的交叉领域。其研究依赖于并行计算环境。

并行信息检索的主要优点是：便于查找大型数据库；能够加快检索响应速度；允许使用并行计算机中的超级算法；可以降低查找成本。

1. 并行计算

并行信息检索是将并行计算和信息检索技术相结合而产生的。并行计算，是指由每个处理器对应处理一个问题的不同部分，以此来实现多处理机对单个问题的同时处理。利用并行计算的方法，可以有效地减少问题求解的时间。一般说来，采用该方法求解问题的总时间等同于某个"部分"的最长求解时间。一旦把问题进一步分解成更多可并行处理的部分，我们就可以通过增加系统中处理器的数量来减少问题求解的时间，从而完成更大规模问题的求解。

处理器可以以多种方式结合而形成并行结构。一种常用的分类方法是基于指令流（由机器执行的指令序列）和数据流（由指令流调用的数据序列）的数目，将并行计算体系分为四种类型：

SISD（single instruction stream，single data dream）：单指令流，单数据流。如单处理器的个人计算机。该结构实际上实现的是串行运算。

SIMD（single instruction stream，multiple data dream）：单指令流，多数据流。包含处理 N 个数据流的 N 个处理器，每个处理器在同一时间执行相同的指令。需要有监督处理器操作是否同步的控制单元。典型的例子是阵列处理机，主要实现数据并行。

MISD（multiple instruction stream，single data dream）：多指令流，单数据流。即用 N 个处理器来操作一个数据流，每个处理器都执行自己的指令流，这样多项操作就在一个数据项目上运行。

MIMD（multiple instruction stream，multiple data dream）：多指令流，多数据流。这是最普遍和最流行的一类。这种结构的计算机包含 N 个处理器，N 条指令流和 N 条数据流。每个处理器和那些用在 SISD 结构中的类似。实现功能并行，或全面并行。

2. 并行信息检索的实现

并行信息检索的实现主要依赖并行处理技术，即把计算机的任务划分成更小的部分，然后用多个处理器并行执行子任务，每个处理器处理同一个问题的不同部分，可以看出并行处理意味着程序运行或数据处理是同时、重叠、重复进行的。

并行信息检索算法的实现途径有两个途径：一个是开发新的检索策略，并直接采用并行算法，例如，构建基于神经网络的文本检索程序；另一种途径是将现有的、研究较多的信息检索算法改造为并行算法。由于并行信息检索一直是比较活跃的研究领域，因此目前尚没有认可的标准并行算法构造技术。

（1）MIMD 结构的算法

MIMD 结构的灵活性很大。用这种结构建立检索系统最简单的方法是使用并行计算机。这种并行计算机的每个处理器运行独立的搜索引擎。搜索引擎并不是合作地处理各个查询，但是它们共享代码库以及数据，并由代理来管理用户查询，以及搜索引擎的提交过程。代理从终端用户收集检索需求，然后在各个搜索引擎之间进行传递。随着系统中处理器的增加，系统运行的搜索引擎的数目增多，这样就可以并行的处理更多的搜索请求，并行增加了系统的吞吐量。这种方法需要在系统的资源之间进行合理的平衡。特别是当处理器的数量增多后，磁盘以及输入输出通道也应增加。除非主存储器能够存储整个的检索索引，否则在不同的处理器上运行检索处理将会引起磁盘访问权和输入输出资源的竞争。硬件方面的瓶颈将会在很大程度上影响性能，也会削弱增加更多的处理器所应获得的更多吞吐量。

为了加速查询反应时间，该算法把一个简单的查询分割成子任务，然后在多个处理器之间进行分配。如图 5-4 所示，在这种构造中，代理和检索处理过程并行运行，互相合作来完成同一个查询。其中系统中高层次处理过程为：代理从终端用户接受一个查询，分发给各个处理过程；然后每个处理过程完成查询工作的一部分，并且把中间结果返回给代理；最后代理把中间结果联合成最终的结果返回给用户。

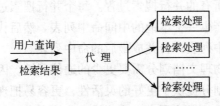

图 5-4　代理和检索处理过程

由于检索是通过将大量数据分成小块来实现的，所以如何划分算法就变成了如何分割数据的问题。图 5-5 是使用典型搜索算法数据加工的高层视图。其中 D_j 代表文档 j，K_i 代表索引项 i；索引项可以是一个词、一个段落、一个概念或是更抽象的内容。W_{ij} 是权重。图中的结构说明了两种数据划分形式。一种是文档划分，行向分割数据矩阵，把文档在各个子任务自己进行划分。集合中的 N 个文档分配给系统中 P 个处理器，产生了 P 个子集合，大约每个子集合中有 N/P 个文档。在查询处理阶段，每个并行处理过程在自己的子集合中执行查询，最后把每个子集合的结果连接成最终的结果列表。另一种方式是词划分，纵向分割数据矩阵，把索引项在 P 个处理器之间进行划分，这样每个文档的查询程序就分布在系统的多个处理器中。

	k_1	k_2	$\ldots$	k_i	$\ldots$	k_t
d_1	$w_{1,1}$	$w_{2,1}$	$\ldots$	$w_{i,1}$	$\ldots$	$w_{t,1}$
d_2	$w_{1,2}$	$w_{2,2}$	$\ldots$	$w_{i,2}$	$\ldots$	$w_{t,2}$
$\ldots$	$\ldots$	$\ldots$	$\ldots$	$\ldots$	$\ldots$	$\ldots$
d_j	$w_{1,j}$	$w_{2,j}$	$\ldots$	$w_{i,j}$	$\ldots$	$w_{t,j}$
$\ldots$	$\ldots$	$\ldots$	$\ldots$	$\ldots$	$\ldots$	$\ldots$
d_n	$w_{1,n}$	$w_{2,n}$	$\ldots$	$w_{i,n}$	$\ldots$	$w_{t,n}$

图 5-5　检索算法中的数据结构

1）文档数据的划分。在文档中需要进行词的划分。划分可以是对逻辑文档划分，也可以是对物理文档划分。逻辑文档划分是使用与原顺序算法基础相同的倒排文档索引，把倒排档扩展到与其相关联的每个并行处理中。通过扩展每个词的字典条目，使它包含 P 个指针，指向相关的倒排列表。其中，第 j 个索引指针的文档条目块与第 j 个处理过程相连接。

物理文档划分是文档划分的第二种方法，其中文档被物理地分割成独立的、自包含的子集。每个并行处理器都有一个这样的分割。每个子集又有子集的倒排档，并且搜索处理过程中不存在任何共享行为。当向系统递交一个查询的时候，代理把这个查询分发所有的并行搜索过程。每个并行搜索过程在自己的文档集合中对查询进行匹配，产生一个本地的中间命中列表。然后代理从所有的并行搜索中搜集所有的中间命中列表，合并成最后的命中列表。

逻辑文档划分比物理文档划分需要更少的通信开销。因此可能提供更好的整体性能。但物理文档划分提供了更好的灵活性，更容易把现有的信息检索系统转换成并行信息检索系统。无论哪个方法，线程为检索过程、控制操作以及互相之间的交流提供了方便的程序范例。通过使用并发执行、交流以及同步操作的相关提取过程，线程包允许程序员开发并行程序，并且高效地操作系统服务以及共享存储器。

2）标识文档。如果系统使用标识文档，为完成系统的文档划分需把文档在处理器之间进行分割，并且每个处理器生成了它的文档划分标识。在查询的时候，代理为每个查询产生一个标识，并把它发送给所有的并行处理器。每个处理器在本地对查询标识进行匹配。然后，把结果返回给代理，代理把这些结果合并成一个最后的命中列表。对于布尔查询，最后的结果仅仅是每个处理器返回的结果的并集。对于排序查询，排序的命中列表将会像倒排档中的处理方式来进行合并。

（2）SIMD 结构的算法

SIMD 结构的算法是对单个查询的计算量进行分割，分成多个子任务，并分配到多个处理器的搜索进程中去执行。该结构算法既可建立在标识档结构之上，也可建立在倒排档结构之上。典型的 SIMD 系统是 Thinking Machines CM-2。CM-2 使用分离的前端主机来为后端的并行处理元素提供用户界面。前端主机控制后端数据的加载以及卸载，并且执行连续的程序指令，例如条件和循环语句。并行宏指令是从前端发送到后端微控制器的，微控制器控制后端处理元素集合的并发操作。CM-2 既支持基于标识档的信息检索算法，也支持基于倒排档的信息检索算法。

1）基于标识文档的检索。检索过程分为几个步骤。首先，检索系统为每个检索词构建一个标识。其次，系统把查询标识和集合中的每个文档的标识进行比较，然后对匹配的文档进行标识，把它作为潜在相关的文档来处理。最后。系统对这些潜在相关的文档进行全文扫描，剔除不匹配的，把相关的文档进行排序，然后把结果返回给用户。同样的，如果系统处理的是布尔查询，那么就需要为每个查询生成不只一个标识，还要根据查询中所使用的操作符把中间结果连接起来。

2）基于倒排档的检索。SIMD 结构中的倒排列表中包含每个文档中检索词所出现的位置。位置是一个有序集合 $< k_i, d_j >$，其中 k_i 是词标识符，d_j 是文档标识符。由于检索模式的不同，位置还可能包含权值或者位置信息。如果存储了位置信息，那么每次 k_i 出现在 d_j 中都会产生一个位置。

CM−2 中的并行倒排档使用两个结构来存储倒排档数据：一个位置表以及一个索引。位置表包含了文档标积以及位置表中相应条目的索引。这些结构在加载数据之前，通过词标识对位置进行分类，然后按照这种分类方式把文档标识符加载到位置表，填充到长度为 P 的行序列中，P 是正在使用的处理器数量。位置表被看做是并行序列。对于每个词而言，索引存储了位置表中第一个和最后一个条目的位置。

在检索阶段，使用这些数据结构对文档进行排序：首先检索系统向后端处理器加载位置表，然后系统对每个查询词进行循环操作。对于每个查询词，返回需要被处理的位置表条目的范围。检索系统再对该范围内的行进行循环操作。包含当前词条目的处理器被激活，并且使用相应的文档标识符来更新相关文档值。

文档值是在累积器中建立的，它被分配到一个并行序列中。为了针对个别文档更新这个累积器，需要确定累积器的行以及行内位置，该信息可存储在位置表中。此外，还需要为每个位置分配权值，并将该权值存储在位置表中。

到目前为止，并行算法的理论研究还不是很充分。大多数的并行算法主要针对个别的系统。这样就限制了并行算法的发展以及在实际中的应用。另外，并行算法的主要瓶颈在于如何对输入输出设备和处理器进行平衡，并不是单纯的增加处理器的数量就能够提供系统的运行速度。这样，在理论上对并行检索的算法做进一步的研究，设计能够独立于硬件，从而能较大幅度提高系统运行速度的方法。此外，在输入输出设备方面的配置和处理器之间找到一个平衡点，最大限度地发挥硬件资源，减少输入输出设备在并行检索中的限制也是研究的一个重要内容。

5.4.2 分布式信息检索

随着计算机技术的发展，继从单机处理 C/S（客户端/服务器）双层结构的发展之后，计算机应用体系结构正在经历从 C/S 双层结构到分布式的双层结构方向发展。这种分布式的多层结构是在 C/S 结构和分布式技术的基础上，将业务逻辑从客户端分离出来移到一个或多个中间层，通过对中间层的有效组织和管理，采用负载平衡、动态伸缩和标准接口等技术，将客户机与服务器有效地结合在一起。目前，这种分布式的多层结构已经广泛地应用在数据库系统的研究和开发中，在网络环境中应用分布式技术解决海量信息的检索也已经成为人们研究的重点。

1. 分布式信息检索原理

分布式信息检索（distributed information retrieval）主要指在分布式的环境中，利用分布式计算和移动代理等技术从大量的、异构的信息资源中检索出对用户有用的信息的过程。这里的分布式环境是指信息资源在物理上分布在各地，小到一个办公系统，大到跨越国家。这些分布式的信息资源在逻辑上是一个整体，从而构成一个分布式检索系统。但是，不同的信息资源具有不同的数据结构，即分布式的信息资源具有异构性的特点。

一个简单的分布式信息检索系统由多个信息库服务器（collection servers）和一个或多个代理服务器（broker）两部分组成。在一个代理处理器的检索系统中，用户向 broker 提交检索提问式，broker 将会用这一检索提问式检索信息库服务器的子集完成信息的查找。子集中的每个信息库服务器反馈给 broker 一个按相关度大小排列的信息列表。最后，broker 对所有的结果列表进行整合，形成新的信息列表反馈给用户。但是，由一个代理服务器进行的分布式的检索系统，有很多局限性。

1）一个代理服务器难以管理大量的信息库服务器。

2）系统的可扩展性差。

3）软件的移植性、可操作性、重用性及安全性差。

由于一个代理服务器组成的分布式检索系统存在着局限性，目前大多数分布式信息检索系统都是由多个代理服务器组成的多级代理的分布式信息检索系统。多级代理的分布式信息检索系统由一个总代理和若干个代理组成。工作原理如图 5-6 所示：在一个分布式的检索系统中有一个总代理系统和多个分代理（或称子代理）系统，每个分代理系统还可以有它的子代理，最后一层的代理系统由一个或多个搜索引擎对最底层的数据库进行检索。整个分布式系统是树状结构的。

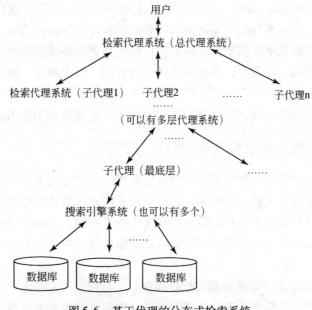

图 5-6　基于代理的分布式检索系统

2. 分布式检索处理技术

由于不同的信息资源具有不同的数据库结构，因此在分布式环境下对于异构数据库的检索和访问并不是我们想象的那么简单。解决分布式信息检索的技术很多，如用于分布式数据库设计与实现的分布式对象组建模型（DCOM）和公共对象请求代理构架（CORBA），用于解决分布式环境中数据库之间异构问题的Z39.50协议、P2P网络结构技术等。而代理技术同样也可实现分布式信息的检索，通常分布式环境下代理技术的检索功能包括。

1）从用户或代理服务器那里接受提问。

2）把接受来的提问翻译成检索软件可识别的语言（检索提问表达式）。

3）确定哪些信息资源包含与检索提问式最相关的信息。

4）利用提问式对确定的资源进行检索。

5）收集相应的检索结果。

6）对检索结果进行整理。

7）把整理的结果提供给用户。

从代理技术的功能上看，在一个分布式信息检索系统中，希望提供多个代理，目前在分布式信息检索中常用的代理技术是移动代理技术，又称智能代理技术。移动代理（mobile agent）是网络计算技术的一种，是指使用代理通信协议进行信息交换，以实现问题自动解决的一种软件程序。智能代理可以在用户没有明确具体要求的情况下，根据用户需要，代替用户进行各种复杂的工作，如信息查询、筛选、谈判、管理等，并能推测用户的意图，自主制定、调整和执行工作计划。移动代理动态分布于远端主机并可以在不同主机上进行移动。因此，移动代理可以完成代理的上述多项功能，是目前分布式信息检索中常用的技术手段。

3. 分布式信息检索模式

分布式信息检索的一般处理模式是由检索代理程序将检索任务提交给网络上的多个主机，由这些主机上的检索程序分别独立检索并将检索结果返回，检索代理程序经过整理后显示给用户。但由于采用的技术不同，分布式信息检索也具有多种不同的模式。通过这些模式，我们可以全面了解分布式信息检索的各种处理过程。

（1）基于元搜索引擎的分布式信息检索

网上最常用的信息检索工具是搜索引擎。搜索引擎大多采用的是集中式抓取信息，它们努力遍历整个因特网，对遍历到的文档生成全文索引，供用户检索。然而任何一个搜索引擎也只索引了三分之一的 Web 网页。由于检索机制、范围、算法等的不同，导致在不同的搜索引擎中的查询结果相差很大。因此，要想获得一个比较全面、准确的结果，就必须反复调用多个搜索引擎，这无疑增加了用户的负担。元搜索引擎的出现，在一定程度上解决了这些问题。元搜索引擎被称为搜索引擎的搜索引擎，它自己并不收集网站或网页信息，通常也没有自己的资源库和 Robot。当用户查询一个关键词时，它把用户的查询请求转换成其他搜索引擎能够接受的命令格式，并行的访问多个搜索引擎来查询这个关键词，然后将返回的结果进行合作、排序等处理后，作为自己的结果返回给用户。严格地讲，元搜索引擎只是一个代理程序，算不上一个真正独立的搜索引擎。

从检索机制的角度看，元搜索引擎可算是一个分布式信息检索系统，由于其检索覆盖面广，系统复杂度不高等优点，使得该项技术得到了快速发展。

（2）基于 Z39.50 的分布式信息检索

Z39.50 协议是关于信息检索的美国 ANSI/NISO 标准和国际 ISO 23950 标准，它是一种基于 ISO/OSI 参考模型的应用层协议，其最初源于美国国会图书馆、加州大学图书馆和华盛顿州图书馆之间的"系统互联项目"，后来演变成 Z39.50 协议。

基于 Z39.50 的分布式信息检索的简单过程如下：首先客户机和服务器建立连接，然后客户机向服务器提交一个"查询"请求；服务器接受到请求后，通过后台查询过程，产生一个结果集合，结果集合将会保存在服务器上，并根据用户的要求实例化或仅提供集合记录指针，同时允许多个并发的查询集合进行合并；最后关闭连接。

Z39.50 作为一个分布式环境下计算机系统之间进行通信的标准协议，实现了异构机型、异种操作平台的异质数据源之间的相互操作，大大降低了异种数据库之间查询的复杂程度。

（3）基于 XML 的分布式信息检索

XML 是有万维网联盟创建的一组规范，是一种在 Web 环境下使用的新标记语言，克服了 HTML 在数据传输协议、传送格式和数据表示格式等方面的弊端，适合用来在 Web 环境下组织和交换信息。

基于 XML 的分布式信息检索的基本思路是：每个对外提供数据检索服务的信息组织，可根据所属行业和数据的性质，选定某个已成为标准或被共同遵守的 DTD 作为与外界进行数据交换的格式，然后针对自身数据库的特点编制检索程序，检索出的记录按选定的 DTD 生成 XML 文档，并以 XMLHTTP 协议格式返回给用户。同时，信息组织还需要提供一个客户端检索代理程序。该代理程序除了能从本服务器数据库中检索数据之外，还可从选定的多个其他数据库中进行检索，并将从多处返回的结果进行整理、排序，显示给用户。

这种模式的一般工作过程是：用户打开某个信息网站，进入检索代理程序，输入检索条件并提交检索请求，代理程序根据用户提供的条件生成一个符合指定 DTD 的 XML 格式的检索请求文档，并将此文档通过 XML HTTP 协议发送到遵循相同 DTD 的多个信息网站；各个信息网站的检索程序接到代理程序传来的 XML 格式的检索请求文档，通过 XMLDOM（document object model）文档对象解析出检索条件，并将检索条件形成 SQL 语句，创建 ADODB 对象来连接后台数据库，执行 SQL 语句选出符合条件的记录，将检索结果采用 XML 文档返回；客户端代理程序接受各个信息网站返回的 XML 检索结果文档，并借助于 XMLDOM 文档对象，对检索结果进行取舍、排序，最后借助于事先定义好的 CSS 文档或 XSL 文档在同一窗口中分页显示全部检索结果。

（4）基于 Web 服务的分布式信息检索

Web 服务是发布到 Internet/Intranet 上的应用程序，它按照标准的 WSDL 文档格式向外界暴露出一个 API 允许通过各种现有的 Web 技术进行调用。

基于 Web 服务的分布式信息检索的基本思路是：以 Web 服务形式存在的服务器端检索程序负责从各自的数据库中检索数据；具有代理功能的客户端应用程序（可以是专用客户端程序中让用户选择）负责向多个 Web 服务同时发出调用命令，并接受返回结果。

该检索模式的一般工作过程为：用户输入检索条件后，客户端程序先通过 UDDI 注册中心即时查询到一批相关的 Web 服务（也可以事先查询一批相关的 Web 服务，固定显示在客户端程序中让用户选择），经用户选择后，再自动读取相应的 WSDL 文档并进行分析，根据检索条件分别形成相应的 SOAP 消息需求，然后发送到相应的端口地址，调用这些 Web 服务；各个 Web 服务在各自的站点分别执行，并将检索结果以 SOAP 消息响应的形式返回给调用它的客户端程序；客户端程序接收上述多个检索结果，进行分类、排序、合并等操作，并按某种事先预定的方式显示给用户。

5.5　跨语言检索

随着因特网在全球的迅速发展，人们所面对的信息资源不再是单一语种的，而是多语种、多结构和跨平台的。为了解决人们从多种语言信息系统中获取信息时存在的语言障碍问题，突破语言的界限，使用户能够有效地检索访问网络信息资源，实现全球知识的存取和共享，检索系统必须提供跨语言的、协同的处理机制与手段，以适应信息检索从单语言向多语言转变的趋势。因此，跨语言检索技术和相关理论研究已逐渐成为信息检索领域的重要研究课题之一。

5.5.1 跨语言检索基本概念

跨语言检索（cross-language information retrieval，CLIR）是一种跨越语言界限进行检索的过程，也就是指用户以一种语言提问，检索出另一种语言或多种语言描述的相关信息。跨语言检索技术允许用户以他们熟悉的语言构造检索提问式，然后使用该提问式检索以系统支持的任一种语言写成的文献。例如，输入中文检索式，跨语言检索系统会返回英文、日文等语言信息的描述。跨语言检索涉及多种新的概念，是各种技术的有机结合，其中提问语种和信息语种是跨语言检索中的两个最基本概念。提问语种，又称为源语种，是用户查询提问式所属语种，一般为查询用户母语或熟悉的第二种语言；信息语种，又称为目标语种，是被检索对象信息（如文档或语言）所使用的语种，信息系统中所有存在的语种都有可能成为信息语种。

跨语言检索的类型主要有：①双语言信息检索（bilingual information retrieval）：指用户用某种语言从另外一种语言表达的文献信息集中检索出所需文献的方式；②多语言信息检索（multilingual information retrieval）：指用户用某种语言从另外多种语言表达的文献信息集中检索出所需文献的方式；③特定领域的跨语言信息检索（domain-specific information retrieval）指检索对象设定为某一学科或某一主题领域的跨语言信息检索；④跨语言的多媒体信息检索：如跨语言的语音信息（spoken-document retrieval）检索，其内容不仅包括文献信息检索技术，还有语音识别技术。

跨语言信息检索的目的就是能够通过使用提问语种的提问式在信息系统中检索出符合要求的多种信息语种的相关信息。因此，如何在提问语种和信息语种之间建立起沟通桥梁是目前 CLIR 技术研究最核心和最关键的问题。

5.5.2 跨语言检索相关技术

1. 计算机信息检索技术

信息检索在经历了手工检索、半自动检索和计算机自动检索的发展后，已经形成了成熟的计算机信息检索技术与理论体系。这种传统的计算机信息检索是单语言信息检索，其基本过程是：通过搜索程序自动收集单一语种信息；然后对收集到的信息进行统一标准化处理，并自动标引形成索引数据库；用户提交检索式后，计算机根据数据库信息的组织结构建立检索模型，把检索式和信息进行匹配，按检索模型计算检索式与信息的相关性，最后按相关性强弱顺序输出检索结果。在整个过程中，涉及自动搜索、自动处理、自动标引、检索模型建立和自动匹配等多种技术，而这些技术到目前为止都已经形成了完善的算法。跨语言信息检索实现信息检索的原理和方法与传统的单语言计算机信息检索是相同的，只是在检索过程中加入了语言自动处理技术，使一种语言能够与多种语言相对应。

2. 机器翻译技术

信息系统中存在多种语言，对多种语言（包括源语种和目标语种）进行统一标准化处理，并将其转化为同一种标准语言，然后使用成熟的计算机检索技术对标准语言信息进行检索，即可以实现跨语言信息检索。上述采用的语言处理技术包括两个方面：语言的标准化处理和机器自动翻译技术。语言标准化处理是使用某一语种的标准语法检查该语种信息；机器自动翻译技术则是采用计算机程序将一语种的信息自动翻译成另一语种信息，翻译的标准是保持两个语种的语义对等。语言处理技术的关键是机器自动翻译，由于涉及复杂的计算机语义分析，而语种间词法与语法的差异性，有的甚至无法直接转化，导致了机器翻译的效果还远未达到人们所期望的水平。语言的标准化处理是自动翻译的前提，标准化处理的效果会直接影响到机器自动翻译的准确性，而自动翻译的准确性又直接决定检索的准确性。

计算机信息检索技术和语言自动处理技术是跨语言检索中所使用的主要技术，但不是两者的简单叠加而是有机结合。由于计算机检索技术的成熟和语言自动处理技术的缺憾，跨语言检索所要解决的本质问题实际上是语言自动处理（机器翻译）问题。可以这么说：解决了机器自动翻译技术问题，就等于基本上实现了跨语言检索。

3. 跨语言检索的其他相关技术

（1）查询扩展技术（query expand technique）

查询扩展，即在用户输入原始的提问式后，自动地根据用户的语义，加入新的查询提问式，扩展的词汇应该是基于原提问词的同义词典以及相关词词典。查询扩展技术可以减少翻译错误，部分地解决"词汇问题"中"多词同义或近义"的问题。从本质上说，查询扩展也是解决查询中词的歧义性的方法。查询扩张的主要方法有两种：①相关反馈（relevance feedback）：修正原始询问或对原始询问进行补充的词来自于已知的与查询相关的文献。②区域性反馈（local feedback or blind relevance feedback or pseudo relevance feedback）：修正原始询问或对原始询问进行补充的词来自于已知的与查询具有高相关性的文献，是对相关反馈策略的改进。查询扩展可分别在提问式翻译前或翻译后进行，也可在提问式翻译前和翻译后都进行。微软亚洲研究院在研究中英文信息检索时，就提出了一种两步假相关性反馈的查询扩展方法：首先，使用翻译后的提问式检索出一系列文献信息并对其进行相关性排序（共现技术）；然后，从结果文献排序前 n 篇文档中选取 m 个最高频率的词作为扩展提问式，来扩展最初的查询。该方法由计算机自动地补充检索词汇，降低歧义性，具有一定的智能性。

（2）潜在语义标引法（latent semantic indexing，LSI）

Deerwester 等于 1990 在单语言信息检索研究中提出了潜在语义标引法。Dumais 等进一步把这种方法引入到跨语言信息检索中，他们将英语词汇、法语词汇、英法双语文件映射到一个矩阵空间中，尽管提问词术语是不同语言描述的，但是可进行语义上的比较匹配。Berry 等人在希腊文—英文，Oard 在西班牙文—英文等不同语言配对上进行了实验，验证了这种方法具有一定的有效性。该方法不需要翻译提问或是文献，只要建立空间向量模型，建立语言间的映射，即可查询。

（3）共现技术（co-occurrence technique）

无论什么语种，一词多义现象都是普遍存在的。对提问式来说，确定提问式中检索词的确切含义是查询扩展的基础；对于被检索信息来说，明确信息中出现的检索词的含义，是提高检索准确率、确定信息相关性的关键。为此，研究人员提出了词的共现技术，即若两个有一定关联的词共同出现在某一篇文献或者文献的某一个部分，就可以非常容易地确定其含义。该技术能够消除词语的歧义性，但是只能在符合翻译条件的少数文章中应用该技术。

（4）跨语言检索的检索结果合并（merging）

跨语言检索结果最终呈现的结果是用户所不熟悉的，为减轻用户利用结果的负担，提高查准率，精简检索结果是必要的。而在多语言信息检索领域，如果组成检索对象的不同语言文献的组织结构是分布式的（即不同语言文献被分为标引和检索，有各自的索引文件，与其相对应的是集中式的结构），那么此目标的实现还需要对各语言检索结果进行合并，按相关性由高到低的顺序呈现在使用者面前。

合并技术的难点在于缺乏对不同语言的检索结果进行比较的指标，因为不同的原始结果来自于不同的文献集（different collection）。另外语言不同，各检索结果与查询提问相关性的衡量也存在差异。目前检索结果的合并策略主要有一刀切合并策略、考虑文献集规模的一刀切合并策略、文献级别标准化合并策略、文献级别标准化合并检索策略的优化和基于反馈的合并策略等。

5.5.3　跨语言检索实现策略

在跨语言信息检索中，将用户所使用的构造检索提问语言称为源语言（resource language），而将文献信息所使用的语言称为目标语言（target language）。要实现跨语言的信息检索，实现两种语言的翻译就成为一个关键问题。

目前，跨语言信息检索的主要实现策略有提问翻译策略、文献翻译策略、中间翻译策略、不翻译策略、文档语言标识策略、基于本体转换策略等。

1. 提问翻译策略

提问翻译是将查询提问中的源语言翻译成目标语言，然后再利用由目标语言构成的检索式去查找相关信息。到目前为止提问式翻译可以通过基于字典策略和基于语料策略等语言资源工具和方法来加以实现。

（1）基于词典的策略

基于词典的翻译策略的基本思路在于，利用一部双语词典，将用户提出的查询检索词交换为目标语言的检索词，然后再在文档集中查询相关信息。初期的跨语言信息检索研究多采用这种策略。因为无论从理论角度，还是技术角度，它都是直截了当、简单易行的。这种作法的最大缺陷在于处理提问翻译时是以词（word）为单位进行的，而在各种语言中普遍存在的一词多义现象，则加大了翻译的复杂性。为消除歧义，人们往往采用以下的方式：

1）选择词典中第一个词义。这种作法基于一个假设，就是词典中词的第一个定义往往是最常用的。

2）选择词典中所有词义。既然无法判断词的意义，为保证检全率，将所有意义都翻译出来作为检索词，但这样相应的使检索词数量变得很大，从而使得检准率大幅度下降。

3）任选 N 个意义。基于上述方法造成的检准率急速下降，采用任选 N 个意义的方法以控制查询问句的任意膨胀。

4）选择 N 个最贴切意义。由于任选的方式随机性太大，根本无法控制检准率。因此人们利用语料库计算不同词义出现的频率，然后选择频率最高的 N 个作为检索用词。

此外，在基于词典的跨语言信息检索中，未知词的处理一直困扰着人们。由于基于双语词典的策略是以收录一定数量词语的词典作为翻译的依据，因此不可避免地会遇到未知词。未知词包括：新出现的但词典尚未收集的词汇；专有名词（人名，地名）；专业术语。对于新出现的词汇，我们可以通过定期更新词典记录的方法加以解决。而对于人名的处理，较为普遍的作法是直接将其传递给由目标语言构成的查询提问，即不作翻译。专业术语一般必须使用专业词典才能查出其词意，因此，人们通常采用普通词典与专业词典相结合的办法，即首先在普通词典中查找词意，当无法满足要求时再转向专业词典进行查找。这种方式多应用于面向特定领域的跨语言信息检索。

（2）基于语料库的策略

语料库是将同一信息或同一主题的信息用两种或多种语言进行描述，并由人工或机器建立不同语言的联系，在跨语言检索的翻译中可以参考这些联系信息进行提问或文档的翻译。语料库分为比较语料库（comparable corpus）、平行语料库（parallel corpus）和多语种语料库（multiligual corpus）。

比较语料库内每种语言文献集内的文献并非一一对应，即同一主题的信息用不同的语言进行描述，仅仅是讨论相同主题而已。

平行语料库强调两种语言文献的一一对应，即同一信息用不同的语言进行描述，它收集某种语言的原始文本和翻译成另一种文字的文本。

多语种语料库是根据类似设计标准建立起来的两种或多种不同语言的单语种语料文本组成的复合语料库，其中的文本完全是原文文本，不收录翻译文本。

建立语料库收集大量单语或双语语料和词典，可以从中获取语言知识和翻译知识。

2. 文献翻译策略

文献翻译是指利用机器翻译系统把多语言的文献信息集转换成与查询相同的语言，然后按照单语言文献信息进行检索。欧共体的 Twenyi-One 系统就采用了这种策略。

文献翻译策略基本方法有：基于规则的方法、基于统计的方法、基于实例的方法、基于模板的方法、基于有限状态自动机的方法和多引擎的方法等。其中基于统计和实例的机器翻译方法都是使用语料库作为翻译知识的来源。

文献翻译相对询问翻译的优点是：由于文献的长度通常比查询长，对于翻译的容错度比查询高，语境宽松，歧异性分析所能用的线索较多。所以，跨语言信息检索的品质一般而言，翻译文献再检索要比翻译查询再检索好。但由于作为检索对象的文献信息集的量非常大，特别是网络信息资源，更新频率也非常高，使用者无法忍受过慢的速度，所以，翻译所有的文献信息集在实践上是有困难的，目前所研究的跨语言检索系统仍以询问翻译方式为主。

3. 中间翻译策略

提问式翻译策略将源语种转化成目标语种，而文献翻译策略则将目标语种转化成源语种，此外还可以将源语种和目标语种都转换成一种中间语种以实现跨语言检索，这种将提问式和文献信息都翻译成中间语种表示的跨语言检索实现方法称为中间翻译策略。一般认为，选择的中间语种应该是计算机容易自动处理的语种，如英语等。可以使用词典分类或独立语种向量空间模型来实现中间语种翻译方法。

特别是在跨语言检索中会遇到两种语种（源语种和目标语种）之间无法进行直接翻译，即两者进行直接翻译的语言资源（如双语词典等）不存在时，只能借助于中间语种将源语种翻译成目标语种（源→中间→目标）或将源语种和目标语种均翻译成中间语种（源→中间←目标）。在这种情况下，使用中间翻译策略实现跨语言检索将是一个不错的选择。

4. 不翻译策略

目前不通过翻译进行跨语言信息检索的典型技术是（LSI, latent semantic indexing）。该技术形成于 1990 年，是一种基于内容概念的检索技术，它提供了一种不需要翻译就能使一种语言的文本片段与具有相似内容概念的另一种语言的文本片段进行匹配的方法。LSI 使用了一种向量空间模型（the vector-space model），该模型中文献和查询都由 K 维的语词向量表述。前提是需要双语文献（dual-language）作为训练文档建立一个语词矩阵，矩阵中包括了每个词在一对双语文献中的出现次数是一样的。以此矩阵为基础利用数学公式 SVD（singular value decomposition）导出 K 维的语义向量空间，实际上是许多不同的词和文献中抽取出的相同语义成分。基本的语义向量空间建成后，新文献就可以加入了，它在向量空间中的位置通过计算它所包含的词语向量的平均值而得。查询也作为文献以相同的方法来处理，检索时查询与文献的相似性通过计算它们向量的余弦值来测量。不翻译策略不需要词典、词表和机器翻译系统，没有消除歧义所带来的问题，具有很高的灵活性和适应性。但如何针对具体问题构造优化的向量空间模型成为一种经验型的工作，且向量空间的 SVD 计算需要时间，训练文档不容易获取。

5. 文档语言识别的策略

在对文档进行检索之前，通常要对其进行预处理。特别是在涉及多种语言的跨语言信息检索中，识别文档的语言信息有助于提高索引质量，改善检索效果。人们利用以下方法来达到这个目的：首先构造多个语言的模型，即该语言中 300 个最经常使用的 n 元字符，按它们在文献中出现的频率排成序列。辨别文档语言时，首先计算出它的最经常性 n 元字符顺序，然后将其排列情况与语言模型中相同元的排列情况进行对比并总结其差异，语言模型与当前待辨别文档具有最小差值的语言即为当前文档使用的语言。

6. 基于本体的转换策略

基于关键词和标引词的跨语言信息检索，一般都是通过从提问查询语言到文献标引语言之间的转换系统实现不同语言的信息检索，这使得检索的结果可能只与字面意义相匹配。但人们想要的往往是这个信息的概念及其相关成分，基于本体的语义检索模型可以很好的解决这个问题。利用本体在知识表示和知识描述方面的优势，可以解决查询请求在从查询语言到标引语言之间的转换的过程中出现的语义损失和曲解等问题，从而保证在检索过程中能够有效地遵循用户的查询意图，获得预期的检索信息。

基于本体的跨语言信息检索可以实现语义级的语言转换，它与传统的 CLIR 方式的主要区别在于 3 个方面。

1）在查询的跨语言转换过程中，基于本体的策略不是一味地采用词典或者其他方式来进行字面层次的处理，而是将查询关键字进行初步区分，对于本体库中能够识别其蕴含的语义，并在转换过程中予以保留。

2）在备检信息的检索过程中，基于本体的方法也不是采用字符匹配或相关的优化策略来查找目标，而是对检索对象进行语义处理，分析该语义段落中的潜在目标对象和查询请求的相关语义性，从而决定是否将其作为结果返回。

3）基于本体的策略还可以采用与用户交互的方式来获取更进一步的语义信息。通过用户对反馈的选择更深入地领会其查询意图，对查询条件进行修正并重新检索，直至用户满意为止。

5.6　智能检索

信息检索的主要任务是解决信息集合和需求集合的匹配与选择问题，以达到尽量满足用户的信息需求的目的。传统的信息检索系统存在的共性问题有以下方面：文献标识是根据词频统计得出的，标引时只利用了文献的字符形式，未涉及文献的内容本身，所以标识往往不能反映文献的真实含义；不能很好地处理主题概念、标识之间的各种联系和因果关系；检索系统要求用户用规范化的语言来表达其信息需求，并规定了严格的输入格式，从而造成信息需求表达不完整或有偏差；检索结果只是一些文献线索，指引用户去获得原始文献；缺乏适当的人机交互。

以上问题导致了传统信息检索中主题概念相同或相似的文献不能完全被检索出来，或检索结果中包括了很多关键词一致但主题相去甚远的文献。随着用户对检索过程的要求越来越高，传统信息检索的缺陷也越来越明显。为解决这些问题，人们开始寻找新的途径来弥补这些缺陷和不足，智能信息检索被提了出来。

5.6.1 智能信息检索的概念和特点

智能检索把现代人工智能的技术与方法引入到信息检索系统，使后者具有一定程度的智能特征，在更高的层次上完成其功能。智能化信息检索的目的是使信息检索系统"理解"文件包含的信息内容和用户的信息需要。它在对内容的分析理解、内容表达、知识学习、推理机制，决策等基础上实现检索的智能化。具体地说，智能信息检索具有以下特点。

1）智能检索系统是建立在大规模的知识库基础之上的，能够处理自然语言文本，它利用知识库的有关知识进行语法、语义分析，从内容上真正理解并准确描述文献所论述的主题。

2）智能信息检索可以在知识库中使用语义网络、框架等各种知识表示方法来充分体现各主题概念和标识之间的分、属、交叉的复杂关系。

3）智能检索系统能理解、分析用户的自然语言提问，检索过程中用户和计算机之间可以不断地进行自由、充分、多方面的反馈交流，具有较高的人机交互水平。

4）智能检索系统中的检索结果是用户可以直接加以利用的信息，而且系统可以将部分文献内容以知识形态存放于目标知识库中，通过对知识库的搜索和推理，得出用户能够直接加以利用的信息。

5）智能检索系统的智能特性还体现在提问模型的形成过程中，即用户对问题的描述，借助于知识库里的有关知识，推断出他的真正需求，产生合适的提问模型。

5.6.2 智能信息检索的系统结构

一般来说，智能信息检索系统由知识库，文本处理和智能接口三部分组成。

1）知识库：知识库（knowledge base）是知识工程中结构化，易操作，易利用，全面有组织的知识集合，是针对某一（或某些）领域问题求解的需要，采用某种（或若干）知识表示方式在计算机存储器中存储、组织、管理和使用的互相联系的知识片集合。这些知识片包括与领域相关的理论知识、事实数据，由专家经验得到的启发式知识，如某领域内有关的定义、定理和运算法则以及常识性知识等。知识库是智能检索的核心，由知识库系统、数据库系统和检索推理系统三个子系统构成。

2）文本处理：文本处理系统就是利用计算机自动处理自然语言形式的文本输入。它利用知识库中的语言学知识、科学知识和其他知识，对文本进行语法、语义分析界定，从内容上理解文献所论述的主题，并把它们表示成知识库中的知识单元和数据库中的数据元素，不断的丰富知识库和数据库。

3）智能接口：智能接口是用户与系统之间的通道。其主要功能是对自然语言进行查询和处理，并作为智能终端建立用户兴趣档案同时加工提取结果。检索系统通过检索接口输入知识更新完善知识库，一般用户通过它输入信息需求。智能检索接口能向用户提供友好的界面，完成后各种交互活动。同时，检验用户输入和系统输出的正确性、一致性。解决智能检索问题的关键是设计智能检索接口。

5.6.3　智能信息检索原理

智能检索由抽词检索与全文检索发展而来，它是对检索词具有较高的判断能力、理解能力和处理能力的人工智能型的多媒体检索系统。此种系统能对文本资料进行语言学意义的理解，当用户查询时，对查询语句进行理解，然后再对文本进行语义上的概念匹配。用户发出的自然语言搜索请求是零散的语句，可以适当限制使用的句式，以提高分析的正确性。比如，用户要检索关于详细介绍计算机的组成结构和工作原理的文章，输入用户请求之后，一个自然语言理解前端负责分析其内容，并对其语法和语义进行分析，语法分析部分生成句法树；语义分析是根据句法树建立以动词为核心的语义框架，框架的语义格由名词性短语补充，在分析过程中还要返回输入错误，并通过人机交互纠正，接下来由智能搜索系统提取框架中的名词性短语，将这些短语作为关键词，在经过标注的文献库中搜索目标记录。经过词语的匹配，得出相关度，并对检索提供智能导航，逐步求精，以求精确表达。最后一步是获取信息，信息获取技术是针对文档结构、半文档结构、纯文档结构进行的知识抽取，排除文档中的冗余信息，抽出有用知识，存入结构数据库。

5.6.4　智能信息检索的核心技术

网上信息的组织技术和推送技术是智能情报检索的核心技术，具体地说，就是与此相关联的自然语言处理技术、智能代理技术和基于概念的语义本体技术。

1．自然语言处理技术

传统的搜索引擎在检索语言的选择上用的是人工受控语言。而智能情报检索系统所使用的是自然语言，即人们日常生活中使用的语言。自然语言优于人工受控语言之处在于能省却复杂的检索表达式且更易于准确地表达用户的检索意图。为了让系统能够识别自然语言，人们目前主要采用后控制模式来解决这个问题。

后控制模式即"标引不控制＋检索控制"的模式。也就是在标引（输入）阶段使用自然语言，不对标引进行严格控制。而在检索（输出）阶段才对检索词进行控制。后控制的方法主要有：截词检索、位置逻辑检索、标引词加权和后控制词表。其中后控制词表是一种最重要的后控制方法。它帮助用户构造比较完美的检索表达式，同时设立一定的机制，让系统从成功检索的检索表达式中吸取新词纳入后控制词表中，使之不断得到丰富和完善，让用户的成功检索经验得以积累。后来者可在所有前者经验积累的基础上，利用不断完善的词表进行检索。

2. 智能代理技术

智能代理是指具有智能性，可进行高级、复杂的自动处理的代理软件。它们能够按照设计者的指示独立地搜集信息，并在此过程中自我学习，具有自主性、目标驱动性、连续性、能动性等特点，可以在较高程度上去分辨、识别理解预期用户需求及其特征并整理检索结果。同时它还具有推理能力，能根据检索结果调整检索策略，提高检索效率。它特别适合于个性化的用户定制服务。

智能代理技术有别于传统搜索引擎以"拉"为中心的检索方式，实行以"推"为中心的检索技术。在用户还没有提出检索要求的时候，已经根据用户信息及既往检索记录为用户进行检索，做到信息找用户而非用户找信息，因此是一种主动服务技术。

智能搜索代理以用户需求为先导，借助于知识库中的对用户行为和需求的描述规则，参考该用户的需求惯性和一段时间内的偏好来推断提问的实质需求并据此来筛选信息。它不仅可以查询用户表达很清楚的内容，而且对用户有时也无法表达清楚的检索需求可以利用知识库中的推理机制来推断用户的潜在需求，并选择与用户习惯最相近的需求进行检索。对于检索结果，允许用户进行满意度和相关度评价，并把这些评价传回知识库，一方面修正用户的兴趣加以学习；另一方面完善信息加工和信息相关度匹配规则以便为下一次检索提供更可靠的保障。如果再遇到下一次检索同一内容时，可以把上一次检索的结果直接提交用户。这样既节约了检索时间又保证了较高的检索质量。

3. 语义智能检索技术

Hsinchun Chen 提出了一种基于概念的文本自动分类与语义检索，它采用机器学习的方法实现了大量文本自动分类、标注与检索。概念是关于具有共同属性的一组对象、事件或符号的知识，是客观事物在头脑中的反映，要通过字、词、词组等概念描述元素表达出来。同一个概念可以由多个描述元素来表达，这些描述元素在此概念的约束下构成了同义关系。

概念并不是独立存在的，一个概念总是与其他概念之间存在关系，根据概念之间的相互联系，形成蕴含有语义的关系网。在关系网中，可以实现同义词扩展检索、语义蕴含扩展以及语义相关扩展等。当使用某一检索提问词进行检索时，能同时对该词的同义词、近义词、广义词、狭义词进行检索，选出与此概念相关的内容，以达到扩大检索、避免漏检的目的。

5.6.5　智能信息检索的主要方法

智能信息检索的实现可采用不同的方法，这些方法主要有以下类型。

1. 统计方法

信息处理和信息检索中，统计方法是一种最基本的方法。最典型的统计方法是词频统计法，其最早的理论依据是 Zipf 定律。早在 20 世纪 50 年代 Luhn 就注意到 Zipf 定律，并在此基础上提出自动抽词标引的思想，指出标引词应该在某特定文献中的发生频率较高，在整个文献集合中出现的频率较低的特征词。现在许多自动标引的工作都是在 Luhn 频率统计思想的基础上展开的，如自动标引的矢量空间模型、概率标引原理等。统计方法也是智能信息检索的基本方法。

2. 文本分析方法

智能信息检索的文本处理离不开文本分析。进行文本分析时，首先处理文本源，这种文本源可能是几个词组、句子、段落乃至篇章。计算机首先通过文本上下文中的一些线索来识别文本源所使用的语言。对于汉语文献，一个难点在于汉语的分词。汉语的分词涉及汉语的词法、句法、语义各个层面上。由于汉语的多义性，语义消歧成为文本分析自始至终都面临的难题。汉语分词后，文本分析需要确定各个词在文本源中的重要程度；以及多字词、缩写词和其他词汇，如日期和流通数量。而汉语分词及特征词提取的方法决定文本分析方法的质量。

3. 人工智能方法

利用人工智能进行信息检索主要涉及的是知识表示和处理的方法。知识表示是将关于世界的事实、关系、过程等编码成为一种合适的数据结构，是人工智能研究中涉及的重要内容。知识表示方法有许多种，在人工智能传统研究中，常见的知识表示有语义网络表示法、产生式表示法、框架式表示法、面向对象的表示法等几种。

语义网络是知识表示中最重要的方法之一。语义网络利用节点和带标记的边构成的有向图描述事件、概念、状况、动作及客体之间的关系。采用语义网络表示的知识库的特征是利用带标记的有向图描述可能事件。结点表示客体、客体性质、概念、事件、状况和动作，带标记的边描述客体之间的关系。采用网络表示法比较合适的领域大多数是根据非常复杂的分类进行推理的领域以及需要表示状况、性质以及动作之间的关系的领域。

产生式表示法又称产生式规律表示法，是用来表示具有因果关系的知识，其形式是 P→Q，或者如果 P，那么 Q。即当前提 P 所指条件满足时，应该得到的结论或应该执行的操作为 Q。

框架式表示法是以框架为理论基础发展起来的一种结构化的知识表示，它是描述对象属性的数据结构。框架是一种关于某个体类的结构化表示法，通常由描述事物的各个方面的槽组成，每个槽可以拥有若干个侧面，而每个侧面可以拥有若干个值。一个框架系统常被表示成一种树形结构，树的每一个节点是一个框架结构，子节点和父节点之间用 is 和 AKO 槽连接。框架的一个重要特性是其继承性，所谓框架的继承性，就是当子节点的某些槽值或侧面值没有被直接记录时，可以从其父节点继承这些值。

面向对象知识表示是一种最有结构化的知识表示方法。用面向对象知识表示如同用框架表示知识一样要进行描述其对象一样，并可以按照一定层次形式来组织，因而面向对象知识表示具有结构化和模块化的特点。

4. 语料库方法

语料，又被称为素材，是自然发生的语言材料的集合。而语料库（corpus）是一个由大量的真实文本经过词法、句法、语义等多层次加工后形成的语言材料库。这些加工的方式包括在语料中标注各种记号，标注的内容包括每个词的词性、语义项、短语结构、句型和句间关系等。随着标注程度的加深语料库逐渐熟化，成为一个分布的、统计意义上的知识源。语料库本身不能直接应用于自然语言处理中的句法或语义分析，但因为语料库包含了语言或者语言变体的词汇、语法结构、语义和语用信息，为语言学的研究提供了无穷无尽的资料来源，是计算机对文本进行各种分类、统计、检索、综合、比较等研究的基础，可以帮助语言学家揭示语言的词汇、语法、语义和语用规律。由这些语言学的规律汇集成词法、语法、语义词典或知识库等文本分析的工具，然后利用这些工具进一步对其他大量新文本逐词标注词性，划分句子成分，进行语义标注等。

语料库包含了大量的文本，字数常常超过百万、甚至千万。人工维护、管理语料库所需的时间、资金是无法想象的，更不要说利用语料库进行语言研究，实现语料库的语言学理论和应用价值了。语料库的魅力来自语料库自动检索系统。借助于计算机的强大运算和信息处理能力和自动检索系统，语言学家可以迅速查找例证、对文本进行分析。正是语料库检索系统的开发和完善才使得语料库的应用价值得以体现。语料库检索系统一般有下列功能：选定一个或者多个检索文本；建立词汇表；查找关键词；排序并显示检索结果等。由语料库检索系统提供的检索结果为词法分析、句法分析和语义分析提供工具，从而实现在信息检索中的文本分析功能。

5.7　自然语言检索

自然语言检索技术（natural language retrieval，NLR）是信息检索的一种类型，从技术上讲是将自然语言处理（natural language processing，NLP）技术应用于信息检索系统的信息组织、标引与输出，从用户角度讲是用自然语言作为提问输入方式。

自然语言检索以文档文本的语言结构分析和语义分析为特色，将信息处理的层次深入到了文档中文本内容。另外，用户可以不受控制地输入查询语言，表达自己的查询请求，其优势表现在符合客观需求，标引简单，查准率高，具有通用性等多方面。

由于自然语言本身所存在的复杂性，所以对其处理要涉及语言学、心理学、认知学、人工智能等多领域学科，要综合利用多种相关学科的技术与方法。自然语言检索的基础是自然语言，检索方法包括基于语法分析、基于语义分析和基于本体分析等多种类型。

5.7.1　基于语法分析的自然语言检索

语法知识在自然语言处理系统中的应用就是处理文本的结构特性，称为语法分析。语法分析将完整的句子分解成简单的短语，并表现出句子成分间结构关系的特色，同时语法规则为一个给定的句子指定合理的语法结构。基于语法分析的自然语言检索是检索系统在语法层次上对自然语言进行表层的形式化分析，包括词法分析和句法分析两部分。

1. 基于词法分析的自然语言检索

词法分析方法是对文本、网页首先进行词语切分，然后通过词频统计和词出现的位置判断，在文本和网页中提取主题词和概念词作为索引。同样地，从用户提问中筛选有检索意义的一个或多个词单元，各个词单元之间构建相应的逻辑关系。这种方法更接近于传统的关键词检索，即利用多个关键词的布尔逻辑运算构成检索式，在索引库中逐个匹配。但它对关键词检索也有改进，它能够根据词的位置关系发掘词的修饰限定关系，使得检索内容更为相关。基于词法分析的方法主要有加权统计法、N 元法和统计学习法三种。

2. 基于句法分析的自然语言检索

句法分析是自然语言处理中的一个重要组成部分，句法分析的任务是要对输入的单词序列进行分析，并在此基础上构造出相应的句法树。所谓句法树是用来表示句中各成分之间句法关系的树状结构。

在句法分析理论方面，自然语言处理最早采用的方法是上下文无关语法（也叫短语结构语法）。由于其中的上下文无关语法既有一定的描述能力又比较简单，并能成功地根据这类语法来实现各种计算机程序设计语言的编译与解释系统，所以早期的自然语言处理系统都试图采用上下文无关语法来实现自动句法分析。后来人们逐渐发展出一些其他句法分析的语法，其中较著名的有：扩充转移网络语法、词汇功能语法、广义短语结构语法、功能合一语法、定子句语法，这些语法大大扩充了短语结构语法（即上下文无关语法）描述与生成自然语言的能力，同时又保持了短语结构语法表达简洁、处理效率高的优点，因而得到较广泛的应用。

5.7.2　基于语义分析的自然语言检索

语义分析是在句法分析的基础上进行的。语义分析的结果是语义网，而语义分析的工具之一便是语义关系。系统在进行信息处理过程中进入句法分析后，可以从全解中得到一个优化的有用解，然后进入句法语义分析。在这一阶段，对语言自身结构和句法属性进行综合分析，这包括：语法分析是句法结构、句法属性、句法关系的分析与确定，语义分析是对句子的语义分类、语义属性、语义关系的分析与确定。在句法分析的过程中分成三个层次，即短语子树层、谓词框架之内层以及谓词框架之间层，与句法分析的这三个层次相适应，每次句法分析后都相应的产生一个语义分析结果。因此，语义分析的过程也相应的分成三个层次，即短语子树的语义子网内的语义关系、谓词框架形成的单网内的语义关系以及各个谓词框架之间形成的多网间的语义关系。在语义分析理论方面，研究也在不断深化，其中比较引人注目的是语义网络、格语法和概念从属理论。

1. 语义网络

语义网络（semantic network）是通过概念及其语义关系组成的有向图这一形式化的方法来表达知识。描述语义的一个语义网是由一些以有向图表示的三元组（节点1，弧，节点2）连接而成的。其中节点表示对象、概念或状态，弧是有方向的，指明所连接节点的语义关系。节点和弧都必须带有标记，以便区分各种不同的对象和对象间的各种不同的语义联系。语义网络是非统一式的信息表示方法，提供了表达"深层结构"或"潜在语义结构"的方法。

2. 格语法

格语法（case grammar）是美国语言学家菲尔摩（C. J. Fillmore）在 20 世纪 60 年代提出的一种语言理论，使用相对浅层的领域无关的方法进行语义处理。格语法的中心思想是一个简单句中的表述具有深层的结构，即包括了动词（中心组成部分）和一个或多个名词短语，每个名词短语与动词都有特定的关系，这种关系就称为格（case）。

3. 概念从属理论

概念从属理论（conceptual dependency theory）最初是由 Sckank 在 20 世纪 60 年代末 70 年代初发展起来的，简称 CD 理论。在这种理论中，句子意义的表达是以行为为中心的。句子的行为不是由动词表示，而是由源语行为集表示，其中每个源语是包含动词意义的概念，即行为是由动词的概念表示，而不是动词本身表示。

5.7.3 基于本体的自然语言检索

本体（ontology）这个词来源于哲学。在哲学界，本体是指关于存在及其本质和规律的学说，是物质存在的一个系统解释，这个解释不依赖于任何特定的语言。在计算机界，Studer 等在前人的基础上，给出了目前为止最完善的本体定义：共享概念模型的明确的形式化规范说明。

1. 本体在自然语言检索中的作用

在自然语言检索领域中，本体提供资源的描述和形成查询所必需的元语。以本体为核心建立领域语义模型，为信息源提供语义标注信息，是系统内所有的 Agent 在对领域内的概念、概念之间的联系及基本公理知识有统一认识的基础上进行信息检索。具体地说，本体在自然语言检索系统的作用主要体现在改善对信息源的处理，优化用户界面和辅助自然语言处理过程三个方面。

2. 基于本体的自然语言检索实现方法

基于本体的自然语言检索的核心思想是利用本体中的领域知识和概念框架来表示信息内容，提高信息检索系统对语义信息的处理能力。这种检索方法对信息资源和用户提问语句进行语义层次上的标注和分析，同时将用户的检索请求转化为对概念及其相关信息的查询，提高系统理解和分析效果，从而达到提高检索精度的目的。

基于本体的自然语言检索系统整体上可由本体管理模块、问题处理模块、文本预处理模块、信息检索模块、库文件管理模块。具体实现的算法可以概括为 4 个方面。

1）在领域专家的帮助下，建立相关的领域本体。

2）收集信息源中的数据，并参照已建立的本体，把收集来的数据按规定的格式存储在元数据库（关系数据库、知识库等）中。

3）对用户检索界面获取的查询请求，查询转换器按照本体把查询请求转换成规定的格式，在本体的帮助下从元数据库中匹配出符合条件的数据集合。

4）检索结果经过定制处理后，返回给用户。

在基于本体的自然语言检索中，关键的技术主要包括对自然语言文本和用户检索的请求的处理。

另外，针对在检索中自然语言匹配失败的情况，基于本体的自然语言检索算法可以借助于本体的强大知识体系，对检索词法分析、句法分析加以控制，使数据库系统能够寻找到另一条合理的路径。对由于无法找到符合查询条件的事实数据而造成的检索失败，其处理方法是对用户查询式进行扩展，放宽查询条件或者获取更多的语义表示。

本体具有概念关系处理能力的优势，能更好地满足信息检索在语义上的需求。但是基于本体的自然语言检索还是一个新的领域，还存在着许多需要解决的问题，例如，本体语言的词典构造问题、词典扩充问题等，还需要进一步的深入研究。

5.8　搜索引擎技术

目前，Internet 能找的网页已多达数百亿之巨，并且仍以每几个月翻一番的速度递增。用户如何在如此浩瀚的信息海洋中准确、方便、快速的找到自己所需的信息，是个迫切需要解决的问题，搜索引擎的出现很好地解决了这个问题。目前已有数以千计的搜索引擎在 Internet 上运行，搜索引擎已成为信息检索的主要方式之一。

5.8.1　搜索引擎的基本概念与分类

搜索引擎是一个信息检索系统或工具，它以因特网尤其是 Web 为基础，具有信息发现、组织、检索、导航及其他相关服务功能。

根据信息搜集方法和服务提供方式的不同，搜索引擎可以分为三大类。

（1）目录式搜索引擎

目录式搜索引擎又称可搜索的网络目录（searchable Web directors），是以人工方式或者半自动方式收集信息，主要通过人工整理信息，使用等级式主题目录来组织信息的一类搜索引擎。最初的目录搜索引擎采集信息的方式通常是用人工采集的方式，而现在的目录搜索引擎都在信息采集和信息分类阶段使用了自动处理软件。

这类搜索引擎首先依据某种分类依据（如学科分类），建立主题树分层浏览体系，由搜索引擎抓取网上信息之后，对信息进行标引，并将标引后的信息放入浏览体系的各大类或子类下面，使这些信息呈现出错落有致的上下位关系。用户层层点击，最终找到自己所需的信息。这类搜索引擎体现了知识概念的系统性，查准率高；但由于人工在分类标引上的干预，查全率低，分类体系的科学性和标准性亦存在问题。典型的目录式分类搜索引擎主要有 Yahoo、LookSmart、OpenDirectory 和 Go Guide 等。目前这类搜索引擎虽然已经使用机器人等先进技术，但还是保留了原来的目录形式。

（2）机器人搜索引擎

机器人搜索引擎，是指由一个叫做网络机器人的自动化程序以某种策略自动地在 Internet 上搜集和发现信息，由索引器为搜集到的信息建立索引数据库，由检索器根据用户的检索提问在索引数据库中进行检索，并将检索结果反馈给用户的一类搜索引擎。

机器人搜索引擎通常也被称为第二代搜索引擎，该类搜索引擎的特点信息量大，更新及时，不需要人工干预，缺点是返回信息过多，有很多无关信息，用户必须从结果中进行筛选。这类搜索引擎具有代表性的主要有 AltaVista、NorthernLight、Excite、Infoseek、Lycos 和 Google 等。国内的"天网"、"悠游"和 OpenFind 等也是这类搜索引擎。

（3）元搜索引擎

元搜索引擎是在已有的搜索引擎的基础上建立起来的，通过一个统一的查询界面就可以同时或分时查询多个搜索引擎的网络信息检索工具。它利用下层多个成员搜索引擎为用户提供统一的检索服务。对每一个检索要求，元搜索引擎自身并不处理，而是按照各个成员引擎的查询格式做相应的转换之后再分发给各个成员引擎，有关成员引擎的参数信息可以帮助元搜索引擎进行引擎的选择和协调，各个成员引擎返回检索结果之后，元搜索引擎进行结果合并并按权重排序输出给用户。

这类搜索引擎的优点是能够分散处理负载，增加检索的范围，使返回结果的信息量更大、更全，同时还具有较好的可扩展性。可以加入多个成员引擎，而且各个成员引擎可以缩小规模，提供更好的性能，检索相应时间更短，还可以使得检索的内容保持更新。缺点是不能够充分使用搜索引擎的功能，用户需要做更多的筛选。这类搜索引擎的代表是 MetaCrawer、InfoMarket 等。

5.8.2 搜索引擎技术原理

搜索引擎的工作原理可以看作三步：采集信息、建立索引数据库和搜索排序。

1. 采集信息

搜索引擎的信息采集包括人工采集和自动采集方式。人工采集由信息教导员跟踪和甄别有用的 Web 站点或页面，并按规范方式进行内容分析并组建成索引数据库。自动采集方式则是利用能够从因特网上自动收集网页的"蜘蛛"软件或"机器人"软件，自动访问因特网，并沿着任何网页的所有 URL 爬到其他网页，重复这个过程，并把爬过的所有网页收集起来。采用自动采集能够自动搜索、采集和标引因特网上众多站点和页面，从而保障对如此丰富和迅速变换的网络资源的跟踪与检索的有效性和及时性；而人工采集基于专业性的资源选择和分析标引，保证了所搜集的资源质量和标引质量。目前，大多数搜索引擎采取了自动和人工方式相结合的形式。

2. 建立索引数据库

索引数据库的建立是由索引器完成的。索引器的主要功能就是自动理解和分析自动采集器所搜索到的 Web 信息，从中抽取能够表达所搜索到的网页特征的关键字作为索引项，用于表示文档（网页）以及生成文档库的索引数据库。索引项可分为客观索引项和内容索引项两种。

客观索引项是指与文档的语义无关的索引项，如作者名、URL、更新时间、编码、长度、链接流行度（link popularity）等。

内容索引项是用来反映文档语义内容的，如关键词及其权重、短语、单字等。内容索引项可以分为单索引项和多索引项（或称短语索引项）两种。但索引项对于英文来说是英文单词，比较容易提取，因为英文单词之间有天然的分隔符（空格）；对于中文等连续书写的语言，必须进行词语的切分。在搜索引擎中，一般要给单索引项赋予一个权值，以表示索引项对文档的区分程度，同时用来计算查询结果的相关度。使用的方法一般有统计法、信息论法和概率法。多索引项（或短语索引项）是用短语或词组来标识 Web 页面特征，其提取方法有统计法、概率法和语言学方法等。索引表一般使用倒排表（inversion list），即由索引项查找相应的文档。索引表也可能要记录索引项在文档中出现的位置，以便使检索程序计算索引项之间的相邻或邻近关系。索引器可以使用集中式索引算法或分布式索引算法。当数据量很大时，必须实现即时索引（instant indexing）。否则不能够跟上信息急剧增加的速度。索引算法对索引器的性能（如大规模峰值查询时的相应速度）有很大的影响。一个搜索引擎的有效性很大程度上取决于索引器的质量。

3. 搜索排序

当用户输入关键词进行搜索时，由搜索系统程序从网页索引数据库中找到符合该关键词的所有相关网页。因为所有的相关网页针对该关键词的相关度早已计算好，所以只需要按照现成的相关度值进行排序即可，相关度越高，排名越靠前。最后，由页面生成系统将检索结果的链接地址和页面内容摘要等内容组织起来返回给用户。

搜索引擎的 Spider 一般要定期重新访问所有网页（各搜索引擎的周期不同，可能是几天、几周或几个月，也可能对不同重要性的网页有不同的更新频率），更新网页索引数据库以反映网页内容的更新情况，增加新的网页信息，去除掉死链接，并根据网页内容和链接关系的变化重新排序。这样，网页的具体内容和变换情况就会反映到用户查询的结果中去。

虽然只有一个因特网，但各搜索引擎的能力和偏好不同，所以抓取的网页也不同，排序算法也各不相同。大型搜索引擎的数据库储存了因特网上几亿到几十亿的网页索引，数据量达到几千 DB 到几万 DB。但即使最大的搜索引擎建立起超过 20 亿网页的索引数据库，也只能占到因特网不到 30% 的普通网页，不同搜索引擎之间的网页数据重叠率一般在 70% 以下。我们使用不同搜索引擎的重要原因就是它们能够分别搜索到不同的网页内容。而因特网上有更大量的内容是搜索引擎无法抓取并建立索引的，也是我们无法用搜索引擎搜索到的。

5.8.3 搜索引擎系统的发展趋势

搜索引擎作为一个新的研究开发领域，涉及信息检索、人工智能、计算机网络、数据库、自然语言处理等技术，具有综合性和挑战性；同时，由于搜索引擎有着大量的用户，有很好的经济价值，所以引起了世界各国计算机科学界和信息产业界的高度关注，目前的研究、开发十分活跃，呈现出以下几个方面的研究动向。

（1）提高信息查询结果的精度，提高检索的有效性

用户在搜索引擎上进行信息查询时，并不十分关注返回结果的多少，而是看

结果是否和自己的需求吻合。解决查询结果过多的现象目前出现了几种方法：一是通过各种方法获得用户没有在查询语句中表达出来的真正用途，包括使用智能代理跟踪用户检索行为，分析用户模型；使用相关度反馈机制，使用户告诉搜索引擎哪些文档和自己的需求相关（及其相关的程度），哪些不相关，通过多次交互逐步求精。二是用文本分类（Text Categorization）技术将结果分类，使用可视化技术显示分类结构，用户可以只浏览自己感兴趣的类别。三是进行站点类聚或内容类聚，减少信息的总量。

（2）基于智能代理的信息过滤和个性化服务

个性化搜索引擎是基于对用户的信息需求和行为、习惯、偏好的识别、分析、归纳，借助规则，自动建立起来的用户兴趣模型，自主地代理用户查找其感兴趣的信息，即变被动搜索为主动搜索，在网络上实时监视信息源，通过电子邮件或其他方式，主动提供给用户，可大大节省用户的搜索成本。它允许用户充分表达个性化需求，对不同的用户群甚至细化到个人用户，继承客户端的特殊环境，配合用户兴趣完成搜索。

（3）采用分布式体系结构提高系统规模和性能

搜索引擎的实现可以采用集中式体系结构和分布式体系结构，两种方法各有千秋。但当系统规模到达一定程度（如网页数达到亿级）时，必然要采用某种分布式方法，以提高系统性能。搜索引擎的各个组成部分，除了用户接口之外，都可以进行分布：搜索器可以在多台机器上相互合作、相互分工进行信息发现，以提高信息发现和更新速度；索引器可以将索引分布在不同的机器上，以减小索引对机器的要求；检索器可以在不同的机器上进行文档的并行检索，以提高检索的速度和性能。

（4）重视跨语言检索的研究和开发

跨语言信息检索是指用户用母语提交查询，搜索引擎在多种语言的数据库中进行信息检索，返回能够回答用户问题的所有语言的文档。如果再加上机器翻译，返回结果可以用母语显示。该技术目前还处于初步研究阶段，主要的困难在于语言之间在表达方式和语义对应上的不确定性。但对于经济全球化、因特网跨越国界的今天，无疑具有很重要的意义。

（5）重视汉语自动处理技术的应用，提高对中文自然语言检索的支持

以自然语言作为检索语言符合人们的思维习惯，应该配备受控词表可克服自然语言查全率低的问题，提高自然语言的检索效率。同时要更充分地利用汉语自动处理技术的最新成果，开发自然语言的分析与理解技术，把自动切分词与自动标引等处理工作提高到自然语言的分析与理解上，并建立自然语言的同义切换、近义识别、上下位关系与参照关系等。

第6章 信息资源开发与利用技术

随着社会信息化进程的加快，信息资源已成为人类经济活动、社会活动的重要战略资源。从宏观上看，战略资源蕴含量和战略资源开发水平决定着一个国家的生产力水平和综合国力；从微观上看，信息资源开发利用会直接影响企业经济效益的提高及发展的后劲。

开发信息资源，就是要不断地发掘信息及其他相关要素的经济功能，并及时将其转化为现实的信息资源，挖掘信息资源的潜在价值，在实现信息资源本身的经济价值的同时，也通过信息资源的开发降低其他资源的消耗，进而实现其他资源的升值，增加社会总收益。利用信息资源，就是要把信息资源与社会、经济生活中的具体实际结合起来，制定出科学合理的信息资源分配与使用方案，使信息资源充分发挥作用并产生最佳效益。信息资源开发是信息资源利用的基础，信息资源开发的目的是信息资源的利用，而利用过程中的反馈又可以促进开发，因此信息资源的开发与利用是相辅相成的。

目前信息资源开发的主流是指数字信息资源的开发，包括网络信息资源开发、数据库信息资源开发和信息系统开发。在本章中，我们将阐述整个信息资源开发与利用过程中涉及的四种前沿技术：信息分析技术、与信息存储相关的数据仓库技术、与信息获取相关的数据挖掘技术、综合开发和利用信息资源的数字图书馆技术。

6.1 信息分析

作为国家财富与战略性资源的信息，其巨大效用并不是在被接收后，通过直接使用就能显示出来，而需要经过对信息的收集、存储、组织、分析、提供等程序，才能实现它们的价值。通过信息分析可以深入认识信息的价值和可能用途，满足实际需要并且有针对性地解决实际问题。如果说信息的收集、存储和组织是信息资源开发利用的前提条件，那么信息分析则是信息资源开发利用的高级形式。只有通过信息分析，才能实现对信息资源的深层次开发。

6.1.1 信息分析的概念

信息分析是一个科学概念。20世纪90年代之前，国内情报界普遍用"情报研究"一词来指称现在的"信息分析",如蒋沁和王昌亚的《情报研究》、邹志仁的《情报研究与预测》、何浩的《情报研究与预测的方法》等。20世纪90年代以后,随着"信息"一词日益被人们所接受,"信息分析"的概念得到了更为广泛的使用。下面列举几个有代表性的定义。

1)信息分析是通过系统化过程将信息转化为知识、情报和谋略的一类科学活动的总称,从数据挖掘、市场调查、竞争情报到软科学研究,形成一条很宽的研究谱带。鉴于Intelligence兼具信息、情报、智能、谋略和能力的含义,因此从内涵上看,信息分析的本质就是Information的Intelligence化。这也是我们将信息分析和情报研究看作同义词的基本依据。(包昌火等,2006)

2)信息分析人员根据用户的信息需求,运用各种分析工具和分析技术,采用不同的分析方法,对已知信息进行分析、对比、浓缩、提炼和综合,从而形成某种分析研究成果的过程。(胡华,2007)

3)信息分析研究是一种以信息为研究对象,根据拟解决特定问题的需要,收集与之有关的信息进行分析研究,旨在得出有助于解决问题的新信息的科学劳动过程。(朱庆华,2004)

从广义上来讲,政治、经济、科技、社会、地理,甚至军事等方面的信息都应纳入信息分析的范畴,但其内涵却难以界定。一般认为信息包括自然信息、生物信息和社会信息,情报学所论及的信息,即社会信息,是存在于人类社会中的、表述人的思想的那部分信息。其载体包括人脑、语言、文献、实物及其他。因此从这个角度出发,信息分析中的"信息"的内涵是指社会信息。

一般情况下我们认为"分析"是与"综合"相对应的哲学范畴。但"分析"在与"信息"一词搭配使用时,其准确的、方法论的概念是"系统分析"。它和传统的着眼于分解和单个认识事物的"分析"不一样,其核心是通过揭示复杂对象各组成部分的内在联系,研究和认识作为完整系统的整体。因此,在方法和操作上,信息分析的主要特征是着眼于对象的整体性、相关性和结构性的分析。

一个被广泛接受的信息分析含义的表述为:信息分析是指以用户的特定需求为依据,以定性和定量研究方法为手段,通过对文献信息的收集、整理、鉴别、评价、分析、综合等系列化的加工过程,形成新的、增值的信息产品,最终为不同层次的科学决策服务的一项具有科研性质的智能活动。

6.1.2 信息分析的特点

(1)针对性与灵活性

信息分析的针对性体现在两个方面:一是选题上。不论是何种来源的信息分析,都必须针对用户的特定信息需求(如针对国民经济和社会发展的宏观决策需要，针对企业生产、技术开发和营销管理的微观需要等），确定研究课题和研究目标；二是最终产品对用户的适用性，如在产品的内容、制作方式和传递渠道上适合特定用户在不同的场合、时间的实际情况需要。

针对性是信息分析与预测的重要特点，是其能否发挥作用，是否具有生命力的体现。信息分析课题是否有针对性，主要取决于情报机构是否有畅通的信息渠道。这种信息渠道至少包括两个方面：①研究人员能够直接接触各级主要决策者，及时了解他们正在决策什么和将要决策什么；②研究机构通过多种方式，使自己与国内和国际的情报系统建立有效的联系。信息分析人员只有及时了解各级决策者正在或者将要决策的目标，掌握国内外科学技术和经济发展的脉搏，才能使自己的工作具有较强的针对性。

同时，信息分析工作又具有一定的灵活性。在选择课题时，根据社会需要可以有多种选择。在一次选择中又可以根据课题性质、急近性与重要性、信息可获得性和人员与设备条件等做出选择。对于委托研究项目，对委托方提出的研究课题和目标，要从全局和实际情况出发对研究内容和目标进行必要的调整。收集信息与选择研究方法时，应根据工作条件、课题要求、目标、费用与时间要求等进行灵活处理。在研究工作过程中，有时会发现新事物、新情况、新问题，以至于需要调整研究目标和研究方向。此时，研究人员需要在仔细核对、综合平衡和向委托者进行充分说明之后调整研究课题，以使研究工作与目标更有价值更富有成就。

（2）系统性与综合性

信息分析最基本的一项工作是使大量有关研究课题的信息系统化。信息分析工作通过系统的加工整理，可以使分散的、片面的、无序的、零星的知识系统化、有序化和整体化。这种系统性是从纵、横两方面来实现的。从纵的方面来看，要将有关课题的来龙去脉、发展经过、当前水平、存在问题、未来趋势等，按时间顺序进行研究，以掌握课题发展的全貌。从横的方面来看，要用系统工程的观点对与课题有关的政治、经济、社会、科技、军事等各个方面的问题进行综合考虑，即采用的方法和手段的系统性、应用学科知识的系统性、需要研究的因素的系统性等，才能对研究课题有全面的认识。

信息分析工作之所以表现出这种系统性和综合性，是因为现代科学研究相互渗透、相互交叉，政治、经济、社会、科技、军事等领域之间相互联系，任何一个事物的发展不仅取决于其自身的历史、现状和发展规律，也取决于各种外部条件及因素。所以，从事信息分析工作，就要从研究事物的环境和内部组成开始，进行全面的综合性分析研究，并把事物的发展变化也看作是一个连续统一的过程。从现实社会的实际情况看，任何一个社会系统或社会问题都包含了多方面的因素，受到多种自然因素与社会因素的制约。有关的信息分析与预测工作必须充分考虑这种情况，从整体上进行综合性的研究。

（3）智能性与创造性

任何信息分析工作都是致力于认识事物的特性和发现事物的规律，而事物的特性与规律并不一定直接、全面地体现在有关信息的表层含义之中。也就是说，不是一看就明白、一听就能有所收获的，需要经过深入的分析研究才能把握。这就要求信息研究人员具有较高的智能和知识水平、敏锐的观察力与准确的判断力，在工作中能运用智力劳动进行卓有成效的工作。因此信息分析是对各种相关信息的深度加工，是一种深层次或高层次的信息服务，是一项具有研究性质的智能活动。

对于一项具体的信息研究工作来说，研究人员总是面对新情况、新问题、新事物，需要在全面收集有关信息的基础上，经过创造性的智力劳动，然后提出对有关问题和事物的正确认识和看法，发现事物的规律和未曾被认识的方面，为人的认识与实践活动提供有创见性的、具有一定价值的指导意见。最终完成的信息分析产品是智力劳动的产物，是不同于原来信息的新的知识。因而可以说，信息分析工作具有鲜明的创造性，正是这种创造性特点使这一工作具有重要的社会价值。

（4）预测性与近似性

一项重大的决策是否正确，不仅要从执行这项决策当时的经济和社会效果来衡量，而且要预见到对未来可能产生的影响。决策只有建立在预测的基础之上，才是科学的决策。信息分析是科学管理的一个重要组成部分，信息分析要为决策提供依据，就不能不对未来做出预测。具有明显的预测性是信息分析工作的一个突出特点。

信息分析与预测是在事件发生之前对其未来状态的预计和推测，或者是对已发生事件的未知状态的估计和判断。这些预计和推测，尽管有科学的依据、科学的态度和科学的方法作基础，但毕竟是简约化后对事物发展变化实际情况的一种近似反映。由于受到各种不断变化着的因素的影响，同实际情况相比，信息分析只是一个近似值，与预测结果往往会出现一定的偏差。

（5）科学性与特殊性

信息分析工作是建立在科学理论与方法的基础上，具有科学研究活动的一般特性，即采用科学的研究方法；数据的客观性和结论的准确性；研究的相对独立性；信息分析工作处于自然科学与社会科学的接口。它并不具体研究某一自然物质或者某种自然现象，而是研究社会各个领域的发展战略、决策问题。研究内容决定了其研究方法的特殊性。

1）基本上不采用实验和试验手段。

2）收集的资料比一般科学研究广泛且系统，不仅详细占有课题所涉及领域的资料，还要掌握与课题有关的地理环境、自然资源、科学文化水平等方面的资料。

3）作为对象，收集的不仅仅是文献，还包括实物信息、口头信息等。

4）收集方式多样化。不仅可以通过正规交流渠道获得文献和数据，还可通过参观、访问、讨论会、发放调查表等非正规交流渠道来收集信息。

5）研究过程的社会性。信息分析工作过程具有社会性：①课题来源的社会化。信息分析工作的课题是多种多样、十分广泛的，来自社会的各个部门、各个行业、各个阶层，是面向整个社会的；②研究人员的社会化。由于课题的综合性因素，仅靠一个部门、一个机构的研究人员很难完成，只有依靠相关部门的力量共同完成；③研究成果的社会化。一般来说，信息分析成果是直接提供给委托用户的，并不直接服务整个社会，但是从最终目的和结果来看，还是为社会进步、经济发展服务的。

（6）局限性

信息分析人员对研究对象的认识，往往受其常识、经验、观察分析能力的限制，受所收集到的原始信息的质和量的限制，受信息处理方式的限制，使信息的分析与预测并不是足够的深刻、全面，其结果往往具有一定的局限性。

6.1.3　信息分析的方法

信息分析方法是进行信息分析的工具，是实现信息分析工作目标的手段。由于信息分析是一门社会科学与自然科学交叉的综合性学科，其方法有的源于一般科学，如系统科学、数学、思维科学等，有的是信息学专有的方法，信息计量学方法、引文分析方法、信息组织方法等。

因此，信息分析方法是多种方法深化融合而成的。这些特点决定了它所采用的方法具有通用性和广泛性。通常采用的信息分析方法有：逻辑思维方法、专家分析法（又称专家调查法）、回归分析法、决策方法、模糊综合评价法、层次分析法等。

1. 逻辑思维方法

逻辑思维是指在人类的认识过程中借助于概念、判断、推理反映现实的思维方式，它以抽象性为特征，撇开具体形象，揭示事物的本质属性。信息分析中的逻辑思维方法是建立在逻辑推理和辩证分析基础上，根据已知信息，运用分析与综合、演绎与归纳、相关和比较等一系列逻辑思维手段来揭示研究对象的本质、发展规律和因果关系。虽然逻辑思维方法只给出定性地分析研究对象的前因后果、大小优劣、部分整体、一般特殊等关系，一般不给出定量关系，但它是依据严密的逻辑推理才能得出可能的结论。因此，逻辑思维方法具有广泛使用、定性分析、推论严密的特点。逻辑思维方法的缺点在于虽具有很强的说理性但并不具体，推理虽严密但不够精确，其结果缺乏定量表述和结论，仅仅是一种定性认识或描述。因此，它不能完全适用于需要进行定量化研究的信息分析课题。下面列举几种信息分析工作中常用的逻辑思维方法。

（1）比较法

判断一个信息的准确与否，分析一条信息价值的高低优劣程度首先用到的就是比较法。比较（comparison）也称对比，就是对照各个研究对象，以确定其之间差异点和共同点的一种逻辑思维方法。通过比较揭示对象之间的异同是人类认识客观事物最原始、最基本的方法。它常常是分析、综合、推理研究的基础，也是信息调研工作最常规的和最基本的一种方法。比较实际上就是对研究对象的某些共同特性或属性进行对比，所以在对比时必须对反映事物本质的特征或属性进行分解和分析，并从中确定其主要特征、属性和次要特征、属性，做到抓住主要特征和属性并尽可能多地分析次要特征和属性。根据不同的标准和角度，比较可以分为不同的类型，如同类比较和异类比较、定性比较和定量比较、静态比较和动态比较、纵向比较和横向比较、全面比较和局部比较、宏观比较和微观比较等。比较分析方法通常分为时间上的比较和空间上的比较两种类型，在运用时应注意几点。

1）注意可比性。事物间的差异性和同一性是进行比较的客观基础。完全相同或完全不同的事物均无法进行比较。这也是比较的基本原则。分析对象的可比性通常包括时间的可比性、空间的可比性和内容的可比性。

2）注意比较方式的选择。不同的比较方式会产生不同的结果，并可用于不同的目的。如时间上的比较可反映某一事物的动态变化趋势，可用于预测未来；空间上的比较可找到不同比较对象之间的水平和差距，可帮助人们在科学决策、研究与开发、市场开拓时注意扬长避短、学习借鉴。

3）注意比较内容的深度。在比较时，应注意不要被所比较的对象的表面现象所迷惑，而应该深入到其内在的本质深处。深入的程度越深，比较的结果就越精确、越有价值。如在进行某一时期各国自然资源占有情况的比较时，就不能简单地运用资源总储量这一指标，因为不同的国家人口数量是不一样的。

4）注意数据和图表的运用。数据是表示事物性质的一种符号，它可以反映事物的本来面貌，揭示事物的客观规律，并可用来检验实践，评价过去、权衡利弊、预测未来。数据与图表结合能起到形象直观、一目了然的作用。

（2）分析与综合

分析与综合是揭示个别与一般、现象与本质的内在联系的逻辑思维方法，是科学抽象的主要手段，它主要解决部分和整体的问题。由于任何事物的存在不是孤立的，都会与其他事物有各种各样的联系，并且一个事物内部各要素之间也是相互联系的、并非是孤立的。

1）分析。分析是把客观事物整体按照研究目的的需要分解为各个要素及其关系，并根据事物之间或事物内部各要素之间的特定关系，通过推理、判断，达到认识事物目的一种逻辑思维方法。依据事物或要素间特定关系的多样性以及人们揭示这种关系时角度的不同可把分析划分为下面两种类型：①因果分析。因果关系是客观事物各种现象之间的一种普遍联系形式。任何现象都有它产生的原因，任何原因也都必然引起一定的结果。因此我们可以通过因果分析找出事物发展变化的原因，认识和把握事物发展的规律和方向。②表象和本质分析。表象和本质是揭示客观事物的外部表现和内部联系之间相互关系的一对范畴。表象是事物的表面特征以及这些特征之间的外部联系；本质是事物的根本性质，是构成一事物的各种必不可少的要素的内在联系。由于本质是通过表象以某种方式表现出来的，因此两者之间存在着一定的关系。表象和本质分析就是利用事物表象和本质之间的这种关系进行分析的方法。进行分析的步骤主要有：①明确分析的目的；②将事物整体分解为若干个相对独立的要素；③分别考察和研究各个事物以及构成事物整体的各个要素的特点；④探明各个事物以及构成事物整体的各个要素之间的相互关系，进而研究这些关系的性质、表现形式、在事物发展变化中的地位和作用。

2）综合。综合是同分析相对立的一种方法，指人们在思维过程中将与研究对象有关的片面、分散、众多的各个要素（情况、数据、素材等）联系起来思考，从错综复杂的现象中探索它们之间的相互关系，从整体的角度把握事物的本质和规律，通观事物发展的全貌和全过程，获得新的知识、新的结论的一种逻辑思维方法。它的基本步骤有四步：①明确综合的目的；②把握被分析的研究对象的各个要素；③确定各个要素的有机联系形式；④从事物整体的角度把握事物的本质和规律，从而获得新的知识和结论。它具体包括三个类型：①简单综合。简单综合是对与研究课题有关的信息进行汇集、归纳和整理。②分析综合。分析综合是对所收集到的与特定事物有关的信息，在进行对比、分析和推理的基础上进行综合，以认识事物的本质、全貌和动向，获得新的知识和结论。③系统综合。系统综合是从系统论的观点出发，对与研究课题有关的大量信息进行时间与空间、纵向与横向等方面的综合研究。

3）分析与综合的关系。分析与综合是对立统一的辩证关系，它们既相互矛盾又相互联系，并在一定条件下相互转化。一方面，两者既相互矛盾又相互联系。分析是把事物总体分解为它的各个部分，分别地抽取其个别属性、方面、部分进行单独研究，即化整为零；综合与此相反，是将原先分解的各个部分、方面、属性联合起来，使之成为一个完整的整体。综合必须以分析为基础，没有综合，分析就会很盲目。另一方面，两者在一定条件下可以相互转化。人们对事物的认识是一个由现象到本质、由局部到全局、由个别到一般的过程。现象与本质、局部与全局、个别与一般本身是相对的。就某一层次来说，对该层次事物的认识，相对其上一层次而言，是现象、局部、个别，但相对其下一层次却又是本质、全局和一般。可见，人们对某一层次的研究，对于其上一层次来说是分析，但对于其下一层次来说却又是综合。这种转化过程就是对客观事物的认识不断深化和提高的过程。

（3）推理

推理是由一个或几个已知的判断推出一个新判断的思维过程。具体说，就是在掌握一定的已知事实、数据或因素相关性的基础上，通过因果关系或其他相关关系顺次、逐步地推论，最终得出新结论的一种逻辑思维方法。任何一个推理都由前提和结论组成。任何推理都包含三个要素：一是前提，即推理所依据的一个或几个判断；二是结论，即由已知判断推出的新判断；三是推理过程，即由前提到结论的逻辑关系形式。推理的前提一定要是准确无误的，过程必须是合乎逻辑思维规律的。在信息分析中，经常采用的信息推理主要有常规推理、归纳推理、假言推理三种形式。

2. 德尔菲法

德尔菲法（delphi method）是专家预测法的一种，主要针对信息分析课题中复杂的、多样的、预测性的题目。是在专家个人判断法和专家会议调查法的基础上发展起来的一种直观判断和预测方法。它针对专家预测法的缺陷做了重大改进，是一种按规定程序向专家进行调查的方法，能够尽可能精确地反映出专家的主观判断能力。

（1）德尔菲法有三大主要特点

1）匿名性。德尔菲法不像专家会议调查法那样把专家集中起来发表意见，而是采取匿名的发函调查的形式。受邀专家之间互不见面，亦不联系，克服了专家会议调查法易受权威影响，易受会议潮流、气氛影响和其他心理影响的缺点。专家们可以不受任何干扰地对调查表所提问题发表自己的意见，不必做出解释，甚至不必申述理由。而且有充分的时间思考和进行调查研究、查阅资料。保证了专家意见的充分性和可靠性。

2）反馈性。由于德尔菲法采用匿名形式，专家之间互不接触，受邀各专家都分别独立地就调查表所提问题发表自己的意见，仅靠一轮调查，专家意见往往比较分散，不易做出结论，而且各专家的意见也容易有某种局限性。为了使受邀的专家们能够了解每一轮咨询的汇总情况和其他专家的意见，组织者要对每一轮咨询的结果进行整理、分析、综合，并在下一轮咨询中匿名反馈给每个受邀专家，以便专家们根据新的调查表进一步发表意见。反馈是德尔菲法的核心。在每一轮反馈中，每个专家都可以参考别人的意见，冷静地分析其是否有道理，并在没有任何压力的情况下进一步发表自己的意见。多次反馈保证了专家意见的充分性和最终结论的正确性、可靠性。

3）统计性。在应用德尔菲法进行信息分析研究时，对研究课题的评价或预测不是由信息分析研究人员做出的，也不是由个别专家给出的，而是由一批有关的专家给出的。由此，对诸多专家的回答必须进行统计学处理。所以，应用德尔菲法所得的结果带有统计学特征，往往以概率的形式出现，它既反映了专家意见的集中程度，又可反映专家意见的离散程度。

（2）德尔菲法的用途

德尔菲法主要应用于预测和评价，它既是一种预测方法，又是一种评价方法。不过经典德尔菲法侧重点是预测，因为在进行相对重要性之类的评估时，往往也是预测性质的评估，即对未来可能事件的估计比较。具体地说有五方面的用途。

1）对达到某一目标的条件、途径、手段及它们的相对重要程度做出估计。

2）对未来事件实现的时间进行概率估计。

3）对某一方案在总体方案中所占的最佳比重做出概率估计。

4）对研究对象的动向和在未来某个时间所能达到的状况、性能等做出估计。

5）对方案、技术、产品等做出评价，或对若干备选方案、技术、产品评价出相对名次，选出最优者。

（3）德尔菲法的主要工作流程

德尔菲法有规定的程序，具体步骤包括以下几方面的内容。

1）成立德尔菲法领导小组。这个小组由主管本次信息分析课题的有关人员参加。参加人员应该包括相关的企业管理者和工作人员。它的主要任务是：负责拟定信息分析的课题，编制函询调查表，选择参加分析的专家，寄发和回收调查表，对每次回收的意见进行汇总整理，分析和处理专家分析的结果，最后提出信息分析报告。

2）选择参加信息分析的专家。专家是指对完成所想要调查的问题具有充分的知识和经验的人，具有与调查内容有关的专业知识或工作经历，一般应学有专长，工作经验在 10 年以上。专家的人数依课题性质和规模而定，一般以 20 ~ 50 人为宜。人数过少，没有代表性，影响信息分析的结果；人太多了，难于组织，工作量大，尤其是回收的意见难以综合处理。

3）根据信息分析的任务拟定调查表。调查表是获取专家意见的主要手段，也是分析问题的基础和依据。制表的质量直接关系到信息分析的结果，通常德尔菲法使用的调查表有开放式调查表、闭合式调查表、主观判断调查表、行动方案调查表 4 种类型。

4）向专家匿名发函征询。第一轮，组织者把不带任何框框的第一轮调查表以及必要的课题背景材料寄给被调查的专家。每个专家对所调查的问题经过查询资料、分析、研究之后，按调查表要求做出书面回答。组织者在回收专家的答复后稍加归纳、整理，进一步提出问题或修改问题，形成第二轮调查表。将第二轮调查表再发给每个专家，进一步征询意见。如此反馈多次，直到专家们的意见比较一致、协调或可以做出判断为止。

5）对专家意见的最后处理。德尔菲法领导小组对最后一轮回收的调查表，进行分析处理，以求获得最后的信息分析结果。

3. 回归分析法

（1）回归分析法概述

回归分析法（regression analysis）是通过研究两个或两个以上变量之间的相关关系对未来进行预测的一种数学方法，它不仅提供了建立变量之间相关关系的数学表达经验式的一般途径，而且可以对所建立的经验公式的适用性进行分析，使之能有效地用于预测和控制。因此，该方法在信息分析领域得到了广泛的应用。

在信息分析研究中，我们经常会发现所研究的对象事物之间往往存在某种相关关系，它们互相联系、互相影响、互相制约。当研究对象的一个或多个变量 X_1，X_2，…，X_m 的变化会引起另一个或多个变量 Y_1，Y_2，…，Y_n 发生变化时，我们就产它们之间存在着某种相关关系。其中，诸 X 带有"原因"的性质，故称为自变量；诸 Y 带有"结果"的性质，称之为因变量。相关关系包括两种类型：确定关系和不确定关系。若自变量的变化能绝对地、肯定地决定因变量的变化，这种关系就是一种确定关系，在数学上则表现为函数关系。但是在信息分析活动中大量存在的研究对象事物之间的关系往往是一种不确定性的相关关系，即自变量的变化虽影响着因变量的变化，但并不能绝对地、肯定地决定因变量的变化，而带着一定的随机性。对于不确定性的相关关系，我们不能从自变量的确定值来绝对地、肯定地求得因变量的确定值，只能通过大量的观测数据，运用数理统计方法，找出它们相互关系的统计规律性，由此再来确定因变量的近似值。不论确定关系还是不确定关系，对具有相关关系的现象，都可以选择一适当的数学关系式，用以说明一个或几个变量变动时，另一变量或几个变量平均变动的情况，这种关系式就称为回归方程。

回归分析法主要解决以下两个问题：一是确定几个变量之间是否存在相关关系，如果存在，找出他们之间适当的数学表达式；二是根据一个或几个变量的值，预测或控制另一个或几个变量的值，且要估计这种控制或预测可以达到何种精确度。

（2）回归分析法的类型

回归分析法可按照所采用的回归方程的不同来分类。回归方程为线性的称为线性回归，否则称为非线性回归。线性回归分析的基本模型，很多复杂的情况都是转化为线性回归进行处理的。回归方程的自变量只有一个的称为单元回归，多于一个的称为多元回归。具体来说包括。

1）单元线性回归，即只有一个自变量的线性回归，用于两个变量接近线性关系的场合。

2）多元线性回归，用于一个因变量 Y 同多个自变量 X_1，X_2，…，X_m 线性相关的问题。

3）非线性回归，又可分为两类：一类可通过数学变换变成线性回归，如取对数可使乘法变成加法等；另一类可直接进行非线性回归，如多项式回归。

4）单元多项式回归，即因变量同自变量成多项式函数关系的回归分析法。

（3）回归分析法的步骤

回归分析法的工作步骤大致可分四大步骤。

1）根据自变量与因变量的现有数据以及关系，初步设定回归方程（对于单元线性而言，就是将已有数据绘于直角坐标系中得一散列点图，并观察散列点图是否近于呈直线趋势，若是则设定回归方程式 $y = a + bx$）。

2）求出合理的回归系数（对于单元线性回归而言，即用最小二乘法求出 a、b），并确定回归方程。

3）进行相关性检验，确定相关系数。

4）在符合相关性要求后，即可根据已得的回归方程与具体条件相结合，来确定事物的未来状况，并计算预测值的置信区间。

4. 决策方法

（1）决策的概念

人类社会生活的各个领域都涉及决策问题，小至日常生活、大至国家社会，各个行业、各种层次都离不开决策。从字面意思理解，"决策"中的"决"是指决定、决断、判定；"策"是指计策、计谋、策略，因此决策就是指决定策略的过程。具体来说，决策有广义和狭义之分。广义上将决策理解为一个过程，即决策者为了达到既定的目标，经过发现问题、确定目标、拟订方案、分析评价、选择方案、调整方案、控制并最终完成方案的全部行为过程；从狭义上理解，决策就是决策者为达到既定目标，在若干个行动方案中做出最终选择。因此，决策的狭义定义是广义定义的一个局部环节，即决定策略的这一短暂过程，而广义定义揭示了决策活动的科学内涵。研究决策原理、程序和方法，探索如何做出正确决策的规律正是决策科学所要研究的内容。

（2）决策的特点

1）从对象上看，决策是针对未来事物的，包括当前即将到来的事物。

2）从方法上看，决策活动的基本方法是选择，选择性是决策思维和水平高低的重要标志。

3）从标准上看，判定决策正确与否的标准首先是理论证明，而不能笼统地说"时间是检验真理的唯一标准"。

（3）决策的类型

按照不同标准，决策可以分为不同的类型。依据决策过程的主要特点，可将决策分为七大类。

1）按决策主体可分为集体决策和个体决策。

2）按决策范围可分为宏观决策和微观决策。

3）按思维过程可分为程序化决策和非程序化决策。

4）按决策问题能否用数量表示，可分为数量决策和非数量决策。

5）按决策问题所处的条件不同，可分为确定型决策、风险型决策和不确定型决策。

6）按决策要求获得答案的数目多少及相关性，可以分为单项决策和序贯决策。

7）按决策的作用可分为突破型决策和跟踪型决策。

（4）决策的方法

1）决策树法。决策树法是解决风险性决策的一种行之有效的方法，其处理对象可以按因果关系、复杂程度和从属关系分等级。它是采用系统分析方法，将决策对象连续地分为各级各单元。其原理为：如果决策对象作为一个整体系统必须满足一定条件，则它的各子单元也必须满足相应条件；如果每一级都能达到规定的目标，则最高级也可达到既定的目标。决策树是用方框（决策点，表示决策者在这一点面临各种行动需要选择）、圆圈（各行动分支的末端画一个圆圈，该圆圈称为状态点，表示在此点要考虑采取该行动后会遇到的各种状态）、三角（在每一条概率分支末端要标明所对应的行动在该状态下的收益值或损失值，称为结果点）和线段按一定规则组成并用来表示一个决策问题的图形。由于其形如树枝形状，故称其为决策树。在行动和状态都只有有限个的情况下，决策树是进行信息分析与决策的有力工具，特别在多级决策问题上更是如此。决策树可以把复杂的问题直观地用一棵树状图形表示出来，再配合以计算，便于分析者进行比较和选择最佳行动。

2）线性规划。线性规划方法主要应用于信息分析预测的对象问题具备如下三个条件时：①要求的问题目标能用数值指标来反映；②存在着达到目标的多种方案；③要达到的目标是在一定约束条件下实现的。

求解线性规划问题可用图解法、单纯形法、椭球算法和 karmarkar 算法等。①图解法，对丁仅含两个（至多三个）决策变量的线性规划问题，由于其可行域是平面空间里的区域，因此可以用图解法来表达其可行域，并且在分析的基础上，求得问题的最优解。②单纯形法，单纯形法是求解线性规划问题的最基本方法，该方法主要分三个步骤，第一是对已知可行基 D，做对于基 D 的单纯形表。第二是判别，如果所有检验数都为非负数，则基 D 对应的基础可行解为最优解；如果检验数中，有些为负数，但其中某负数所对应的列向量的所有分量都为非负数，则问题无最优解；如果检验数中，有些为负数，而且这些负数所对应的列向量中都有负分量，这时要进行换基迭代。第三是进行换基迭代，经过换基迭代，得到对应于新基的单纯形表。可以证明，按上述步骤，对于有可行基的线性规划问题，经有限次迭代，必能得到最优解，或判定无最优解。

3）动态规划。动态规划是解决多阶段决策过程最优化的一种方法，主要是针对信息分析问题中的多阶段决策问题。所谓的多阶段决策问题是有这样一类决策过程，它可以划分为若干个相互联系的阶段，在每一阶段都有若干种方案可供选择，选择哪一种方案需要做出决策，这样就形成一个决策序列，通常称为一种策略。不同的策略产生不同的效果，在所有可能的策略当中，选择一个效果最好的最优策略，就是解决多阶段决策问题的主要目的。

动态规划方法解决问题的基本思想是：把整个问题划分为若干阶段后，依次为每一个阶段做出最优决策，而每个阶段的最优决策应该是包含本阶段和所有以前各阶段在内的最优决策，也就是到本阶段为止，包含以前各阶段在内的最优总决策。

4）马尔可夫分析。马尔可夫分析的基本思想是：事物的第 N 步状态仅取决于第 N-1 步所处的状态，在这种状态的转移过程中存在一转移概率，这一转移概率可依据其相邻接的前一步状态和概率推算出来。这种无后效性的转移过程称为马尔可夫过程，一连串这种转移过程的集合，称为马尔可夫链。马尔可夫分析已经成为市场预测的有效工具，用来预测顾客的购买行为和商品的市场占有率，还可以用来确定企业劳动力的需求、引进新产品、选择广告计划等。应用马尔可夫链来预测随机事件未来趋势变化不需要大量的统计资料，只需近期资料，既可用于短期预测也可用于长期预测。进行马尔可夫分析可分为三个步骤：①进行市场调查，包括当前市场占有情况，调查顾客的流动情况；②建立数学模型；③进行预测。

5. 模糊综合评价法

在信息分析中，常常需要对不同研究对象进行比较，做出评价，有时还要区分优劣，排出次序或分出等级。如果只是考虑单一因素，如单对汽车的速度进行评价，通过相应测试或实地行驶，就可以比较容易地做出评价，并排出次序。然而，一般来说，不同的研究对象均有多种属性，这些属性从不同侧面反映了各自的不同特征，所以在评价时不能只考虑一种因素，必须从这些对象的各个方面综合加以考虑，特别是对那些比较复杂的研究对象更应如此。因此，信息分析人员在对研究对象进行评价时，一般需对多个相关因素进行综合考虑，这就是所谓综合评判问题。由于在综合评判中需要考虑多种因素的影响作用，而且这些因素往往带有一定程度的模糊性，所以需要应用模糊数学的方法进行评判。

应用模糊综合评价法时需要注意几个问题：①模糊综合评价过程本身并不能解决评价指标间相关造成的评价信息重复问题。因而在运用此方法前指标的预选处理特别重要，唯有如此才能将相关程度较大的指标删去，以保证评价结果的准确性。②由于指标的权重大多是人为确定的，包含了较大的主观随意性，因此要充分反映客观实际，需要很好地把握。③对各被评价对象的指标信息量考虑不够，有可能影响评价结果的区分度。

6. 层次分析法

（1）层次分析法的概述

层次分析法（analytic hierarchy process，AHP）是美国运筹学家 Satty 教授于1999 年提出的一种使用、多方案或多目标决策方法，是将决策问题有关的元素分解成目标、准则、方案等层次，在此基础上对人的主观判断做定量描述的一种分析方法。层次分析法的基本思路是：首先找出解决问题涉及的主要因素，将这些因素按其关联、隶属关系构成递阶层次模型，通过对各层次中各因素的两两比较的方式确定诸因素的相对重要性，然后进行综合判断，确定评价对象相对重要性总的排序。

（2）层次分析法的步骤

1）将问题概念化，找出研究对象所涉及的主要因素。

2）分析各因素的关联、隶属关系、构造系统的递阶层次结构。

3）对同一层次的各因素关于上一层次中某一准则的重要性进行两两比较，构造判断矩阵。

4）由判断矩阵计算被比较因素对上一层次该准则的相对权重，并进行一致性检验。

5）计算各层次因素相对于最高层次，即系统目标的合成权重，进行层次总排序，并进行一致性检验。

层次分析法的整个过程体现了人的决策思维活动中分析、判断、综合等基本特征，并将人的主观比较、判断用数量形式进行表达和处理。虽然层次分析法应用需要掌握一定的数学工具，但从本质上说层次分析法是一种思维方法，是一种充分运用人的分析、判断、综合能力的系统方法，它并不是一种数学模型，而是定量分析与定性分析相结合的典范，具有高度的有效性、可靠性和广泛的适用性。

信息分析方法多种多样，在实际工作中可以根据不同的内容要求，不同的使用范围来确定一种或几种具体的分析方法。通常情况下，不能仅仅使用单一的方法，而应该多种方法并举，以实现信息分析的目的，达到信息分析的要求。

6.1.4　信息分析的常用技术

信息分析的技术有很多，本文主要介绍统计分析技术、联机分析技术。

1. 统计分析技术

信息统计方法是利用统计学方法对信息进行统计分析，以数据来描述和揭示信息的数量特征和变化规律，下面将介绍两种对信息进行定性和定量分析的统计分析工具。

（1）SPSS 工具

SPSS（statistics package for social science）是目前世界上最优秀的统计分析软件之一，已广泛应用于自然科学、社会科学，其中涉及的领域包括工程技术、应用数学、经济学、商业、金融、生物学、医疗卫生、体育、心理学、农林等。甚至可以毫不夸张地说，只要有需要对各种数据，如数值型、字符型、逻辑型等数据进行统计分析的地方，就可用 SPSS 进行分析。

SPSS 的主要统计功能。SPSS 统计功能按由易到难、由简单到复杂顺序分类，SPSS 的统计功能可分为三类。

　　a. 基础统计，包括描述性统计、探索性统计、联列表分析、线性组合测量、t 检验、单因素方差分析、多重响应分析、线性回归分析、相关分析、非参数检验等。其中统计描述是对统计数据的结构和总体情况进行描述，但是不能深入了解统计数据的内部规律。统计描述主要分频数分布表分析、统计描述分析、平均数分析过程。统计描述几乎在以后的每个过程中都用到了。而平均数分析中的 t 检验是验证分析是否有统计意义的重要方法。描述性统计分析是统计分析的第一步，做好这第一步是下面进行正确统计推断的先决条件。SPSS 的许多模块均可完成描述性分析，但专门为该目的而设计的几个模块则集中在 "Descriptive Statistics" 菜单中，最常用的是列在最前面的四个过程第一步 Frequencies 过程的特色是产生频数表。第二步 Descriptive 过程则进行一般性的统计描述。第三步 Explore 过程用于对数据概况不清时的探索性分析。最后 Crosstabs 过程则完成计数资料和等级资料的统计描述和一般的统计检验。

　　b. 专业统计，包括判别分析、因子分析、聚类分析、距离分析、可靠性分析等。

　　判别分析是根据表明事物特点的变量值和它们所属的类求出判别函数，根据判别函数对未知所属类别的事物进行分类的一种分析方法。SPSS for Windows 提供的判别分析过程是 Discriminant 过程。Discriminant 过程根据已知的观测量分类和表明观测量特征的变量值推导出判别函数，并把各观测量的自变量值回代到判别函数中，根据判别函数对观测量所属类别进行判别。对比原始数据的分类和判别函数所判的分类，给出错分概率。判别分析可以根据类间协方差矩阵，也可以根据类协方差矩阵。每一已知类的先验概率可以取其值相等，也可以与各类样本量成正比。

　　判别分析可以根据要求，给出各类观测量的单变量的描述统计量；线性判别函数系数或标准化的判别函数的系数；类内相关矩阵和总协方差矩阵；给出按判别函数判别的各观测量所属类别；带有错分率的判别分析小结；还可以根据要求生成表明各类分布的区域图和散点图。如果希望把部分聚类结果存入文件，还可以在工作数据文件中建立新变量，表明观测量按判别函数分派的类别、按判别函数计算的判别分数和分到各类去的概率。

　　聚类分析（cluster analysis）是根据事物本身的特性研究个体分类的方法。聚类分析的原则是同一类中的个体有较大的相似性，不同类的个体差异很大。根据分类对象不同分为样品聚类和变量聚类两种。

　　样品聚类在统计学中又称为 Q 型聚类。用 SPSS 的术语来说就是对事件进行聚类，或是说对观测量进行聚类，是根据被观测的对象的各种特征，即对反映被观测对象的特征的各变量值进行分类。

变量聚类在统计学中又称为 R 型聚类。反映事物特点的变量有很多，我们往往根据所研究的问题选择部分变量对事物的某一方面进行研究。

c. 高级统计分析，包括逻辑回归分析、多变量方差分析、重复测量方差分析、协变量方差分析、非线性回归、概率回归分析、Cox 回归分析、曲线估计等。

（2）SAS

统计分析系统（statistical analysis system，SAS）是由美国 SAS 公司花费 10 年时间，于 1976 年实现商品化的。SAS 是目前国际上最著名的数据分析系统之一，它可以广泛地应用于自然科学和社会科学的各个领域，适合于各个层次的人员使用。

1）SAS 软件的特点。SAS 是数据管理、数据分析和生成报表的软件系统，是一种组合软件，它除 Basc SAS 软件外，还有用于统计分析的 SAS/STAT 软件；用于绘图的 SAS/GRAPH 软件；用于矩阵运算的 SAS/IML 软件；用于运筹学的 SAS/OR 软件；用于经济预测和时间序列分析的 SAS/ETS 软件等。SAS 软件包括了 125 个灵活的应用过程。Base SAS 和 SAS/STAT 是 SAS 软件的核心和精华，也是 SAS 软件用来解决实际问题的主要部分。SAS 的最大优点是可以由 Base SAS 软件产品组合成新系统以满足用户的种种需求。SAS 的最大特点是把数据管理和统计分析融为一体，与其他的统计分析系统相比，它有自己的完备的非过程语言系统。具体体现在几个方面。

a. 操作简单、易学易用。SAS 采用两个基本步骤作为 SAS 程序的基本组件：数据步用来整理数据；过程步用来描述所需调用的过程。SAS 有一个很好的用户界面，它提供了一种交互显示管理方式来运行 SAS 程序。

b. 完备的语言系统。SAS 软件有完备的近乎自然语言的非过程语言系统——SAS语言。该语言的特点：用户不必告诉计算机"怎么做"，只需告诉计算机"做什么"。

c. 数据管理与统计分析融为一体。SAS 不仅具有数据输入、加工处理、打印输出等完备的数据管理功能，而且对存储的数据能进行各种统计分析，提供了丰富的统计分析算法。

d. 扩展性能强。SAS 属于模块式结构，不仅可以选择所需的功能模块，而且可以增加新的功能模块，即将自己的软件产品添加到 Base SAS 软件中。

2）SAS 语言。SAS 语言同其他的计算机语言一样，具有自己的关键字和句法。用户可使用 SAS 语句来定义数据和确定对数据如何做统计分析。由 SAS 语句序列构成 SAS 程序。

SAS 程序的基本组件是 DATA 步和 PROC 步。

　　DATA 步用于创建一个或几个新的 SAS 数据集。用于 DATA 步的 SAS 语句共有 46 个，可分为四类：11 个文件操作语句用于文件作业，14 个运行语句用来修改数据或选择部分数据到正被创建的数据集中，10 个控制语句用于对不同的数据执行不同的 SAS 语句，11 个信息语句给出关于数据集或正被创建的集合的附加信息。

　　PROC 步要求 SAS 从过程库中调出一个过程并执行这个过程，通常以 SAS 数据集作为输入。在 PROC 步中可以给出用户想得到有关结果的更多信息的程序语句。用在 PROC 步中的语句依赖于新调用的过程。其中，有 14 个语句是 SAS 过程共同使用的，可分为两类：11 个过程信息语句和 8 个变量属性语句。

　　3）Base SAS 过程。Base SAS 软件除用于数据管理外，还提供了 31 个基本过程。按照它们的用途可归为四大类：6 个基本统计过程、6 个报表过程、2 个得分过程、17 个实用过程。这些 SAS 过程为基本的统计量计算、生成报表、绘图及文件管理等方面提供了简便、易用、有效的方法。

　　4）SAS/STAT 过程。SAS/STAT 软件是一个高度可靠完整的统计分析系统。它包括 8 类方法共 26 个过程。每个过程还提供了多种不同的算法及选择，从而组成了一个庞大而完整的统计分析方法集。SAS/STAT 软件的每个过程包含的语句一般都不多。使用 SAS/STAT 过程来解决实际问题时，经常只需编写少量几个语句，就能得到满意的结果，使用起来非常简单方便。这套软件既适合初学者，又能满足统计学家对复杂问题进行分析处理的需要。

2. 联机分析处理技术

　　联机分析处理技术侧重于数据仓库中数据分析，并将其转换成辅助决策信息；而数据仓库侧重于存储和管理面向决策主题的数据，二者相辅相成，共同完成决策支持或满足特定的查询及报表需求。

　　（1）联机分析处理技术（OLAP）的概念

　　联机分析处理（online transaction processing，OLAP）技术是随着数据仓库的发展而迅速发展起来的。其概念最早是由关系数据库之父 E. F. Codd 于 1993 年提出的。当时，Codd 认为联机事务处理（OLTP）已不能满足终端用户对数据库查询分析的需要，SQL 对大数据库进行的简单查询也不能满足用户分析的需求。用户的决策分析需要对关系数据库进行大量计算才能得到结果，而查询的结果并不能满足决策者提出的需求。因此 Codd 提出了多维数据库和多维分析的概念，即 OLAP。它的共享多维信息的快速分析性，正与数据库中多维数据组织正好形成相互结合、相互补充的关系。

　　联机分析处理 OLAP 是一类软件技术，它使分析人员、经理、管理人员通过对信息（这些信息从原始数据转换而来，反映了用户所能理解的企业的真实的"维"）的多种可能的观察角度进行快速、一致和交互性的存取以获得对信息的深入理解。

（2）OLAP 的体系结构和处理特征

OLAP 的体系结构如图 6-1 所示。

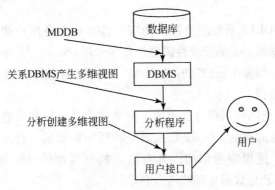

图 6-1　OLAP 的体系结构

其中，多维数据库（multidimensional database，MDDB）反映了数据内部的多维特性，它把数据存储在一个大的超立方（hypercube）里，它能够很快地检索到相关的多维数据。

OLAP 处理的特征表现为。

1）多维性。多维性是 OLAP 的显著特征，是 OLAP 的关键属性。系统必须提供对数据分析的多维视图和分析，包括对层次维和多重层次维的完全支持。数据的多维视图使最终用户能多角度、多侧面、多层次地考察数据库中的数据，从而深入地理解包含在数据中的信息及其内涵（维是人们观察数据的特定角度）。事实上，多维分析是分析信息资源最有效的方法。

2）快速性。OLAP 能够快速响应用户的分析请求。用户对 OLAP 的快速反应能力有很高的要求，系统应能在 5 秒内对用户的大部分分析要求做出反应。如果终端用户在 30 秒内没有得到系统响应就会变得不耐烦，因而可能失去分析主线索，影响分析质量。对于大量的数据分析要达到这个速度并不容易，因此就更需要一些技术上的支持，如专门的数据存储格式、大量的事先运算、特别的硬件设计等。

3）分析性。OLAP 系统可以提供给用户强大的统计、分析（包括时间序列分析、成本分配、货币兑换、非过程化建模、多维结构的随机变化等）、报表处理功能。此外，OLAP 系统还具有回答"假设—分析"（what-if）问题的功能及进行趋势预测的能力。OLAP 的基本分析操作有切片（slice）、切块（dice）、挖掘

（drill-down）、上翻（roll-up）和旋转（rotate）。

执行对数据的基本素质和统计分析，这是由应用程序开发人员预定义或由用户特别定义。用户无需编程就可以定义新的专门计算，将其作为分析的一部分，并以用户理解的方式给出报告。用户可以在 OLAP 上进行数据分析，也可以连接到其他外部分析工具上，如时间序列分析工具、成本分析工具、意外报警、数据挖掘等。

4）共享性。OLAP 系统应有很高的安全性。在大量用户使用期间，实现潜在的共享秘密数据所必需的安全性需要，在多个用户共同存取数据时，保证系统的安全性。例如，当多个用户同时向 OLAP 服务器写数据时，系统应能在适当的粒度级别上加更新锁。

5）信息性。访问应用程序必需的、相关的所有数据和信息，而不管它驻留在何处，也不受卷的限制。OLAP 能及时分析所需的数据、管理大容量的信息及导出有用的信息。这里应考虑的因素有数据的可复制性、可利用的磁盘空间、OLAP 产品的性能及与数据仓库的结合度等。

OLAP 能被用于数据挖掘或发现数据项中不可事先辨别出的关系，一个 OLAP 数据库无需像数据仓库那么大，因为并非所有的事物数据都需要用于趋势分析，开放数据互联（ODBC），数据从已存在的关系数据库中引入生成一个用于 OLAP 的多维数据库。

（3）OLAP 逻辑概念

多维数据分析涉及以下几个基本概念。

1）维（dimension）：是人们观察数据的特定角度，是考虑问题时的一类属性，属性集合构成一个维（时间维、地理维等）。

2）维表：每一个维都有一个表与之相关联，这个表称为维表。

3）维的层次（level）：人们观察数据的某个特定角度（即某个维）可以存在细节程度不同的各个描述方面（时间维：日期、月份、季度、年）。

4）维的成员（member）：维的一个取值，是数据项在某维中位置的描述。（"某年某月某日"是在时间维上位置的描述）。

5）多维数组：维和变量的组合表示。一个多维数组可以表示为：（维1，维2，…，维 n，变量）。如（2010 年 1 月，上海，笔记本电脑，0000）。

（4）OLAP 的类型

数据仓库与 OLAP 的关系是互补的，现代 OLAP 系统一般以数据仓库作为基础，即从数据仓库中抽取详细数据的一个子集并经过必要的聚集存储到 OLAP 存储器中供前端分析工具读取。

OLAP 系统按照其存储器的数据存储格式可以分为关系 OLAP（relational

OLAP，ROLAP）、多维 OLAP（multidimensional OLAP，MOLAP）和混合型 OLAP（hybrid OLAP，HOLAP）三种类型。

1）ROLAP。ROLAP 将分析用的多维数据存储在关系数据库中并根据应用的需要有选择的定义一批实视图作为表也存储在关系数据库中。不必要将每一个 SQL 查询都作为实视图保存，只定义那些应用频率比较高、计算工作量比较大的查询作为实视图。对每个针对 OLAP 服务器的查询，优先利用已经计算好的实视图来生成查询结果以提高查询效率。同时用作 ROLAP 存储器的 RDBMS 也针对 OLAP 作相应的优化，比如并行存储、并行查询、并行数据管理、基于成本的查询优化、位图索引、SQL 的 OLAP 扩展（cube，rollup）等。

2）MOLAP。MOLAP 将 OLAP 分析所用到的多维数据物理上存储为多维数组的形式，形成"立方体"的结构。维的属性值被映射成多维数组的下标值或下标的范围，而总结数据作为多维数组的值存储在数组的单元中。由于 MOLAP 采用了新的存储结构，从物理层实现起，因此又称为物理 OLAP（physical OLAP）；而 ROLAP 主要通过一些软件工具或中间软件实现，物理层仍采用关系数据库的存储结构，因此称为虚拟 OLAP（virtual OLAP）。

3）HOLAP。由于 MOLAP 和 ROLAP 有着各自的优点和缺点，且它们的结构迥然不同，这给分析人员设计 OLAP 结构提出了难题。为此一个新的 OLAP 结构——混合型 OLAP（HOLAP）被提出，它能把 MOLAP 和 ROLAP 两种结构的优点结合起来。迄今为止，对 HOLAP 还没有一个正式的定义。但很明显，HOLAP 结构不应该是 MOLAP 与 ROLAP 结构的简单组合，而是这两种结构技术优点的有机结合，能满足用户各种复杂的分析请求。

6.2　数　据　仓　库

数据仓库技术是一种与数据存储相关的技术，随着数据库技术的应用和发展逐步形成一个综合的、面向分析的环境，它能更好地支持决策分析。传统的数据库仅仅是操作型，而数据仓库是更高级的分析型。它弥补了原有数据库的缺点，将原来的以单一数据库为中心的数据环境发展为一种新的环境——体系化环境。

6.2.1　数据仓库的含义和特点

1. 数据仓库的含义

传统数据库系统作为数据管理手段，从它的诞生开始，就主要用于事务处理，经过数十年的发展，在这些数据库中已保存了大量的日常业务数据，对这些数据仅仅进行简单的统计报表、检索查询类的浅层面处理已经远远不能满足需要，必须把分析型数据从事务处理环境中提取出来，按照决策支持系统处理的需要进行重新组织，建立单独的分析处理环境，数据仓库正是为了构建这种新的分析处理环境而出现的一种数据存储和组织技术，它的目标是达到有效的决策支持。在美国，数据仓库已成为仅次于 Internet 之后的又一技术热点，许多数据库厂商也纷纷推出自己的数据仓库软件。

什么是数据仓库？W. H. Inmon 在《Building the Data Warehouse》中定义数据仓库为："数据仓库是面向主题的、集成的、随时间变化的、历史的、稳定的、支持决策制定过程的数据集合。"即数据仓库是在管理人员决策中的面向主题的、集成的、非易失的并且随时间变化而变化的数据集合。

数据仓库是支持管理决策过程、面向主题、集成的、稳定的数据集合，它将大量用于事务处理的传统数据库进行清理、抽取和转换，并按决策主题的需要进行重新组织。数据仓库的逻辑结构可分为近期基本数据层、历史数据层和综合数据层（其中综合数据是为决策服务的）。

数据仓库是作为 DSS 基础分析型 DB，用来存放大容量的只读数据，为制定决策提供所需的信息（夏火松，2005）。

这些定义的共同特征：首先，数据仓库包含大量数据，其中一些数据来源于组织中的操作数据，也有一些数据可能来自组织外部；其次，组织数据仓库是为了更加便利地使用数据进行决策；最后，数据仓库为最终用户提供了可用来存取数据的工具。

综合对数据仓库的各种理解以及其特征，我们认为：数据仓库是一种为信息分析提供了良好的基础并支持管理决策活动的分析环境，是面向主题的、集成的、稳定的、不可更新的、随时间变化的、分层次的多维集成的数据集合。

2. 数据仓库的特点

数据仓库有以下 4 个特点：面向主题、集成化、相对稳定性、反映历史变化。

（1）面向主题

传统数据库主要是为应用程序进行数据处理，其数据组织面向事物处理任务，各个业务系统之间各自分离，不一定按照同一主题进行存储数据；数据仓库侧重于数据分析工作，是按照某一主题分析的需要进行组织和存储数据。主题是一个抽象的概念，是在较高层次上将企业信息系统中的数据综合、归纳并进行分析利用的名词，每一个主题都是用户使用数据仓库进行决策时所关心的重点方面，一个主题通常与多个操作类型信息系统相关。

（2）集成化

集成是指数据仓库中的数据是原有的分散的数据库中数据的有机积累和集合。面向事物处理的操作型数据库通常与某些特定的应用相关，数据库之间相互独立，并且往往是异构的。而数据仓库中的数据是在对原有分散的数据库数据抽取、清理的基础上经过系统加工、汇总和整理得到的，必须消除元数据中的不一致性，以保证数据仓库内的信息是关于整个组织的一致的全局信息。

（3）相对稳定性

传统数据库中的数据通常实时更新，数据根据需要及时发生变化。数据仓库的数据并不是由数据仓库自身产生的，而是来源于信息系统等其他数据源。其数据主要供组织决策分析之用，所涉及的数据操作主要是数据查询，一旦某个数据进入数据仓库以后，一般情况下将被长期保留，也就是数据仓库中一般有大量的查询操作，但修改和删除操作很少，通常只需要定期地装载和刷新。

（4）反映历史变化

操作型数据库主要关心当前某一时间段内的数据，而数据仓库中的数据通常包含历史信息，系统记录了组织从过去某一时点（如开始运用数据仓库时点）到目前各个阶段的信息。通过这些信息，可以对组织的发展历程和未来趋势做出定量分析和预测。

组织数据仓库的建设是以现有业务系统和大量业务数据的积累为基础。数据仓库不是静态的概念，只有把信息及时交给需要这些信息的使用者，供他们做出改善其业务经营的决策，信息才能发挥作用也才有意义。而把信息加以整理归纳和重组并提供给相应的决策人员是数据仓库的根本任务。因此，从产业界的角度看，数据仓库建设是一个工程，是一个过程。

6.2.2 数据仓库的体系结构

整个数据仓库系统是一个包含四个层次的体系结构，如图6-2所示。

（1）数据源

数据源是数据仓库系统的基础，是整个系统的数据源泉。通常包括企业内部信息和外部信息。内部信息包括存放于企业操作型数据库中（通常存放在 RDBMS 中）的各种业务数据和办公自动化（OA）系统包含的各类文档数据。外部信息包括各类法律法规、市场信息、竞争对手的信息以及各类外部统计数据及各类文档等。

（2）数据存储与管理

数据存储与管理是整个数据仓库系统的核心。在现有各业务系统的基础上，对数据进行抽取、清理，并有效集成，按照主题进行重新组织，最终确定数据仓

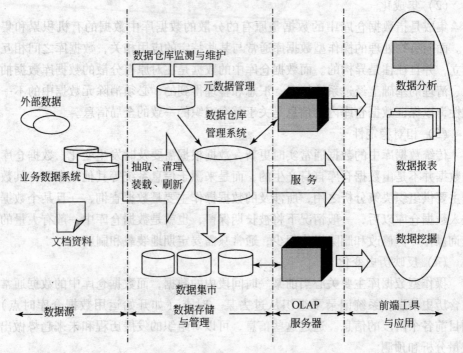

图 6-2　数据仓库系统体系结构图

库的物理存储结构，同时组织存储数据仓库元数据（具体包括数据仓库的数据字典、记录系统定义、数据转换规则、数据加载频率以及业务规则等信息）。按照数据的覆盖范围，数据仓库存储可以分为企业级数据仓库和部门级数据仓库（通常称为"数据集市"，data mart）。数据仓库的管理包括数据的安全、归档、备份、维护、恢复等工作。这些功能与目前的 DBMS 基本一致。

（3）OLAP 服务器

OLAP 服务器对分析需要的数据进行有效集成，按多维模型予以组织，以便进行多角度、多层次的分析，并发现趋势。其具体实现可以分为：ROLAP、MO-LAP 和 HOLAP。ROLAP 基本数据和聚合数据均存放在 RDBMS 之中；MOLAP 基本数据和聚合数据均存放于多维数据库中；HOLAP 基本数据存放于 RDBMS 之中，聚合数据存放在多维数据库中。

（4）前端工具

前端工具主要包括各种报表工具、查询工具、数据分析工具、数据挖掘工具与以数据挖掘及各种基于数据仓库或数据集市的应用开发工具。其中数据分析工具主要针对 OLAP 服务器，报表工具、数据挖掘工具主要针对数据仓库。

6.2.3　数据仓库的关键技术

数据仓库在技术上可根据其工作过程分为：数据的抽取、数据的存储和管理、数据的表现。

1. 数据抽取

数据抽取（data extraction，transformation and loading，ETL）技术是支撑数据仓库系统正常运转的基本技术。因为数据仓库系统是集成的，与时间相关的数据集合。随着时间的推移，各种新数据的进入，旧数据的转移等工作，仓库建设前后，都没有间断过。要实现这些数据的自动更新运转，以及新业务数据、旧格式新的不同代码的数据进行较好的适应性自动更新运转，ETL 技术是必不可少的技术之一。

ETL 整合不同的数据源过来的数据，并对数据进行初步抽取、清洗、转换和整合的过程，是数据进入数据仓库的入口。由于数据仓库是一个独立的数据环境，它需要通过 ETL 过程从联机事务处理系统、外部数据源、脱机的数据存储介质中导入到数据仓库。数据抽取在技术上主要涉及互联、复制、增量、转换、调度、监控以及数据安全性等方面。在技术发展上，数据抽取所涉及的单个技术环节都已相对成熟，市场上提供了很多数据抽取工具，例如 Microsoft DTS、Data Stage 等。

通过抽取过程将数据从联机事务处理系统、外部数据源、脱机的数据存储介质中导入到数据仓库。数据抽取在技术上主要涉及互联、复制、增量、转换、调度和监控等几个方面。数据仓库的数据并不要求与联机事务处理系统保持实时的同步，因此数据抽取可以定时进行，但多个抽取操作执行的时间、相互的顺序、成败对数据仓库中信息的有效性则至关重要。

在技术发展上，数据抽取所涉及的单个技术环节都已相对成熟，其中有一些是离不开编程的，但整体的集成度还很不够。目前市场上所提供的大多是数据抽取工具。这些工具通过用户选定源数据和目标数据的对应关系，会自动生成数据抽取的代码，但数据抽取工具支持的数据种类是有限的，同时数据抽取过程涉及数据的转换，它是一个与实际应用密切相关的部分，其复杂性使得不可嵌入用户编程的抽取工具往往不能满足要求。因此，实际的数据仓库实施过程中往往不一定使用抽取工具。整个抽取过程能否因工具的使用而纳入有效的管理，调度和维护则更为重要。从市场发展来看，以数据抽取、异构互联产品为主项的数据仓库厂商一般都很有可能被其他拥有数据库产品的公司吞并。在数据仓库的世界里，它们只能成为辅助的角色。

2. 数据的存储与管理

数据仓库的真正关键是数据的存储和管理。数据仓库的组织管理方式决定了它有别于传统数据库的特性，同时也决定了其对外部数据表现形式。要决定采用什么产品和技术来建立数据仓库核心，则需要从数据仓库的技术特点着手分析。

数据仓库遇到的第一个问题是对大量数据的存储和管理。这里所涉及的数据量比传统事务处理大得多，且随时间的推移而累积。从现有技术和产品来看，只有关系数据库系统能够担当此任。关系数据库经过近 30 年的发展，在数据存储和管理方面已经非常成熟，非其他数据管理系统可比。目前不少关系数据库系统已支持数据分割技术，能够将一个大的数据库表分散在多个物理存储设备中，进一步增强了系统管理大数据量的扩展能力。采用关系数据库管理数百个 GB 甚至到 TB 的数据已是一件平常的事情。一些厂商还专门考虑大数据量的系统备份问题，好在数据仓库对联机备份的要求并不高。

数据仓库要解决的第二个问题是并行处理。在传统联机事务处理应用中，用户访问系统的特点是短小而密集；对于一个多处理机系统来说，能够将用户的请求进行均衡分担是关键，这便是并发操作。而在数据仓库系统中，用户访问系统的特点是庞大而稀疏，每一个查询和统计都很复杂，但访问的频率并不是很高。此时系统需要有能力将所有的处理机调动起来为这一个复杂的查询请求服务，将该请求并行处理。因此，并行处理技术在数据仓库中比以往更加重要。在针对数据仓库的 TPC－D 基准测试中，比以往增加了一个单用户环境的测试，成为"系统功力"（QPPD）。系统的并行处理能力对 QPPD 的值有重要影响。目前，关系数据库系统在并行处理方面已能做到对查询语句的分解并行、基于数据分割的并行以及支持跨平台多处理机的群集环境和 MPP 环境，能够支持多达上百个处理机的硬件系统并保持性能的扩展能力。

数据仓库的第三个问题是针对决策支持查询的优化。这个问题主要针对关系数据库而言，因为其他数据管理环境连基本的通用查询能力都还不完善。在技术上，针对决策支持的优化涉及数据库系统的索引机制、查询优化器、连接策略、数据排序和采样等诸多部分。普通关系数据库采用 B 树类的索引，对于性别、年龄、地区等具有大量重复值的字段几乎没有效果。而扩充的关系数据库则引入了位图索引的机制，以二进制位表示字段的状态，将查询过程变为筛选过程，单个计算机的基本操作便可筛选多条记录。由于数据仓库中各数据表的数据量往往极不均匀，普通查询优化器所得出得最佳查询路径可能不是最优的。因此，面向决策支持的关系数据库在查询优化器上也作了改进，同时根据索引的使用特性增加了多重索引扫描的能力。以关系数据库建立的数据仓库在应用时会遇到大量的表间连接操作，而连接操作对于关系数据库来说是一件耗时的操作。扩充的关系数据库中对连接操作可以做预先的定义，我们称之为连接索引，使得数据库在执行查询时可直接获取数据而不必实施具体的连接操作。数据仓库的查询常常只需要数据库中的部分记录，如最大的前 50 家客户等。普通关系数据库没有提供这样的查询能力，只好将整个表的记录进行排序，从而耗费了大量的时间。决策支持的关系数据库在此做了改进，提供了这一功能。此外，数据仓库的查询并不需要像事务处理系统那样精确，但在大容量数据环境中需要有足够短的系统响应时间。因此，一些数据库系统增加了采样数据的查询能力，在精确度允许的范围内，大幅度提高系统查询效率。总之，将普通关系数据库改造成适合担当数据仓库的服务器有许多工作需要做，它已成为关系数据库技术的一个重要研究课题和发展方向。可见，对于决策支持的扩充是传统关系数据库进入数据仓库市场的重要技术措施。

数据仓库的第四个问题是支持多维分析的查询模式，这也是关系数据库在数据仓库领域遇到的最严峻的挑战之一。用户在使用数据仓库时的访问方式与传统的关系数据库有很大的不同。对于数据仓库的访问往往不是简单的表和记录的查询，而是基于用户业务的分析模式，即联机分析。它的特点是将数据想象成多维的立方体，用户的查询便相当于在其中的部分维（棱）上施加条件，对立方体进行切片、分割，得到的结果则是数值的矩阵或向量，并将其制成图表或输入数理统计的算法。关系数据库本身没有提供这种多维分析的查询功能，而且在数据仓库发展的早期，人们发现采用关系数据库去实现这种多维查询模式非常低效、查询处理的过程也难以自动化。为此，人们提出了多维数据库的概念。多维数据库是一种以多维数据存储形式来组织数据的数据管理系统，它不是关系型数据库，在使用时需要将数据从关系数据库中转载到多维数据库中方可访问。采用多维数据库实现的联机分析应用我们称之为 MOLAP。多维数据库在针对小型的多维分析应用有较好的效果，但它缺少关系数据库所拥有的并行处理及大规模数据管理扩展性，因此难以承担大型数据仓库应用。这样的状态直到"星型模式"在关系数据库设计中得到广泛的应用才彻底改变。几年前，数据仓库专家们发现，关系数据库若采用"星型模式"来组织数据就能很好地解决多维分析的问题。"星型模式"只不过是数据库设计中数据表之间的一种关联形式，它的巧妙之处在于能够找到一个固定的算法，将用户的多维查询请求转换成针对该数据模式的标准 SQL 语句，而且该语句是最优化的。"星型模式"的应用为关系数据库在数据仓库领域打开绿灯。采用关系数据库实现的联机分析应用称为 ROLAP。目前，大多数厂商提供的数据仓库解决方案都采用 ROLAP。

在数据仓库的数据存储管理领域，从当今的技术发展来看，面向决策支持扩充的并行关系数据库将是数据仓库的核心。在市场上，数据库厂商将成为数据仓库的中坚力量。

3. 数据的表现

数据表现是数据仓库的门面，这是一个工具厂商的天下。它们主要集中在多维分析、数理统计和数据挖掘方面。

多维分析是数据仓库的重要表现形式，由于 MOLAP 系统是专用的，因此，关于多维分析领域的工具和产品大多是 ROLAP 工具。这些产品近两年来更加注重提供基于 Web 的前端联机分析界面，而不仅仅是网上数据的发布。

数理统计原本与数据仓库没有直接的联系，但在实际的应用中，客户需要通过对数据的统计来验证他们对某些事物的假设，以进行决策。与数理统计相似，数据挖掘与数据仓库也没有直接的联系。而且这个概念在现实中有些含混。数据挖掘强调的不仅仅是验证人们对数据特性的假设，而且它更要主动地寻找并发现蕴藏在数据之中的规律。这听起来虽然很吸引人，但在实现上却有很大的出入。市场上许多数据挖掘工具其实不过是数理统计的应用。它们并不是真正寻找出数据的规律，而是验证尽可能多的假设，其中包括许多毫无意义的组合，最后由人来判断其合理性。因此，在当前的数据仓库应用中，有效地利用数理统计就已经能够获得可观的效益。

6.2.4　数据仓库的支撑技术

随着 90 年代后期 Internet 的兴起与飞速发展，我们进入了一个新的时代，大量的信息和数据迎面而来。因此，用科学的方法去整理数据，从不同视角对企业经营各方面信息的精确分析、准确判断，比以往更为迫切，实施商业行为的有效性也比以往更受关注。

随着数据仓库技术应用的不断深入，近几年数据仓库技术得到长足的发展。典型的数据仓库系统，比如：经营分析系统，决策支持系统等。也随着数据仓库系统带来的良好效果，各行各业的单位，已经能很好地接受"整合数据，从数据中找知识，运用数据知识、用数据说话"等新的关系到改良生产活动各环节、提高生产效率、发展生产力的理念。

数据仓库技术就是基于数学及统计学严谨逻辑思维并达成"科学的判断、有效的行为"的一个工具。数据仓库技术也是一种达成"数据整合、知识管理"的有效手段。数据仓库系列技术，主要支撑技术有以下一些：数据库技术、ETL技术、OLAP 技术、元数据管理技术、前台展现技术、报表技术、仿真优化技术。这些支撑技术结合各行业业务后，可以生产各式各样的应用。当然这些技术中，重点突出了在数据仓库方面的特征，而忽略了其他方面的特征。比如：OLAP 技术还需要计算机存储技术、压缩技术、加解密技术、图形化技术、元数据管理技术等。这些技术在本书的其他章节已有论述，这里就不再赘述。

1. 数据库技术

数据库技术是支撑数据仓库技术的最基础技术。数据库有关系数据库、层次数据库、网络数据库等类型，目前呈现比较好的发展态势的对象关系数据库也是一种类型，其中最典型的是关系数据库的应用。在数据仓库实践中，关系数据库是实质的数据库存储工具，但针对不同的数据仓库方案，有的关系数据库提供了有关的数据仓库元素的查询函数或组件，在支撑数据仓库数据存储的基础上，还能支撑数据仓库的数据探查，比如 Teradata。但是，大部分数据库以及在大部分数据仓库建设方案中，只是利用数据库作为数据存储的工具。这样，实质上数据仓库与数据库在技术表现看起来可能是一样的，在系统存储模型上却有着本质的区别。

数据库技术在存储模型建设方面强调数据模型的规范性和高效存储能力（少冗余），比如关系模式符合第三范式。数据仓库技术在存储模型建设方面强调数据查询的方便性和快速响应能力。那么，在数据仓库技术存储模型方面，基于数据库技术而发展的关系模式的理念已经被颠覆，取而代之是各种各样的数据仓库数据模型，如星型模型，雪花模型等。数据库表也将原来的关系模式改成了事实表和维表，将原来数据库技术中并不关心的属性域及之间的关系，也分别取了自己的业务名称，如维度，量度，层次，粒度等。

2. 前台展现技术

前台展现技术主要是具有对集成的数据模型（如仓库模型、多维 CUBE 等）具有数据探查、检索、灵活的图表甚至影像多媒体的展现技术。前台展现技术主要的技术目的是将没有感情的、枯燥的结构化数据，用友好的方式、灵活的方式、可定义的方式展现出来，使不懂数据结构的人一眼就可以理解其中数据的含义和业务表现。目前已经进行很好实践该技术的产品，主流主要有 Cognos Power-play，Bo，Brio 等。

3. 报表技术

报表技术主要是将集成的数据模型里的数据，按照复杂的格式、指定行列统计项形成的特殊报表。一般简单的报表可以使用前台展现技术实现，而复杂的报表则需要报表技术来满足要求。报表技术中，可以灵活的制定各种报表模版库和指标库，根据每个区块或单元格的需要引用指标，实现一系列复杂的符合要求的报表结果。目前主要的主流产品有 Cognos Report. net，Brio，Crystal Reports，Oracle Reports 等。

4. 仿真优化技术

仿真优化技术是利用一系列参数化的条件来模拟现实复杂环境中的人和物，根据各活动实体的内在复杂关系的相互作用，在试验室中就可以预知未来的一种技术方法。仿真技术是对现实场景的模拟，然后，利用模拟的模型，推演未来。影响仿真推演取得最优化方案的主要因素有：对现实环境中各种因素及影响权重的充分考虑并得到技术表示；对各种因素之间复杂联系充分定义；数据充分且质量可靠；仿真及优化算法及参数运用得当。目前市场主要有 SIMUL 8，Matlab 等产品。

6.3 数 据 挖 掘

随着计算机、网络和通信技术的发展，"信息大爆炸"的时代随之来临。然而面对海量的信息，人们却无所适从。人们无法发现数据中存在的关系，无法根据现有的数据预测未来的发展趋势，从而导致"我们淹没在数据的海洋中，但却缺少知识"的现象出现。数据挖掘技术的出现正是用来解决这一问题。

数据挖掘作为一门交叉学科，融合了数据库、人工智能、统计学等多个领域的理论和技术，利用各种分析工具在海量数据中发现模型以及数据间关系的过程。使用这些模型和关系可以进行预测，帮助决策者寻找数据间潜在的关联，发现被忽略的因素，因而被认为是解决当今时代所面临的数据爆炸而信息贫乏问题的一种有效方法。数据挖掘将数据转化为知识，是数据管理、信息处理领域研究、开发和应用的最活跃的分支之一。

6.3.1 数据挖掘的含义和任务

1. 数据挖掘的含义

数据挖掘的概念在 1989 年 8 月美国底特律市召开的第十一届国际联合人工智能学术会议上正式形成。从 1995 年开始，每年举行一次知识发现（knowledge discovery in database，KDD）国际学术会议，把对数据挖掘和知识发现的研究推入高潮。数据挖掘还有被译为数据采掘、数据开采和数据发掘等。以下是数据挖掘的几个有代表性的定义。

Zekulin 认为数据挖掘是一个从大型数据库中提取以前未知的、可理解的、可执行的信息，并用它来进行关键的商业决策的过程。

Ferruzza 认为数据挖掘是用在知识发现过程中，来辨识存在于数据中的未知关系和模式的一些方法。

G. Piatetsky Shapior，W. J. Frawley 等定义数据挖掘为从数据库的大量数据中揭示出隐含的、先前未知的并有潜在价值的信息的非平凡过程。

刘红军在《信息管理基础》中认为数据挖掘是出于决策的需要而要从数据库中大量积累的数据资源中进一步挖掘有用的信息。

综上所述，数据挖掘就是通过对这些历史的海量数据进行分析，发现数据之间的潜在联系，挖掘出背后隐藏的有价值的信息，为人们提供自动决策支持。

2. 数据挖掘的任务

依据数据挖掘的含义，数据挖掘的主要任务有以下四个方面。

（1）数据约简

对数据进行浓缩，得到其紧凑描述，数据约简最简单的方法是计算出数据库的各个字段上的求和值、平均值、方差值等统计值，或者用直方图、饼状图等图形方式表示。数据挖掘主要是从数据泛化的角度来讨论数据约简。数据泛化是一种把数据库中的有关数据从低层次抽象到高层次上的过程，为了不遗漏任何可能有用的数据信息，数据库中所包含的数据或信息总是最原始，最基本的信息，但人们有时希望能从较高层次的视图上处理或浏览数据，因此需要对数据进行不同层次上的泛化以适应挖掘目的要求。数据泛化目前主要有两种技术：多维数据分析方法和面向属性的归纳方法。多维数据分析方法是一种数据仓库技术，也称作联机分析处理。数据仓库是面向决策支持的、集成的、稳定的、不同时间的数据集合。面向属性的归纳方法，其基本思路是，直接对用户感兴趣的数据视图进行泛化，而不是像多维数据分析方法那样预先将泛化数据存储在数据仓库中，这种数据泛化技术称为面向属性的归纳方法，原始关系经过泛化操作后得到的是一个泛化关系，它从较高的层次上总结了在低层次上的原始关系，有了泛化关系后，就可以对它进行各种深入的操作而生成满足用户需要的知识，如生成特性规则，判别规则，分类规则以及关联规则等。

（2）分类

分类在数据挖掘中是一项非常重要的任务，其目的是找到这样一个分类函数或分类模型，该模型能指导数据库中的数据项映射到给定类别中的某一个。另一目的是从历史数据记录中自动推导出对给定数据的推广描述，从而能对未来数据进行预测。构造分类器时需要有一个训练样本数据集作为输入，训练集由一组数据库记录或元组构成，每个元组是一个由有关字段值组成的特征向量。分类器的构造方法有统计方法、机器学习方法、神经网络方法等。

（3）聚类

聚类是把一组个体按照相似性归成若干类别，即"物以类聚"。它的目的是使得属于同一类别的个体之间的距离尽可能的小，而不同类别上的个体间的距离尽可能的大，聚类方法主要包括统计方法，机器学习方法，神经网络方法。

（4）关联规则发现

挖掘关联规则主要是针对事务型数据库，特别是售货数据，由于条形码技术的发展，零售部门可以利用前端收款机收集存储大量的售货数据，如果对这些历史事务数据进行分析，则可对顾客的购买行为提供极有价值的信息。例如，可以帮助如何摆放货架上的商品，把顾客经常同时买的商品放在一起，帮助规划市场，减少库存，对市场变化提供预测。由此可见，从事务数据中发现关联规则，对于改进零售业等商业活动的决策非常重要，在事务数据库中存在非常多的关联规则。事实上，人们结合领域知识，选取适当挖掘方法抽取那些满足一定的支持度和可信度的关联规则。

6.3.2 数据挖掘技术

1. 数据挖掘的基本过程

数据挖掘是从数据中发现有用知识的过程。保证数据挖掘成功有两个关键要素：一是对要解决的问题做准确的定位；二是选定正确数据。同时，还需要对这些数据做有效的数据整合和转换，因为数据挖掘的成功总是离不开清晰的过程定义。数据挖掘过程一般包括采集数据、数据预处理、数据挖掘和解释评价。数据挖掘的核心技术是人工智能、机器学习、统计等，但一个数据挖掘系统不是多项技术的简单组合，而是一个完整的整体，它还需要其他辅助技术的支持，才能完成数据挖掘过程，最后将分析结果呈现在用户面前。整个数据挖掘过程是由若干挖掘步骤组成。一般包括数据清洗、数据集成、数据转换、数据挖掘、模式评估、知识表示几个部分。

数据清洗：其作用就是清除数据噪声和与挖掘主题明显无关的数据，去除空白数据域，考虑时间顺序和数据变化等。

数据集成：是将来自多个数据源中的相关数据组合在一起。

数据转换：是对数据进行一定的格式转换，使其适应数据挖掘系统或挖掘软件的处理要求。如找到数据特征表示，用维变换或转换方法减少有效变量的数目或找到数据的不变式。

数据挖掘：可以单独利用也可以综合利用各种数据挖掘方法对数据进行分析，首先决定数据挖掘的目的，然后选定数据挖掘算法，选择某个特定数据挖掘算法（如汇总、分类、回归、聚类等）用于搜索数据中的模式。挖掘用户所需要的各种规则、趋势、类别、模型等。

模式评估：对发现的规则、趋势、类别、模型进行评估，从而保证筛选出有意义的结果。

知识表示：利用可视化和知识表达技术，将挖掘结果展现在用户前面。

2. 数据挖掘的方法

依据上面所描述的数据挖掘任务以及信息的数据格式，通常采用的数据挖掘方法为：机器学习方法、统计方法、神经网络方法和数据库方法。机器学习中，可细分为：归纳学习方法（决策树，规则归纳等），基于范例学习（D3，D4，D5）遗传算法等。统计方法中，可细分为：回归分析、判别分析（贝叶斯判别，费歇尔判别，非参数判别等）、聚类分析（系统聚类，动态聚类等）、探索性分析（主元分析法，相关分析法）等。神经网络方法中又可分为：前向神经网络（BP 算法等）、自组织神经网络（自组织特征映射，竞争学习）等。数据库方法主要是多维数据分析或 OLAP 方法，另外还有面向属性的归纳和粗糙集方法。

（1）粗糙集（rough set）方法

粗糙集理论是一种研究不精确、不确定性知识的工具，由波兰科学家 Z. Pawlak 在 1982 年首先提出。粗糙集理论是离散数据推理的一种新方法，集合论是粗糙集的数学基础。粗糙集理论作为一种处理不完备信息的有力工具，它可以不需任何辅助信息，如统计学中的概率分布、模糊集理论中的隶属度等，仅依据数据本身提供的信息就能够在保留关键信息的前提下，对数据进行化简并求得知识的最小表达，从而建立决策规则，发现给定的数据集中隐含的知识。粗糙集方法是数据挖掘应用的主要技术之一。

粗糙集方法采用概率方法描述数据的不确定性，能够分析隐藏在数据中的信息，而不需要关于数据的任何附加信息。基本思想是根据目前已有的对给定问题的知识，将问题的论域进行划分，然后对划分后的每一组成部分确定其对某一决策集合的属于程度：即肯定属于此集合、肯定不属于此集合和可能属于此集合。

（2）遗传算法（genetic algorithm）

遗传算法是基于进化理论，并采用遗传结合、遗传变异及自然选择等设计方法的优化技术。遗传算法模拟进化/适者生存的过程，以随机的形式将最适合于特定目标函数的种群通过重组产生新的一代，在进化过程中通过选择、重组和突变逐渐产生优化的问题解决方案。它通过选择、交叉和变异等进化概念，产生出解决问题的新方法和策略。选择是指挑选出好的解决方案，交叉是将各个好的方案中的部分进行组合连接，而变异则是随机地改变解决方案的某些部分，这样当提供了一系列可能的解决方案后，遗传算法就可以得出最优解决方案。

遗传算法可以看做是一种最优化方法，通过对问题进行类似染色体的编码，给出了一种进化函数，通过某些遗传运算，如选择、交叉和突变等，将那些最合适的染色体保留下，即对应问题的最优解。与传统的确定性算法不同，遗传算法只对系统的输出进行适应度的评判，与系统的内部复杂性无关，是一种黑箱方法，因此遗传算法特别适用于建造功能太复杂以致难以分析的高度复杂性系统。遗传算法将复杂的非线性问题经过有效搜索和动态演化而达到优化状态的特性，具有和其他算法不同的许多特点。

并行性和对全局信息的有效利用能力是遗传算法的显著特点。并行性体现在两个方面：内在并行性和隐含并行性。所谓内在并行性，即演化算法本身非常适合大规模并行计算。遗传算法的操作对象是一组可行解，而非单个可行解，即群体中的各个个体并行地爬山，利用遗传信息和竞争机制来指导搜索方向，最简单的并行方式是将大量的计算机各自进行独立种群的演化计算。传统优化算法是从单个初始值迭代求最优解的，容易误入局部最优解。遗传算法同时对解空间进行多点搜索，可有效地防止搜索过程收敛于局部最优解，具有较少的搜索时耗和较高的搜索效率。

（3）神经网络（neural networks）

人工神经网络是模拟人类的形象直觉思维，在生物神经网络的基础上，根据生物神经元和神经网络的特点，通过简化、归纳、提炼总结出来的一类并行处理网络。利用其非线性映射的思想和并行处理的方法，用神经网络本身结构可以表达输入与输出的关联知识，完成输入空间与输出空间的映射关系，通过网络结构不断学习，调整，最后以网络的特定结构表达出来，而不显式函数表达。

（4）聚类法（clustering）

聚类算法是通过对变量的比较，把具有相似特征的数据归于一类，因此，通过聚类以后，数据集就转化为类集，在类集中同一类中数据具有相似的变量值，不同类之间数据的变量值不具有相似性，区分不同的类属于数据挖掘过程的一部分，这些类不是事先定义好的，而是通过聚类法采用全自动方式获得的。

（5）分类法（classification）

分类法是最普通的数据挖掘方法之一，按照事先定义的标准对数据进行归类。分类法大致上可分为如下几种类型：①决策树归纳法（decision tree induction）。决策树归纳法根据数据的值把数据分层组织成树型结构。在决策树中每一个分支代表一个子类，树的每一层代表一个概念。国际上最有影响和最早的决策树方法是由 Quiulan 研制的 ID3 方法，后人又发展了各种决策树方法，如 IBLE 方法使识别率提高了 10%。②规则归纳法（rule induction）。规则归纳法是由一系列的 if then 规则来对数据进行归类。③神经网络法。神经网络法主要是通过训练神经网络使其识别不同的类，再利用神经网络对数据进行归类。

（6）统计分析方法

通常在数据库字段项之间存在两种关系：函数关系（能用函数公式表示的确定性关系）和相关关系（不能用函数公式表示，但仍是相关确定性关系），对它们的分析可采用回归分析、相关分析、主成分分析等方法。

（7）模糊论方法

利用模糊集合理论，对实际问题进行模糊判断、模糊决策、模糊模式识别、模糊簇聚分析。系统的复杂性越高，精确能力就越低，模糊性就越强。这是 Zadeh 总结出的互克性原理。

6.3.3　数据挖掘工具

1. 数据挖掘工具的选择

人们对数据挖掘认识有一个误区即认为只要有了一个数据挖掘工具，就能自动挖掘出所需要的信息。但经验证明，要想真正做好数据挖掘，数据挖掘工具只是其中的一个方面，同时还需要深入了解企业业务，精通数据分析。在一个企业中要想在未来的市场中具有竞争力，必须有一些数据挖掘方面的专家，专门从事数据挖掘工作。同时与其他部门协调，把挖掘出来的信息供管理者决策参考，并把挖掘出的知识付诸应用。在国内的一些企业中，决策有时很容易走向两个极端，一是认为数据挖掘没有用处，二是开始认为数据挖掘是万能的。这两种观点都是有害的。数据挖掘受欢迎主要是由于计算能力的提高，硬件成本的降低，这样就大大拓展了数据挖掘技术的应用范围。除了计算能力的提高，某些发展趋势也促使数据挖掘技术在更广泛的领域得以应用。

数据挖掘涉及对数据本质的理解，因此其供应商更注重纵向市场。例如：HNC 销售着重于银行和保险业信用欺诈分析的 Falcon 系列产品，该产品在这一市场非常成功。DataMind 公司的重点是电信业的跳槽管理，电信业竞争的不规范和白热化已使客户成为一个备受关注的热点问题。其他数据挖掘工具供应商的焦点集中在制造业的过程控制。NeuralWare 与 Texaco 密切合作，他们正在开发用于这一市场的产品。

2. 评价数据挖掘工具的优劣指标

在数据挖掘技术日益发展的同时，许多数据挖掘的商业软件工具也逐渐问世。评价一个数据挖掘工具，需要从以下几个方面来考虑。

1）可产生的模式种类的数量。

2）解决复杂问题的能力。

3）易操作性。

4）数据存取能力。

5）与其他产品接口。

在《数据挖掘和知识发现简介》一书中提出了评价数据挖掘工具优劣的指标与其具体内容。

1）数据准备。数据准备包括数据净化、描述、变换和抽样，是数据挖掘中最耗费时间的工作。数据挖掘工具应当提供的功能有：数据净化，如处理缺失值和识别明显的错误；数据描述，如提供数值的分布；数据变换，如增加新列、对已有的列进行计算；数据抽样，如建模以及建立训练或测试数据集。

2）数据访问。数据访问访问不同数据源的能力。数据的主要存储形式是数据库，由于数据库的种类繁多，没有一款数据挖掘工具可以访问所有类型的数据库，因而数据挖掘工具必须支持开放数据库连接。此外，支持其他类型数据的数据源的能力也是考查数据访问能力的重要内容。

3）算法与建模。数据挖掘寻找的知识类型多种多样，有关联规则、分类/预测、聚类规则等模型，因此优秀的挖掘工具应当包含多种数据挖掘算法以处理不同的需求，同时算法的稳定性、收敛性以及对噪声的敏感程度等也是重要指标。

4）模型的评价和解释。数据挖掘工具经过对数据的分析建立模型，要求挖掘工具能够提供多样的、易于理解的方式，如模型的性能参数以及图表方法等，对模型进行评价和解释。

5）用户界面。数据挖掘工具经过对数据的分析建立模型，同时部分工具还提供了可嵌入等编程语言中的数据挖掘的应用编程接口 API。相比之下 GUI 可以简化建模的过程，方便普通用户；而 API 则是为专业用户而配置。能否满足不同类型用户的需求也是评价工具的重要指标。

3. 通用数据挖掘工具介绍

对于数据挖掘工具早在 20 世纪 80 年代初期，就出现了一些简单的工具。数据挖掘工具可以分为两类：通用挖掘工具和特定领域的挖掘工具。通用的数据挖掘工具不区分具体数据的含义，采用通用的挖掘算法，处理常见的数据类型。而特定领域挖掘工具则是针对某个特定领域的问题提供解决方案。在设计算法时候，往往会充分考虑到数据需求的特殊性，并作出优化。下面只简单介绍通用的数据挖掘工具。

通用的数据挖掘工具有许多，例如 Megaputer Intelligence 公司的 Poly Analyst，IBM 公司 Almaden 研究中心开发的 QUEST 系统，SGI 公司开发的 MineSet 系统，加拿大 Simon Fraser 大学开发的 DBMiner 系统。还有处理特定领域的数据挖掘工具如 IBM 公司的 Advanced Scout 系统，针对 NBA 的数据帮助教练优化战术组合；加州理工学院喷气推进实验室与天文科学家合作开发的 SKICAT 系统，帮助天文学家发现遥远的类星体；芬兰赫尔辛基大学计算机科学系开发的 TASA，帮助预测网络通信中的情报。这几种挖掘工具对象可以说主要都是针对结构化的数据进行分析处理。以下对不同的工具做一些介绍，便于数据挖掘工具的选择。

（1）Poly Analyst

Poly Analyst（PA）是 Megaputer Intelligence 公司 1994 年推出的一款功能强大的数据挖掘软件，已经出现 Version4.4。其广泛用于金融、市场、制药、电信和零售等各种领域，PA 的主要特点和功能如下。

1）集成了数据处理和可视化显示。PA 创建工程时导入的数据集是整体数据集，所有的数据子集都由整体数据处理得到。PA 中还提供了四种图表对数据集进行可视化显示。直方图（histogams）显示不同数据集中共有属性值的分布；二维图（2D charts）针对相同的横轴变量表现不同的数据集；三维图（3D charts）二维图的空间化；蛇形图（snake charts）从多属性角度化比较数据集（仅比较属性值均值）。

2）强大的扩展功能。PA 可以从多种数据源中导入数据，其最基本的数据源是逗号分隔文件（CVS），CVS 文件可以输出到多数电子制表软件、数据库和 OLAP 工具；PA 还支持通过 ODBC 连接的数据源、MS Excel 电子表格、SAS 数据文件、Oracle Express 以及 IBM 可视化数据仓库。PA 是第一个可以将建立的挖掘模型应用于外部数据集的数据挖掘工具，该功能通过基于 SQL 的协议来实现，应用是要在工程中建立与外部目标数据集的数据连接。用户还可以把挖掘模型导出成为预测性建模标记语言 PMML 格式。

3）强大的层次化算法体系。PA 与其他数据挖掘工具之间最大的不同就在于它提供了一整套而不是一两个数据挖掘算法，实现了多策略挖掘，提高了预测模型的精度。PA 的算法集涵盖了神经网络、线性回归、聚类、决策树等常见的数据挖掘算法。

4）结果解释功能较强大。PA 支持符号规则语言（SRL）这是一种通用的知识表述语言，可以表述数学公式和函数，SRL 是一种可读性强的语言，它使得 PA 的挖掘结果可以很好地被用户理解。PA 在生成的报告中还提供了多种图表，使用户可以直观地判断规则和预测模型的准确程度，部分图表还可以改变预测模型相关参数。

5）友好的用户界面。PA 的用户界面分为三个部分：左半部分是树状浏览框，显示工程的结构图，在 PA 中，工程包含了数据集产生的规则和报告、数据集处理或规则作用于数据集产生的数据子集，新对象也会加入工程；底部是日志，即按时间记录对当前工程的操作；其余部分是工作空间，显示用户选择的对象。

（2）IBM DB2 Intelligent Miner 和并行可视化探索者 PVE

Intelligent Miner2.1，Windows NT，IBM AS/400，Sun/Solaris 配套工具采用了多种统计方法和挖掘算法，主要有单变量曲线、双变量统计、线性回归、因子分析、主要量分析、分类、分群、关联、相似序列、序列模式和预测等。它能处理的数据类型有结构化数据、半结构化和非结构化数据。Intelligent Miner 通过其独有的领先技术，例如自动生成典型数据集、发现关联、发现序列规律、概念性分类和可视化呈现，可以自动实现数据选择、数据转换、数据挖掘和结果呈现这一整套数据挖掘操作。若有必要，对结果数据集还可以重复这一过程，直至得到满意结果为止。根据 IDC 的统计，Intelligent Miner 是目前数据挖掘领域最先进的产品。它采取客户/服务器架构，并且它的 API 提供了 C++ 类和方法。Intelligent Miner 可用于销售、财务、产品管理和客户联系管理领域的数据分析人员和业务技术人员。Citibank 是美国名列第二的银行，是首先采用 IBM 业务智能系统的大型企业之一。The Bank of Montreal 也成功地运用了该软件。IBM DB2 Intelligent Miner for Data Version 6 提供了一套分析数据库的挖掘过程、统计函数和查看、解释挖掘结果的可视化工具。它可以从企业数据集中验证并获取高价值的商业知识，包括大量交易数据的销售点、ATM（automatic teller machine）、信用卡、呼叫中心或电子商务应用。分析家和商业技术专家能够发现那些隐藏的、用其他类型的分析工具无法洞察的模式。Intelligent Miner 提供了基本的技术和工具来支持挖掘过程，同时还提供了应用服务支持定制应用。

（3）DBMiner

DBMiner 是一个通用的在线分析挖掘（on-line analysis mining，OLAM）系统，用于在大型关系数据库和数据仓库内交互地挖掘多层次的知识。其独特之处在于紧密集成联机分析处理 OLAP 和多种数据挖掘功能，包括特征化、关联、分类、预测和聚类等。DBMiner 的主要优点是下述几个方面。

1）对关系数据、多维数据强大的在线分析挖掘功能。

2）通过 OLEDB 和 RDBMS 可以连接到多种数据源。

3）关联和时序算法对挖掘大数据集上频繁的、连续的模式表现出相关性和卓越的依赖分析性能。

4）集成了数据源、挖掘任务和挖掘应用。

5）多维利润分析技术。

6）支持 Microsoft SQL Server，Analysis Server and Excel 集成。

7）用户自定义参数和可视化分类，能帮助用户更好地发现知识。

8）分析关系数据和多维数据，界面友好。

9）OLAP 探测功能强，导航功能强。

（4）Business Miner

美国 Business Objects 于 1996 年 12 月推出了数据挖掘解决方案 Business Miner。其采用基于可视化的树型技术，提供了简单易懂的数据组织形式，使用图形化方式描述数据关系，通过流程表等简单易用的用户界面告诉用户有关的数据信息。Business Miner 能对从数据仓库中传来数据自动地进行挖掘分析工作，剖析任意层面数据的内在联系，最终确定商业发展的趋势和规律。使用商务术语进行自动分析，寻找潜在的趋势和模型，并且通过决策树来展示，帮助排列优先顺序，并协助危机分析。

（5）SPSS CHAID

在统计软件领域处于领先地位的 SPSS 公司开发 SPSS CHAID 挖掘产品。SPSS CHAID 是基于决策树的数据挖掘软件，分析人员可用它开发预测模型并产生易于阅读的树型图。主要用于市场和客户部门。SPSS CHAID 产品也可以作为附加软件来运行。SPSS 也有一个称之为神经网络的产品，该产品具有建模、预测、时间序列分析和数据分类的功能，其中 Clementine 是 SPSS 的核心挖掘产品，它提供了可视化的快速建立模型的环境，被誉为第一数据挖掘工具。企业使用该软件可以将数据分析和建模技术与特定的商业问题结合起来，找出其他传统数据挖掘工具可能找不出的答案。其组成部分包括数据获取、探查、整理、建模和报告，而且使用一些有效、易用的按钮表示这些功能，用户只需用鼠标将这些组件连接起来建立一个"数据流"即可，可视化的界面使得数据挖掘更加直观和具有交互性，从而可以将用户的商业知识在每一步中更好地利用。Clementine 所使用的分析技术包括神经元网络、关联规则和规则归纳技术。Clementine 支持顾客分析、时序分析、市场售货篮分析和欺诈行为侦测。另外 SPSS 的另一款挖掘产品 Answer Tree 可以帮助用户确认细分市场及其模式。建立顾客档案资料，挖掘隐藏市场趋势。

（6）SAS 和 JMP

SAS 公司的统计软件包 SAS 和 JMP 也被广泛使用，这两种软件包用于进行线性回归分析，其结果和类似的数据挖掘工具的结果是一致的，而这些挖掘工具采用的是传统的统计方法。JMP 是面向最终用户的独立的软件包；SAS 是一种被广泛使用的可伸宿的统计软件包，能在每一种硬件平台上运行，在市场上处于领先地位。SAS/STAT 提供统计分析功能。SAS/ETS 为 SAS 提供具有丰富的计量经济学和时间序列分析方法的产品，包含方便的各种模型设定手段，参数估计方法，是研究复杂系统和进行预测的有利工具。SAS/EM 是一个图形化界面，是一个菜单驱动的、拖拉式操作的、对用户非常友好且功能强大的数据挖掘集成环境，其中集成了数据获取工具、数据抽样工具、数据筛选工具、数据变量转换工具、数据挖掘数据库、数据挖掘过程、多种形式的回归工具、为建立决策树的数据分析工具、决策树浏览工具、人工神经元网络和数据挖掘的评价工具等。

每一种数据挖掘工具都有其特性，企业和个人在选择数据挖掘工具时需要考虑很多因素，很难按照一个固定的原则给数据挖掘工具排一个优劣次序。应根据企业特定的应用需求加以选择。

6.3.4 数据挖掘应用

1. 数据挖掘的应用领域

数据挖掘技术可应用于很多行业，在国外，数据挖掘已被广泛应用于银行金融、零售与批发、制造、保险、公共设施、政府、教育、远程通信、软件开发、运输等各个企事业单位。据统计，应用数据挖掘的投资回报率有达 400% 甚至 10 倍的事例。数据挖掘可分辨出成功的商店或分店的特性，并协助新开张的商店选择恰当的地理位置；能分析哪种产品是最受欢迎，可为产品的推销，商店的布局或新产品的开发等制定新策略指明方向；能找出产品命名的模式或协助了解客户行为，比如正确时间销售（right time marketing）就是基于顾客生活周期模型来实施的。数据挖掘一方面是将数据转化为信息和知识，在此基础上作出正确的决策；另一方面是提供一种机制，将知识融入运营系统中，进行正确的运作。

数据挖掘所要处理的问题，就是在庞大的数据库中找出有价值的隐藏事件，并加以分析，获取有意义的信息，归纳出有用的结构，作为企业进行决策的依据。其应用非常广泛，只要该产业有分析价值与需求的数据库，皆可利用 Mining 工具进行有目的的发掘分析。常见的应用案例多发生在零售业、制造业、金融、保险、通信及医疗服务。

1）市场营销。数据挖掘可预测顾客的购买行为，划分顾客群体，同时在生产销售和零售业预测销售额；决定库存量，批发点分布的规划调度。商场从顾客购买商品中发现一定的关系，提供打折购物券等，用以提高销售额。

2）保险业。数据挖掘分析决定医疗保险的主要因素，预测顾客保险的模式。保险公司通过数据挖掘建立预测模型，辨别出可能的欺诈行为，避免道德风险，减少成本，提高利润。

3）制造业。数据挖掘预测机器故障，发掘影响生产能力的关键因素。在制造业中，半导体的生产和测试都产生大量的数据，必须对这些数据进行分析，找出存在的问题，提高质量。

4）其他方面应用。经纪业和安全交易；预测债券价格的变化；预测股票价格升降；决定交易的最佳时刻。

2. 数据挖掘的应用案例

上面介绍了数据挖掘应用的行业及其具体作用，下面列举具体的数据挖掘应用案例。从这些公司运用数据挖掘的成功案例分析中，我们可以看到数据挖掘的强大功能。

案例 1：数据挖掘如何预测信用卡欺诈

客户得到了某航空公司提供的免费飞行里数。虽然该客户有经常飞行的记录，但并不经常搭乘该航空公司的班机，为什么？

客户为了得到这种优惠（免费飞行），必须填写一张清单，简单地注明所命名用的信用卡。航空公司并不能直接向信用卡公司购买这些客户的姓名和地址等信息，因为信用卡公司必须保护客户的隐私权。那么，在此过程中信用卡公司如何充当信息中介呢？

信用卡发卡人对于可以帮助他们预测何时会发生信用卡欺诈的技术，总是有着非常浓厚的兴趣。目前已经有一些系统可以对信用卡事务进行检查，并提示是否允许用信用卡为这笔事务付款。我们可以给出数据模型来构造出这样一种预测模型，以帮助银行事先发现具有潜在欺诈行为的事务。为建立信用卡欺诈模型准备数据，来自于账户事务表中的一个事务类型域，该事务类型域可标识该事务是否通过信用卡付款的。因此，我们可以利用这一特征通过使用某种查询工具或 SQL 语句，从账户事务表中抽取出与信用卡有关的事务信息。

银行部门在为信用卡欺诈模型准备数据时，还需要其他方面的信息。例如：在信用卡账户表中就包含了几个可以帮助发现一笔事务是否具有欺诈性的数据域；此外，在账户事务表中还有一个称为指示器的数据域，用于指示与该账户相关的信用卡是否曾经报失，这也有助于发现信用卡欺诈行为。

数据中的信息可以用来建立信用卡簇集。人们在为建立数据挖掘模型而准备数据时，需要耗费大量精力去解决的一个问题是：我们怎样才能以适当的方式获得所需的信息。对于这一问题可以有下列 3 种解决的途径。

1）使用查询工具从关系数据库中以适当的格式抽取所需要的信息。

2）通过从关系数据仓库中抽取记录数据，这将会受到一定的限制。

3）通过构造 SQL 语句以适当格式得到所需的数据。

最为理想的是，数据挖掘工具应当能够自动地将原始数据转换为它所需要的格式。在这方面，Red Brick 是一个能将数据挖掘与关系数据库直接集成到一起的数据库开发商。此外，虽然已经有一些查询工具和 OLAP 开发商开始将数据挖掘集成到他们的产品中去，但目前要在基于正文的文件中进行数据挖掘仍然需要大量的数据准备。

对于信用卡簇模型，还可以从已有的数据域中推导出若干新的且有价值的数据域。例如，人们可能有兴趣检验星期二是否比星期三更容易发生信用卡欺诈等诸如此类的预测，就需要用数据挖掘工具推导出一个数据域，以说明信用卡交易一般发生在一周当中的哪一天。通过数据中已有的事务时间印记就可以推导出这一些新的数据域。虽然通过视图、查询工具和 SQL 语句都可以创建新的导出型数据域，但这基本上属于数据准备范围内的事情，而且通常情况下也无法用现有的数据挖掘工具自动完成这些工作。信用卡欺诈模型中还包括分类挖掘与聚类分析。在信用卡的账户事务表中有一个标志性数据域 indicator，用于表示该事务是否合法。Indicator 的值在事务经过合法性检验后确定，而且如果以后发现该事务具有欺诈性，还可对其进行历史性更改。如果在模型中将 Indicator 域选择为因变量，那么就可以发现是什么因素使得一些事务比其他事务更容易具有欺诈性。这一过程正是一个采用分类法进行挖掘的例子。

但是，有些时候我们可能无法得到分类挖掘日志所需的历史数据。例如，Indicator 域可能因为没有能够证实事务是否具有欺诈性的历史信息，而不得不空在那里。在这种情况下，对欺诈的侦测可以通过对数据进行聚类分析来进行。由于欺诈性付款通常都具有某些独有特征，如在短期内发生多次付款，而且较多地出现欺诈的组和不大可能出现欺诈的组这样一些不同的数据组。对于数据组，也可以聚类分析的结论得到验证，我们就可以对数据中的 Indicator 域进行相应的更改，并以此为基础建立一个针对信用卡欺诈的分类挖掘模型。

案例 2：数据挖掘在国外的应用

沃尔玛公司"啤酒与尿布"的故事最能简单直白地显示出数据挖掘的应用价值，通过数据挖掘透过数据找出人与物之间规律的典型：

该公司利用 Teradata 的数据仓库系统对商品进行"购物篮分析"时发现了一个令人惊奇的现象，跟尿布一起购买最多的商品竟是啤酒。按常规思维，尿布与啤酒风马牛不相及，但数据挖掘的"集中统计分析"功能却帮助沃尔玛找到了其中的联系：原来美国的太太们常常叮嘱丈夫下班后为小孩买尿布，而丈夫们买完尿布后往往会随手带回几瓶啤酒。明白了这个道理的沃尔玛干脆把这两种商品并排摆放在一起，结果是尿布与啤酒的销售量双双增长。

案例 3：数据挖掘在国内的应用

目前国内企业实现数据挖掘的主要困难在于缺少数据积累，难于构建业务模型，各类人员之间的沟通存在障碍，缺少有经验的实施者，初期资金投入较大等。数据挖掘主要在金融、证券、电信、零售业等数据密集型行业得到实施。

泰安市国税局已经建设了市一级的大集中系统，市、县、乡镇基层分所的业务统一到了市，实现了集中管理。信息中心有两台小型机，一台运行税收征管业务；另一台运行增值税发票业务。泰安市国税局希望所建设的数据挖掘系统能解决不同数据库之间的融合问题，能切合税务部门的实际应用需求。基于泰安市国税总局的实际需求，IBM 提出以下配置方案：先使用 IBM 的 Warehouse Manager 工具建一个企业级的数据仓库，实现业务数据的自动采集、清洗、汇总。在这个过程中可以考虑采用信息整合技术（DB2 Information Integrator）实现数据仓库和业务系统数据库的无缝整合。然后，选择一些有意义的主题，抽取相关的数据到 DB2 OLAP Server（多维分析服务器）中，利用多维分析工具，有效地将数据转化为灵活的报表和决策支持信息。再利用前端分析工具 DB2 OLAP Analyzer 用户可以较容易地制作各种形式，风格的报表，直观地查看到税收征管等情况。最终可以采用 DB2 Intelligent Miner for Data 对信息进行提炼和挖掘。

6.4　数字图书馆技术

数字图书馆可被认为是现代数字信息资源开发与利用的集中代表。数字图书馆的构想可以追溯到 1945 年，到了 20 世纪 80 年代，信息的采集、处理和传播发生了翻天覆地的变化。因特网的发展真正实现了网络计算机资源和数据资源的共享。在这种背景下，"虚拟图书馆"（virtual library）、"多媒体图书馆"（multi-media library）和"电子图书馆"（electronic library）等概念纷纷问世。1990 年密执安大学的研究人员首次提出"数字图书馆"（digital library）的概念。

6.4.1　数字图书馆概述

1. 数字图书馆的定义

由于数字图书馆是一个相对较新的领域，因此数字图书馆的定义始终是众多研究团体和学术会议探讨的主要内容。然而，数字图书馆的定义必须以其他相关实体和研究为背景。因此，尽管数字档案馆与数字图书馆也极为相似，但在很多情况下它是空间和结构的一种特殊组合形式，并且更为强调"数字化存储（基于作品的数字化）"这一存储场景（scenario）。同样的，为了使数字图书馆始终与技术保持同步，电子存储不免就要涉及存储媒介的转换和形式的变更。而保持数字图书馆的完备性则要求我们要确保其内容的真实性和一致性。真实性是大多数常规图书馆所要面对的，而当人们在数据库系统和分布式信息系统中讨论复制和版本问题时，一致性是很受关注的一个方面。

尽管提到的这些问题都很重要，但是数字图书馆作为现代信息环境下的新生事物，目前图书情报学界对数字图书馆还没有统一完整的定义。下面列举几种有代表性的定义。

美国著名学者福克斯认为："数字图书馆是一种有纸基图书馆外观和感觉的图书馆，但在这里图书馆资料都已数字化并被存储起来，而且能在网络化的环境中被本地和远程用户存取，还能通过复杂和一体化的自动控制系统为用户提供先进的、自动化服务。"

美国数字图书馆联盟（DLF）（1998）认为："数字图书馆是一个拥有专业人员等相关资源的组织，该组织对数字式资源进行挑选、组织、提供智能化存取、翻译、传播、保持其完整性和永存性等工作，从而使得这些数字式资源能够快速且经济地被特定的用户或群体所利用。"

William Y. Arms 认为：数字图书馆是具有服务功能的整理过的信息收藏，其中信息以数字化格式存储并可通过网络存取。该定义的关键在于信息是整理过的。

高文认为："数字图书馆是以电子方式存储海量的多媒体信息并能对这些信息资源进行高效的操作，如插入、删除、修改、检索、提供访问接口的信息保护等。"

刘炜认为："数字图书馆是社会信息基础机构中信息资源的基本组织形式，这一形式满足分布式面向对象的信息查询的需要。所谓的分布式是指跨地区、网络化，面向对象是指直接获取一次文献而不是获取一次文献的线索。"

作为图书馆界权威的美国研究图书馆协会（ARL）（1995）提出了数字图书馆的定义要素：数字图书馆不是一个简单的实体；数字图书馆需要技术来连接众多信息资源；数字图书馆和信息服务之间的连接对用户是透明的；广泛地存取和信息服务是其目标；数字图书馆馆藏并不限于文献替代品，还包括不能以印刷格式表达或传送的数字化形式。

在此，我们把数字图书馆（DL）定义为：数字图书馆是一种能对信息进行搜集、转换、描述，并以数字化形式存储，利用先进的信息处理技术和计算机网络，以智能、有效的信息检索方式为用户提供多种语言兼容的多媒体远程数字信息服务的知识中心机构。在这里，"以用户为中心"，为用户组织对网上数字化信息的有效访问，是数字图书馆的最终目的。

2. 数字图书馆的特征

我们从数字图书馆的定义来看，它包含两层含义：广义上说，"数字图书馆是因特网上信息资源的基本组成形式，提供分布式面向对象的信息查询方式"，分布式是指查询可以跨图书馆和跨物流形式进行，面向对象是指查询不仅要获得线索（在哪个图书馆），还有获得所需信息（对象）；狭义上说，"数字图书馆是一个数字的信息系统，它将分散于不同载体、不同地理位置的信息资源以数字化方式即二进制方式存储，以网络化方式连接，使用户不受地域限制，并能方便地访问所需信息"，其核心是数字化信息资源和网络化存取。

实质上，数字图书馆是同时具备数字资源、网络服务和特色技术三大特征的图书馆，三大特征缺一不可。数字图书馆的特征主要体现在下列几个方面。

（1）信息载体

数字图书馆是一个分布式的信息群体。传统的图书馆只是一个个单独的实体，即使实现多个图书馆和信息源的联合（比如联合为用户提供通用借阅证），其信息共享程度也很有限。而数字图书馆通过因特网和与之互联的园区网络，连接了分布在世界各地的单个图书馆或信息资源实体，把不同类型的信息按统一标准加以有效存储、管理并方便用户在网上远程跨库获取信息。数字图书馆不限于一个实体，更是一个信息空间，其数字化信息资源不受地域、馆藏情况的限制。

（2）存储方式

数字图书馆存储数字化多种媒体信息。传统图书馆的馆藏对象主要是图书、期刊等一些印刷型文献，与电子有关的可能也只是磁带、磁盘和缩微胶片等比例很小的部分。而数字图书馆的存储媒介已不限于纸质的印刷媒体，它包括文本、光、图像、音频、视频等多种媒体形式，其存储的载体也相应的是各种类型的数字化、电子化装置。存储数字图书馆信息的数据库因而采用能够包含多种数据模型的面向对象的多媒体数据库（object oriented MDB，OOMDB）。

（3）传输方式

数字图书馆提供了信息传播与发布的基础平台。当前，计算机和网络的硬件与软件的高速发展为数字图书馆提供了良好的信息传输环境，综合业务数字网（ISDN）、ATM网、PSTN和有线电视网（CATV）等成为多媒体通信的高速、高效的传输媒介。这样，数字图书馆就应该成为一个国家的数字文化平台、数字教育平台和数字资源中心。

（4）检索方式

数字图书馆在检索方式上做得更加智能、主动。传统检索方式以手工或计算机辅助进行索引，所检索的范围限于馆藏文献，而数字图书馆检索范围更广、检索方式更主动。真正实现面向用户、以用户为中心，除提供信息获取外，数字图书馆还可按用户的要求实现信息增值、在线订购等服务。

（5）用户服务方式

数字图书馆是电子商务在信息组织、传递方面的实现。真正的数字图书馆不是简单的数字馆藏，也不是网上资源的一个目录或工具书的电子版，而是具有信息的提供、所有权转换、资金流动和商品传递等多项功能，因此数字图书馆需要引入电子商务服务模式来为用户提供服务，满足用户的需求。

（6）组织管理

数字图书馆以服务求生存。传统图书馆的工作重点是采集和存储文献，以现有馆藏为基础，为用户提供文献服务。这样，衡量一个图书馆的标准是馆藏量和读者量。而数字图书馆通过多种渠道获取数字信息，并以此为基础，为用户提供高质量的服务。信息的数量、质量、服务效率和用户的满意程度成为评价数字图书馆的标准。作为一种电子商务模式，服务的质量直接影响到数字图书馆的生存。

可以看出，数字图书馆摆脱了传统图书馆的馆际限制，而高速因特网的时效性更是传统图书馆无法比拟的。数字图书馆高度的资源共享使用户服务有了新的飞跃。服务模式的变化使用户享受到更多、更有效的服务，用户可以真正做到"足不出户而读天下书"，不用再为一本书或一篇文章奔波于多个图书馆之间。因此，它应当是民族文化的重要传播媒介，是文化产品的网络商务平台，是网上多种教育的重要场所，还应是一个国家数字资源组织、开发和利用的中心。

6.4.2　数字图书馆的体系结构

数字图书馆是全球信息基础设施的一个组成部分，因此很多研究都关注它的高层体系结构。一方面，数字图书馆可以看做是因特网的"中间部件"，它提供各种可嵌入其他任务支持系统的服务。此时它们的处理可以独立于内容，可以无需考虑经济、审查制度或其他社会问题而谋求发展。

另一方面，数字图书馆也可以是独立的系统，因此构建它们时必须具有自己的体系结构。鉴于此，当今的一些数字图书馆就是将现成的一些模块融合而成的。

1. 数字图书馆的功能模块

从功能上说，数字图书馆主要分为五大模块。

（1）信息获取和信息数字化

这是数字图书馆首要的基本功能。它收集社会生活中产生的需要积累的信息资源，如果存在于网络上则直接获取转化；如果存储在非数字化的媒体介质上，则将其转化为数字信息。这些数字包括图像、文字、声音、视频等一切可以数字化的信息资源。

（2）信息存储和组织管理

大量的数字化信息需要有效地储存和组织起来以方便检索和索取。典型的信息存储和管理模型是 B/S 模式和 C/S 模式，以及网络环境下的新型信息组织结构、目录和索引。

（3）检索和查询

对数字图书馆中的信息进行属性检索（parametric search），提供文本搜索工具进行全文检索，以及对图像、音频、视频内容的高级检索，突破了以往任何检索的限制。

（4）信息发布和传播

数字化信息的发布是基于面向对象机制的，信息资源拥有者可以选择多种方式进行信息发布，宽带和速度不再成为制约信息传播的瓶颈。

（5）信息安全和限制管理

通过网络访问和管理数字信息，需要有效的权限，保护使用者的权益，还必须保护信息版权所有者的权益，所以数字图书馆的信息安全和权益管理必须均衡系统的安全性、性能、社会收益和个人收益。

2. 数字图书馆的支撑技术

（1）数字化信息生成技术

数字图书馆建立的前提是信息的数字化。将多媒体信息转换成计算机能够处理的数字化信息，以方便信息的压缩与有效存储，有效降低传输成本，利于实现信息资源的共享。SGML（standard general markup language）是一种适合文献全文及多媒体信息描述的标准，它为创建结构化电子文献数据库提供了依据。SGML将信息分为文件类型定义（DTD）和文件实例两部分，其中 DTD 定义信息的结构，文件实例则通过 DTD 进行限制检索，为用户提供个性化服务，提高了查准率。HTML（hypertext markup language）是 Web 上的通用语言，用于方便地制作网页并建立链接。XML（extensible markup language）在描述数据时，可用多种方式显示，允许利用应用软件进行深入处理。数字图书馆的信息组成分三部分：指针、元数据（metadata）、数据。指针是标识数据的一组唯一指示符。元数据是一组描述数据本身基本特性和属性的数据，类似于传统的文献编目，Dublin Core是元数据的一个通用标准，它适用于 HTML 环境。当前一些用于 XML 环境的规范也被提出，如 MCF（metadata content framework）、RDF（resource description framework）等。

（2）信息资源的存储和管理技术

数字图书馆的数据库要求具有管理音频、视频、图像等多媒体信息的能力，由于多媒体信息资料量大、长度不定，使得传统的数据库的数据模型、系统结构、用户接口等技术难以管理多媒体资料，因此需要建立面向对象的多媒体数据库和相应的多媒体数据库管理系统（MDBMS）。而当前还没有现成的面向对象的多媒体数据库，所以一般采用扩充原有数据库的方法支持多媒体资料，通过引入抽象数据模型或语义模型使之模拟非结构化资料（如 HTML 文件等）。

（3）信息检索技术

数字图书馆的信息资源日益丰富，对检索技术也提出了更高的要求。如何对多媒体信息建立有效索引，是当前研究的热点之一。现代的检索技术已经引入了超文本和超媒体的概念，由字符匹配向概念匹配发展。新型的全文检索已有三种实现技术：利用指定的检索项与全文文本的一次数据进行高速对照检索；对文本内容的检索项进行位置扫描、排序，建立以检索项的离散码为表目的倒排档；采用超文本模型建立全文数据库，实现超文本检索。

除了上面三种突出的支撑技术外，数字图书馆的实现还应有传送技术和安全防护技术（包括访问控制、数据加密、数字水印和数字签名等，以确保数字图书馆的网络安全与版权控制）和软件开发技术等。

3. 有待突破的一些支撑技术

目前，从时间范围来看，数字图书馆仍然处于研究和实验阶段。从数字图书馆的特征和功能来看，仍有一些数字图书馆的支撑技术有待突破。

（1）智能型全文检索技术

此技术主要解决跨地区、跨库的信息检索问题和智能化依照用户要求的精密检索问题。检索软件应该能够根据用户的信息需求，帮助用户分析和制定检索策略，并能根据检索策略，智能地进行分布式检索，最后能够提供精确地检索结果，解决检索结果质量低下和对应性差的问题。

（2）多媒体处理技术

此技术主要解决大规模多媒体信息的压缩和解压缩技术问题，多媒体信息的内容检索问题。传统文本的数字化较易处理，但多媒体信息包含图像、文字、声音和动画，它们的存储和传输需要占用大量的空间和带宽，如何利用新型的MPEG 技术处理这些问题是一个难点。而在多媒体信息的内容检索上更是目前无法很好解决的世界性难题。

（3）知识产权保护技术

数字图书馆一个很重要的特征就是强调新型存取和使用的自由化和共享化，这就意味着信息所有权个人的权益会受到巨大冲击。如何在个人知识产权的权益和社会公众的权益取得一定的平衡是一个制度和技术同时面临的难题。事实上，这个问题不仅仅是一个技术问题，更是一个社会观念的问题，受到社会结构和伦理的影响。

（4）存储和组织技术

此技术主要解决信息数字化以后复合文件的存储和管理问题。对于纯文本信息，目前的数字化技术和信息组织技术还不能满足数字图书馆的要求，主要表现在信息存在方式多样化，机构分化，难以统一组织标准，不能进行高效的全文检索，影响信息的查全率和查准率。此外，高密度存储介质和大规模计算还难以适应数字图书馆特殊的存储和计算要求。

（5）下一代 Web 技术

现有的 Web 技术建立在 IPv4 标准的基础上，以发布静态网页和简单的交互为目标，网络语言包括：HTML、DHTML、CGI 等，它们在大规模分布式协作环境下难以适应。下一代基于 IPv6 的网络和网格计算技术将极大地扩展网络的范围和分布计算能力及网络智能化水平，它将和面向对象的编程语言结合，为真正的高性能网络服务和网络计算提供先进的标准和工具，如 JAVA 语言、虚拟现实技术、IIOP 标准等。

（6）相关标准

数字图书馆是一个跨学科、跨国界、跨语言的系统工程，它的发展更需要制定相关的国际标准作为基础保证，如文献编目的国际标准 UnicMarc，用于网络信息描述的 SGML 和 XML，异构系统空间的检索标准，馆际互借协议 ISO10160 等，有些协议是基于传统图书馆的，已经不适应数字图书馆的要求，所以制定相关标准是世界范围内的课题。

数字图书馆建设不是一蹴而就的，也不是遥不可及的。随着经济和技术的发展，信息资源会逐渐向网络环境中的数字图书馆转移，所以数字图书馆研究应该是我国信息资源开发战略的重点内容。

第 7 章　信息安全技术

在信息时代，信息安全问题已经成为非常重要的研究课题，它直接影响到社会经济、政治、军事、个人生活的各个领域，甚至影响到国家安全。不解决信息安全问题，不加强网络信息系统的安全保障，信息化就不可能得到持续健康的发展。本章从整体角度阐述介绍信息安全的基本概念、密码技术、认证技术、网络安全技术以及数据库安全技术。

7.1　信 息 安 全

7.1.1　信息安全的概念

"安全"一词的基本含义为："远离危险的状态或特性"或"主观上不存在威胁，主观上不存在恐惧"。在各个领域都存在安全问题，安全是一个普遍存在的问题。随着计算机网络的迅速发展，人们对信息的存储、处理和传递过程中涉及的安全问题越来越关注，信息领域的安全问题变得非常突出。

信息安全是一个广泛和抽象的概念。所谓信息安全是关注信息本身的安全，而不管是否应用了计算机作为信息处理的手段。信息安全的任务是保护信息财产，以防止偶然的或未授权者对信息的恶意泄露、修改和破坏，从而导致信息的不可靠或无法处理等。这样可以使得我们在最大限度地利用信息的同时不招致损失或使损失最小。

7.1.2　信息安全的基本需求

信息安全的目的是向合法的服务对象提供准确、正确、及时和可靠的信息服务；而对其他任何人员和组织包括内部、外部乃至于敌对方，不论信息所处的状态是静态的、动态的还是传输过程中的，都要保持最大限度的信息的不透明性、不可获取性、不可接触性、不可干扰性和不可破坏性。

一般认为可以从以下五个方面来定义信息安全的基本需求。

（1）保密性

保密性是指信息不被泄露给未经授权者的特性，即对抗被动攻击，以保证机密信息不会泄露给非法用户。

保密性针对信息被允许访问对象的多少而不同。所有人员都可以访问的信息为公开信息，需要限制访问的信息一般为敏感信息或秘密，秘密可以根据信息的重要性及保密要求分为不同的密级。例如，国家根据秘密泄露对国家经济、安全利益产生的影响（后果）不同，将国家秘密分为秘密级、机密级和绝密级三个等级，组织可根据其信息安全的实际，在符合《国家保密法》的前提下将其信息划分为不同的密级。如广州市涉密计算机信息系统分为 A（国家绝密级）、B（国家机密级）、C（国家秘密级）、D（工作秘密级）四个级别。这里的保密性通常通过访问控制阻止非授权用户获得机密信息，通过加密技术阻止非授权用户获知信息内容。

（2）完整性

信息完整性一方面是指信息在生成、传输、存储和使用过程中不被篡改、丢失、缺损等，另一方面是指信息处理方法的正确性。不正当的操作，如误删除文件，也可能造成重要文件的丢失。一般通过访问控制阻止篡改行为，通过信息摘要算法来检验信息是否被篡改。完整性是指数据未经授权不能进行改变的特性，其目的是保证信息系统上的数据处于一种完整和未损的状态。

（3）可用性

可用性是指授权主体在需要信息时能及时得到服务的能力。可用性是在信息安全保护阶段时信息安全提出的新要求，也是在网络化空间中必须满足的一项信息安全要求。信息安全的可用性不仅包含信息本身的可用性，也要包含处理信息系统和物理环境。

（4）可控性

可控性是指可以控制授权范围内的信息流向及行为方式，对信息的传播及内容具有控制能力。为保证可控性，通常通过握手协议和认证对用户进行身份鉴别，通过访问控制列表等方法来控制用户的访问方式，通过日志记录用户的所有活动以便于查询和审计。

（5）不可否认性

不可否认性是指能保证用户无法否认曾对信息进行的生成、签发、接受等行为，是针对通信各方面信息真实同一性的安全要求，一般应用数字签名和公证机制来保证。

7.2 密码技术

7.2.1 密码通信模型

密码学中有三个最基本并且最主要的术语，分别是明文、密文和密钥。为了介绍这三个术语，本节首先介绍保密通信（或密码系统）的 Shannon 模型，如图 7-1 所示。

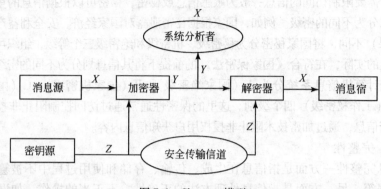

图 7-1　Shannon 模型

在该模型中，消息源要传输的消息 X（可以是文本文件、位图、数字化的语言、数字化的视频图像）被称为明文，明文通过加密器加密后得到密文 Y，将明文变成密文的过程称为加密，记为 E，它的逆过程称为解密，记为 D。

对明文进行加密时所采用的一组规则或变换算法称为加密算法，对密文进行解密时所采用的一组规则或变换算法称为解密算法，加密和解密通常都是在一组密钥的控制下进行的，分别称为加密密钥和解密密钥。

要传输消息 X，首先加密得到密文 Y，即 $Y = E(X)$，接受者收到 Y 后，要对其进行解密 $D(Y)$，为了保证将明文恢复，要求 $D(E(X)) = X$。

一个密码系统（或称为密码体制或简称为密码）由算法以及所有可能的明文、密文和密钥（分别称为明文空间、密文空间和密钥空间）组成。

7.2.2　密码体制的分类

对密码体制进行分类可以依据几种不同的分类标准。按执行的操作方式不同，可以分为替换（substitution）密码与换位（permutation）密码。按密钥的数量不同，可以分为对称密钥密码（又称单钥密码或私钥密码）与非对称密钥（又称公钥密码或双密钥密码）。对于对称密钥密码而言，按照针对明文处理方式的不同，可以分为流密码（stream 码，亦称序列码）与分组密码（block cipher）。其中，根据密钥的数量进行的分类最为常用。

对称密码体制通常又称对称密钥或对称密钥密码体制。在该体制中，加密密钥和解密密钥相同，或彼此之间容易相互确定。非对称密码体制又称双钥或公钥密钥密码体制。在该体制中，加密密钥和解密密钥不同，而且难于从一个推导出另一个。

在对称密钥密码体制下，密钥需要经过安全的通道由发送方传给接收方。因此，这种密码体制的安全性就是密钥的安全性。这种密码体制的优点是安全性高，加密速度快。缺点是随着网络规模的扩大，密钥的管理成为一个难点；无法解决信息确认问题；缺乏自动检测密钥泄露的能力。在公钥密码体制下，加密密钥和解密密钥是不同的，此时不需要通过专门的安全通道来传送密钥。公钥密码体制的优点是简化了密钥管理的问题，可以拥有数字签名等新功能。缺点是算法一般比较复杂，加解密速度慢。

7.3　认证技术

7.3.1　数字签名技术

1. 报文鉴别技术

在计算机网络安全领域中，为防止信息被窃听而采取的措施是对发送的信息进行加密，而防止信息被篡改和伪造则需要使用报文鉴别技术。鉴别是验证通信对象是原定的发送者而不是冒名顶替者的技术。报文鉴别就是这样一种过程：通信的接收方能够鉴别验证所收到的报文（包括发送者、报文内容、发送时间和序列等）真伪。

（1）报文源的鉴别

接收方使用约定的密钥（由发送方决定）对收到的密文进行解密，并且检验还原的明文是否正确，根据检验结果就可以验证对方的身份。其原理如图 7-2 所示。

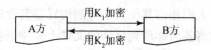

图 7-2　利用报文加密对身份进行鉴别

设通信者 A 与 B 采用密钥 K_1 和 K_2 进行交互通信，K_1 仅用于从 A 到 B 的传送，K_2 仅用于从 B 到 A 的传送。为了证实报文是由 A 产生的，B 只需要证实报文是用 K_1 来正确加密的。同样，为了证实报文是由 B 产生的，A 只需要证实报文是用 K_2 来加密的。

（2）报文宿的鉴别

只要将报文源的鉴别方法稍作修改，便可使报文的接收方（报文宿）能够认证自己是否是指定的接收方。在以密钥为基础的鉴别方案的每一报文中，同时加入接收方标识符 IDB；在以通行字为基础的鉴别方案中，每一报文加入收方通行字 PWB。

若采用公开密钥密码，报文宿的认证只要发送方 A 对报文用 B 的公开密钥进行加密即可，因为只有 B 才能用自己私有的解密密钥还原报文，若还原的报文是正确的，B 便确认自己是指定的接收方。

（3）报文时间性的鉴别

报文的时间性即指报文的顺序性。报文时间性的鉴别是指收方在收到一份报文后，需要确认是否保持正确的顺序，有无断漏和重复。

（4）报文内容的鉴别

对报文内容进行鉴别是十分重要的。报文内容的鉴别使接收方能够确认报文内容是否真实。报文鉴别的一种方式是使用报文鉴别码（message authentication code，MAC）。报文鉴别码是用一个密钥生成的一个小的数据块，追加在报文的后面。报文鉴别可通过报文加密来实现。但在特定的网络应用中，许多报文并不需要加密，但是要求发送的报文应该是完整和不是伪造的。例如，通知网络上所有的用户有关上网的注意事项。对于不需要加密的文件进行加密和解密，将对计算机增加很多不必要的开销。因此，可使用单独的相对简单的报文鉴别算法来达到目的。

2. RSA 数字签名技术

在现实生活中，我们习惯于用手写的方式在文件上签字（在我国，常见的方式还有按手印），其目的一般表示签名者同意该文件的内容，或者宣示签名者的身份。之所以如此，是因为文件和签名都是物理的东西，通常人们公认：①签名是可信的。签名者就是现实中的那个人，文件内容表述了签名者的真实意愿。②签名是不可伪造的。人们相信其他人不可能仿冒签名者的签名。③签名是不可重用的。其他人不可能将签名移动到另外的文件上。④签名后的文件是不可篡改的。不可对已经签名的文件作任何更改。⑤签名是不可抵赖的。签名者事后无法声称他没有签过名。

但是，实际上签名是可以被伪造（冒签）的，签名可以被从一个文件移动到另一个文件中，签名后的文件可以被更改，签名者甚至可以声称是在违背自己意愿的情况下签名的。尽管如此，我们仍然相信签名，因为经验告诉我们，欺骗是困难的，而且被发现的可能性极大。

目前已有大量的数字签名算法，如 RSA 数字签名算法、DSS 数字签名算法、DSA 数字签名算法、HASH 数字签名算法等。这里主要介绍 RSA 数字签名算法。

RSA 算法是公钥密码体制中最负有盛名的算法，算法的名字以三位发明者名字的首字母命名：Ron Rivest，Adi Shamir 和 Leonard Adleman。

它是第一个既能用于数据加密也能用于数字签名的算法。该算法思想简单，易于理解，易于程序实现。

选择两个大素数，p 和 q。计算：$n = p * q$

然后随机选择加密密钥 e，要求 e 和 $(p-1) \times (q-1)$ 互质。最后，利用 *Euclid* 算法计算解密密钥 d，满足 $e \times d = 1 \ (mod \ (p-1) \times (q-1))$

其中 n 和 d 也要互质。数 e 和 n 是公钥，d 是私钥。两个素数 p 和 q 不再需要，应该丢弃，不要让任何人知道。加密信息 m（二进制表示）时，首先把 m 分成等长数据块 $m1$，$m2$，$\cdots$ mi，块长 s，其中 $2^s \leq n$，s 尽可能的大。

对应的密文是：

$$c_i = m_i\hat{\ }e(mod \ n) \tag{7-1}$$

解密时做如下计算：

$$m_i = c_i\hat{\ }d(mod \ n) \tag{7-2}$$

RSA 可用于数字签名。具体操作时考虑到安全性和 m 信息量较大等因素，一般是先进行 Hash 运算。

RSA 的缺点主要有：

1）产生密钥很麻烦，受到素数产生技术的限制，因而难以做到一次一密。

2）分组长度太大，为保证安全性，n 要 600bit 以上，使运算代价很高，尤其是速度较慢，比对称密码算法慢几个数量级；且随着大数分解技术的发展，这个长度还在增加，不利于数据格式的标准化。

7.3.2 身份认证技术

身份认证（identification）是通过通信双方在实质性数据传输之前进行审查和证实对方身份的操作。身份认证可以在用户登录时进行，也可以贯穿于数据传输的过程中。

在允许用户进入计算机网络系统之前，必须进行严格的身份认证。身份认证可以采用普通口令系统、一次性口令或生理特征等认证措施。

认证系统是身份鉴别技术的具体应用，身份验证技术是在计算机中最早和最广泛应用的安全技术，是用户能够进入应用系统的一道屏障。

身份验证是用户向系统出示自己身份证明的过程；身份认证是系统核查用户身份证明的过程。这两个过程是判明和确认通信双方真实身份的两个重要环节，人们常把这两项工作统称为身份认证（或身份鉴别）。

身份认证技术按是否使用硬件可以分为软件认证和硬件认证；从认证需要验证的条件来看，可以分为单因子认证和双因子认证；从认证信息来看，可以分为静态认证和动态认证。身份认证技术的发展，经历了从软件认证到硬件认证，从单因子认证到双因子认证，从静态认证到动态认证的过程。

1. 口令核对

口令核对（用户名/密码）是最简单也是最常用的身份认证方法，它是基于"what you know"的验证手段。其基本做法是：每一个合法用户都有系统给的一个用户名/口令对，当用户进入时，系统要求输入用户名、口令，如果正确，则该用户的身份得到了验证。

口令核对的优点是方法简单。其缺点是：用户取的密码一般较短，且容易猜测，容易受到口令猜测攻击；口令的明文传输使得攻击者可以通过窃听通信信道等手段获得用户口令；加密口令还存在加密密钥的交换问题。

2. IC 卡认证

IC 卡是一种内置集成电路的卡片，卡片中存有与用户身份相关的数据。IC 卡由专门的厂商通过专门的设备生产，可以认为是不可复制的硬件。IC 卡由合法用户随身携带，登录时必须将 IC 卡插入专用的读卡器读取其中的信息，以验证用户的身份。IC 卡认证是基于"what you have"的手段，通过 IC 卡硬件不可复制来保证用户身份不会被仿冒。然而由于每次从 IC 卡中读取的数据还是静态的，通过内存扫描或网络监听等技术还是很容易截取到用户的身份验证信息。因此，静态验证的方式还是存在根本的安全隐患。

3. 动态口令

动态口令技术是一种让用户的密码按照时间或使用次数不断动态变化，每个密码只使用一次的技术。它采用一种称之为动态令牌的专用硬件，内置电源、密码生成芯片和显示屏，密码生成芯片运行专门的密码算法，根据当前时间或使用次数生成当前密码并显示在显示屏上。认证服务器采用相同的算法计算当前的有效密码。用户使用时只需要将动态令牌上显示的当前密码输入客户端计算机，即可实现身份的确认。由于每次使用的密码必须由动态令牌来产生，只有合法用户才持有该硬件，因此只要密码验证通过就可以认为该用户的身份是可靠的。而用户每次使用的密码都不相同，即使黑客截获了一次密码，也无法利用这个密码来仿冒合法用户的身份。

动态口令技术采用一次一密的方法，有效地保证了用户身份的安全性。但是，如果客户端硬件与服务器端程序的时间或次数不能保持良好的同步，就可能发生合法用户无法登录的问题。并且用户每次登录时还需要通过键盘输入一长串无规律的密码，一旦看错或输错就要重新输入，使用非常不方便。

4. 生物特征认证

生物特征认证是指采用每个人独一无二的生物特征来验证用户身份的技术。从理论上说，生物特征认证是最可靠的身份认证方式，因为它直接使用人的物理特征来表示每一个人的数字身份，不同的人具有相同的生物特征的可能性可以忽略不计，因此几乎不可能被仿冒。

指纹是一种已被接受的用于唯一的识别一个人的方法。指纹图像对每一个人来说都是唯一的，不同的人有不同的指纹图像，它能够被存储在计算机中，用以进入系统时进行匹配识别。在某些复杂的系统中能够指出指纹是否属于一个真正活着的人。

手印被用于读取整个手而不仅仅是手指的特征和特性。一个人将其手按在手印读入器的表面上，同时，该手印与存放在计算机中的手印图像进行比较，最终确认是否是同一个人的手印。

声音图像对每一个人来说也是各不相同的。这是因为每个人说话时都有唯一的音质和声音图像，即使两个人说话声音相似也如此。识别声音图像的能力使人们可以基于某个短语的发音对人进行识别，而且正确率比较高，通常只有当声音发生了大的变化，如感冒、喉部疾病等才会出现错误。在我国，司法部门已经开始使用声音图像对人进行识别。

笔迹或签名不仅包括字母和符号的组合方式，也包括了签名时某些部分用力的大小，或笔接触纸的时间长短和笔移动中的停顿等细微差别。对于笔迹的分析由一支生物统计笔进行，可将书写特征与存储的信息相对比。

另外还有一些生物特征可以用于身份鉴别，包括虹膜、视网膜、红外温谱图等。

5. USB Key 认证

基于 USB Key 的身份认证方式是近几年发展起来的一种方便、安全、经济的身份认证技术，它采用软硬件相结合的、一次一密的强双因子认证模式，很好地解决了安全性与易用性之间的矛盾。USB Key 是一种 USB 接口的硬件设备，它内置单片机或智能卡芯片，可以存储用户的密钥或数字证书，利用 USB Key 内置的密码学算法实现对用户身份的认证。基于 USB Key 的身份认证系统主要有两种应用模式：一种是基于冲击/响应的认证模式，另一种是基于 PKI 体系的认证模式。

6. 身份的零知识证明

通常的身份认证都要求传输口令或身份信息，但如果能够不传输这些信息，身份也得到认证就好了。身份的零知识证明就是这样一种技术。

具体来说，就是被认证方 A 掌握某些秘密信息，A 想设法让认证方 B 相信他确实掌握那些信息，但又不想让认证方 B 知道那些秘密信息。这时，就可以用身份的零知识证明技术来实现。

7.4　网络安全技术

7.4.1　计算机病毒

1. 计算机病毒概述

（1）计算机病毒的定义

计算机病毒（computer virus），是一种人为制造的、能够进行自我复制的、具有对计算机资源进行破坏作用的一组程序或指令集合，这是计算机病毒的广义定义。1994 年 2 月 18 日公布的《中华人们共和国计算机信息系统安全保护条例》中，计算机病毒被定义为："计算机病毒是指编制或者在计算机程序中插入的破坏计算机功能或者破坏数据，影响计算机使用并且能够自我复制的一组计算机指令或者程序代码"。这一定义，具有一定的法律性和权威性，可被称为计算机病毒的狭义定义。

基于计算机病毒的广义定义，"特洛伊木马"、"网络蠕虫" 等具有一定争议的 "恶意代码"，均作为病毒，这与众多杀毒软件对病毒的定义是一致的，如果要严格区分，可以将这些病毒称作 "后计算机病毒"。也就是说，某些广义下的计算机病毒（如网络蠕虫），不具有狭义病毒的特征，并不感染其他正常程序，而是通过持续不断地反复复制自己、扩增自己的拷贝数量，消耗系统资源（如内存、磁盘存储空间、网络资源等），最终导致系统崩溃。

（2）计算机病毒的类型

如果按照计算机链接方式划分，可将计算机病毒分为四种。

1）原始型病毒。该类病毒攻击时用高级语言编辑的程序，该病毒在用高级语言编辑的程序编译前插入到原程序中，经编译后成为合法程序的一部分。

2）嵌入型病毒。这种病毒是将自身嵌入到现有程序中，把计算机病毒的主体程序与其攻击的对象以插入的方式连接。这种计算机病毒通常较难编写，一旦侵入程序体后也较难消除。

3）外壳型病毒。外壳型病毒将其自身包围在主程序的四周，对原来的程序不做修改。这种病毒较为常见，易于编写和发现，只需测试文件的大小即可。

4) 操作系统型病毒。病毒用它自身的意图加入或取代部分操作系统进行工作，具有很强的破坏力，可以导致整个系统的瘫痪。原点病毒和大麻病毒就是典型的操作系统型病毒。

按计算机病毒的激活时间，可分为定时病毒和随机病毒。前者仅在某一特定时间才发作，后者通常不通过时钟来激活。如按传播媒介，则可分为单机病毒和网络病毒。单机病毒的载体是磁盘，而网络病毒的传播媒介是网络通道，后者的传染能力更强，破坏力更大。

2. 计算机病毒的检测与防范措施

（1）计算机病毒防范手段

防范计算机病毒的技术手段主要包括两方面。

1）软件预防。软件预防是指通过采用病毒预防软件来防御病毒的入侵。安装病毒预防软件并使其常驻内存后，就可以对侵入计算机的病毒及时报警并终止处理，从而达到不让病毒感染的目的。

2）硬件预防。硬件预防主要是通过硬件的方法来防止病毒入侵计算机系统。采用的主要硬件预防方法包括设计病毒过滤器、改变现在系统结构、安装防病毒卡等硬件。

（2）计算机病毒的检测方法

计算机病毒的检测方法主要有直接观察法和解剖法两种类型。所谓直接观察法，是指通过直接观察计算机系统是否出现某些染病特征的异常现象（包括系统引导异常、文件异常、设备异常等），来判断该系统是否感染了病毒。病毒程序或者被病毒感染的程序通常具有某些解剖性特征，解剖法就是通过利用 PC-TOOLS，DEBUG 等工具性软件对这些解剖性特征进行检测，从而检测出计算机系统是否已经感染病毒。

7.4.2 防火墙技术

基于 Internet 体系结构的网络应用有两大部分，即 Intranet 和 Extranet。Intranet 是借助 Internet 的技术和设备在 Intranet 上构造出企业 WWW 网，可放入企业全部信息，实现企业信息资源的共享；而 Extranet 是在电子商务、协同合作的需求下，用 Intranet 间的通道获得其他网络中允许共享的、有用的信息。因此按照企业内部的安全体系结构，防火墙应当满足如下的要求：①保证对主机和应用安全访问；②保证多种客户机和服务器的安全性；③保护关键部门不受到来自内部和外部的攻击，为通过 Internet 与远程访问的雇员、客户、供应商提供安全通道。

因此，防火墙是在两个网络之间执行控制策略的系统（包括硬件和软件）。

目的是保护网络不被可疑人入侵。本质上，它遵从的是一种允许或阻止相互来往的网络通信安全机制，也就是提供可控的过滤网络通信，或者只允许授权的通信。

通常，防火墙是位于内部网或 Web 站点与 Internet 之间的一个路由器和一台计算机（通常被称为堡垒主机）。其目的如同一个安全门，为门内的部门提供安全。就像工作在门前的安全卫士，控制并检查站点的访问者。防火墙配置如图 7-3 所示。

图 7-3　防火墙配置示意图

防火墙是由 IT 管理员为保护自己的网络免遭外界非授权访问，但允许与 Internet 互连而发展起来的。从国际角度，防火墙可以看成是安装在两个网络之间的一道栅栏，根据安全计划和安全网络中的定义来保护其后面的网络。因此，从理论上讲，由软件和硬件组成的防火墙可以做到：①所有进出网络的通信流都应该通过防火墙；②所有穿过防火墙的通信流都必须有安全策略和计划的确认及授权；③防火墙是穿不透的。

利用防火墙能保护站点不被任意互连，甚至能建立跟踪工具，帮助总结并记录有关连接来源、服务器提供的通信量以及试图闯入者的任何企图。由于单个防火墙不能防止所有可能的威胁，因此，防火墙只能加强安全，而不能保证安全。

1. 防火墙的原理

（1）基于网络体系结构的防火墙原理

防火墙的主要目的是为了分隔 Intranet 和 Extranet，以保护网络的安全。因此从 OSI 的网络体系结构来看，防火墙是建立在不同分层结构上的、具有一定安全级别和执行效率的通信交换技术。无论是 OSI/RM 还是 TCP/IP 都具有相同的实现原理，如图 7-4 所示。

根据网络分层结构的实现思想，若防火墙所采用的通信协议栈越在高层，所能检测到的通信资源就越多，其安全级别也就越高，但其执行效率却较差。反之，如果防火墙所采用的通信协议栈越在低层，所能检测到的通信资源就越少，其安全级别也就越低，但其执行效率却较佳。

按照网络的分层体系结构，在不同的分层结构上实现的防火墙不同，所采用

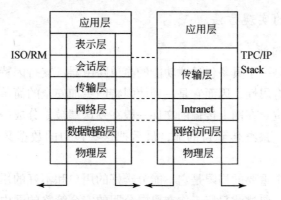

图 7-4　基于网络体系结构的防火墙实现原理

的实现方法技术和安全性能也就不尽相同，通常有：①基于网络层实现的防火墙，通常称为包过滤防火墙；②基于传输层实现的防火墙，通常称为传输级网关；③基于应用层实现的防火墙，通常称为应用级网关；④整合上述所有技术，形成混合型防火墙，根据安全性能进行弹性管理。

（2）基于 Dual Network Stack 的防火墙

为了进一步提高防火墙的安全性，有的防火墙除了在不同的分层协议栈上实现安全通信外，还采用了连接隔离和通信协议栈的堆叠，以增加可靠性，如图 7-5 所示。

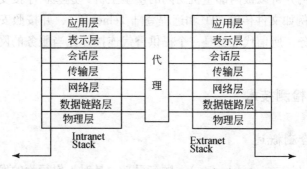

图 7-5　基于 Dual Network Stack 防火墙实现原理

基于 Dual Network Stack 的防火墙有效地保护了网络之间的通信和连接管理。从网际的角度看，Intranet 被完全隔离而实现了安全保护；从网络体系结构的角度看，在不同的分层协议上也有不同的防火墙技术，主要依赖于网络具体的协议结构。当然，对于内部和外部网络而言，其协议结构有可能是不同的，因而具有更好的适应性和安全性。

2. 防火墙的实现方法

（1）数据包过滤

防火墙通常是一个具备包过滤功能的简单路由器，支持因特网安全。因为包过滤是路由的固有属性，因而它是一种使因特网更加安全的简单方法。包是网络上信息流动的单位。在网上传输的文件一般在发送端被划分成一串数据包，经过网上的中间站点，最终传到目的地，最后把这些包中的数据又重新组成原来的文件。

包过滤的一个重要的局限是它不能分辨好的用户和不好的用户，它只能区分好的包和坏的包。包过滤只好工作在黑白分明的安全策略的网中，即内部人是好的，外部人是不好的。例如，对于 FTP 协议，包过滤就不十分有效，因为完成数据传输，FTP 允许连接外部服务器并使连接返回到端口 21。这甚至成为一条规则附加于路由器上，即内部网络机器上的端口 21 可用于探查外部的情况。另外，黑客们很容易"欺骗"这些路由器，而防火墙则不同。因此，在决定实施防火墙计划之前，现要决定使用哪种类型的防火墙设计。

（2）代理服务

代理服务是运行在防火墙主机上的一些特定的应用程序或者服务程序。防火墙主机可以是一个内部网络接口和一个外部网络接口的双重宿主主机，也可以是一些访问因特网并可以被内部主机访问的堡垒主机。这些程序接受用户对因特网服务的请求（例如文件传输 FTP 和远程登陆 Telnet 等），并按照安全策略转发它们到实际的服务。所谓代理就是一个提供替代连接并充当服务的网关，也称之为应用级网关。

7.4.3 入侵检测技术

1. 入侵检测概述

入侵检测（intrusion detection），顾名思义，是对入侵行为的发觉。现在对入侵的定义已大大扩展，不仅包括被发起攻击的人（如恶意的黑客）取得超出合法范围的系统控制权，也包括收集漏洞信息，造成拒绝服务（Dos）等对计算机造成危害的行为。入侵检测技术是通过从计算机网络和系统的若干关键点收集信息并对其进行分析，从中发现网络或系统中是否有违反安全策略的行为或遭到入侵的迹象，并依据既定的策略采取一定的措施的技术。也就是说，入侵检测技术包括三部分内容：信息收集、信息分析和响应。

近年来，入侵检测技术成为安全研究领域的热点，主要原因是防火墙和操作系统加固技术等传统安全技术都是静态安全防御技术，不能提供足够的安全性。

另外，入侵检测系统对于系统的信息安全的作用主要表现在以下三个方面。

1）入侵检测系统能使系统对入侵事件和过程做出实时响应。如果一个人入侵行为能被足够迅速地检测出来，就可以在任何破坏或数据泄密发生之前将入侵者识别出来并驱逐出去。即使检测速度不够快，入侵行为越早被检测出来，入侵造成的破坏程度就会越少，而且能越快地恢复工作。

2）入侵检测是防火墙的合理补充。入侵检测系统能够收集有关入侵技术的信息，这些信息可以用来加强防御措施。

3）入侵检测是系统动态安全的核心技术之一。鉴于静态安全防御不能提供足够的安全，系统必须根据发现的情况实时调整，在动态中保持安全状态，这即是常说的系统动态安全。其中检测是静态防护转化为动态的关键，是动态响应的依据，是落实或强制执行安全策略的有力工具，因此入侵检测是系统动态安全的核心技术之一。

2. 入侵检测模型

Dennying 于 1987 年提出了一个通用的入侵检测模型如图 7-6。该模型由以下六个主要部分构成。

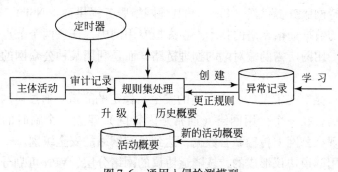

图 7-6　通用入侵检测模型

1）主体（subject）：启动在目标系统上活动的实体，如用户。

2）对象（object）：系统资源，如文件、设备、命令等。

3）审计记录（audit records）：由（subject、action、object、exception-condition、resource-usage、time-stamp）构成的 6 元组，活动（action）是主体对目标的操作，对操作系统而言，这些操作包括读、写、登录、退出等。异常条件（exception – condition）是指系统对主体的活动的异常报告，如违反系统读写权限。资源使用状况（resource – usage）是系统的资源消耗情况，如 CPU、记忆使用率等。时间戳（time – stamp）是活动发生时间。

4）活动概要（activity profile）：用以保存主体正常活动的有关信息，具体实现依赖于检测方法，在统计方法中可以从事件数量、频度、资源消耗等方面度量，通过使用方差、马尔可夫模型等方法实现。

5）异常记录（anomaly record）：由（event、time-stamp、profile）组成，用以表示异常事件的发生情况。

6）规则集处理引擎：主要检测入侵是否发生，并结合活动概要，用专家系统或统计方法等分析接收到的审计记录，调整内部规则或统计信息，在判断有人入侵发生时采取相应的措施。

该模型侧重于分析检测特定主机上的活动，后来开发的许多入侵检测系统都基于或参照这个模型。Dennying 模型的最大缺点是它没有包含已知系统漏洞或攻击方法的知识，而这些知识在许多情况下是非常有用的信息。

7.4.4　虚拟专用网技术

1. 虚拟专用网定义及分类

虚拟专用网（virtual private network，VPN）既是一种组网技术，又是一种网络安全技术。它不是真的专用网，但却能够实现专用网络的功能。虚拟专用网指的是依靠因特网服务提供商（ISP）和其他网络服务提供商（NSP），在公用网络中建立专用的数据通信网络的技术。在虚拟专用网中，任意两个节点之间的连接并没有传统专用网所需的端对端的物理链路，而是利用某种公众网的资源动态组成的。

VPN 是一条穿过混乱的公用网络的安全、稳定的隧道。通过对网络数据的封包和加密传输，在一个公用网络（通常是因特网）建立一个临时的、安全的连接，从而实现在公网上传输私有数据，达到私有网络的安全级别。

隧道是用隧道协议形成的，按隧道协议的网络分层，VPN 可划分为第 2 层隧道协议、第 3 层隧道协议和第 4 层隧道协议。如 PPTP VPN、L2TP VPN、IPSec VPN 和 MPLS VPN 等。PPTV（point-to-point tunneling protocol）和 L2TP 等属于第 2 层次隧道协议，IPSec 属于第 3 层隧道协议，MPLS 跨越第 2 层传输层。

2. 虚拟专用网的特点

一般情况下，一个高效、成功的 VPN 应具备以下几个特点。

（1）安全保障

虽然实现 VPN 的技术和方式很多，但所有的 VPN 均应保证通过公用网络平台传输数据的专用性和安全性。在非面向连接的公用 IP 网络上建立一个逻辑的点对点的连接，称为一个隧道，可以利用加密技术对经过隧道传输的数据进行加密，以保证数据仅被指定的发送者和接受者了解，从而保证了数据的私有性和安全性。

（2）服务质量保证

VPN 应当为企业数据提供不同等级的服务质量保证。不同的用户和业务对服务质量保证的要求差别较大，如移动办公用户，提供广泛的连接和覆盖性是保证 VPN 服务的一个主要因素；而对于拥有众多分支机构的专线 VPN，交互式的内部企业网应用则要求网络能提供良好的稳定性。所以以上网络应用均要求网络根据需要提供不同等级的服务质量。

（3）低成本性

VPN 不需要像传统的专用网那样租用专线，设置大量的数据机或远程存取服务器等设备。比如，远程访问 VPN 用户只需要通过本地的信息服务提供商（ISP）登录到 Internet 上，就可以在他的办公室和公司内部网之间建立一条加密信道，用这种 Internet 作为远程访问的骨干网方案比传统的方案（比如租用专线和远程拨号访问）更易实现，费用更少。

（4）易于管理维护

VPN 中可以使用 RADIUS（remote authentics dial in user service）来简化管理，使用 RADIUS 时，从管理上只需维护一个访问权限的中心数据库来简化用户的认证管理，无须同时管理地理上分散的远程访问服务器的访问权限和用户认证。同时在 VPN 中，较少的网络设备和线路也使网络的维护较容易。

3. IPSec VPN 技术

IPSec 协议是一个范围广泛、开放的虚拟专用网安全协议。IPSec 通过对数据加密（加密 IP 地址和数据）、认证（主机和端点身份鉴别）、完整性检查（数据在通过网络传输时是否被修改）来保证数据传输的可靠性、私有性和保密性。IPSec 由 IP 认证 AH（authentication header）、IP 封装安全载荷 ESP（encapsulated security payload）和密钥管理协议等部分组成，其结构体系如图 7-7 所示。

IPSec 协议可以设置成在两个模式下运行：一种是隧道模式，一种是传输模式。一个 IPSec 隧道由一个隧道客户和隧道服务器组成，两端都配置使用 IPSec 隧道技术，采用协商加密机制。在隧道模式下，IPSec 使用安全方式封装和加密整个 IP 包，然后对加密的负载再次封装在明文 IP 包头内通过网络发送到隧道服务器端。隧道服务器对收到的数据包进行处理，在去除明文 IP 包头，对内容进行解密之后，获得最初的负载 IP 包。负载 IP 包在经过正常处理之后被路由到位于目标网络的目的地。隧道模式是安全的，但会带来较大的系统开销。

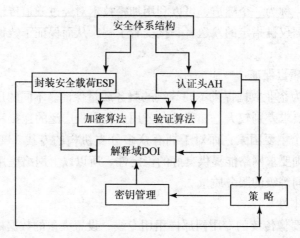

图 7-7　IPSec 安全结构体系

　　IPSec 有扩展能力以适应未来商业的需要。在 1997 年年底，IETF 安全工作组完成了 IPSec 的扩展，在 IPSec 协议中加上 ISAKMP（internet security association and key management protocol）协议，其中还包括密钥分配协议 Oakley。ISAKMP/Oakley 支持自动建立加密信道、密钥的自动安全分发和更新。IPSec 也可用于连接其他层已存在的通信协议，如支持安全电子交易 SET（secure electronic transaction）协议和 SSL（secure socket layer）协议。即使不用 SET 或 SSL，IPSec 都能提供认证和加密手段以保证信息的传输。IPSec 传输模式只对 IP 包的数据部分进行加密，在数据字段前插入 IPSec 认证头，而对 IP 包头不进行任何修改，这样源地址和目标地址就会暴露在公网中，容易遭受攻击。传输模式通常用于两个终端节点之间的连接，如"客户—服务器"，当采用 AH 传输模式时，主要为 IP 数据包（IP 包头中的可变信息除外）提供认证保护；当采用 ESP 传输模式时，主要对 IP 数据包的上层信息提供加密和认证双重保护。

7.5　数据库安全技术

　　数据库安全技术是指为了保证信息系统中的数据免遭破坏、修改、泄露和窃取等威胁和攻击而采取的各种技术方法，主要包括口令保护技术、存取控制技术、数据加密技术。

7.5.1　数据库安全的重要性

　　主要来自以下三方面的原因。

　　1）如果不对用户权限加以限制，则整个数据库中的数据就会面临因越权访问而造成的信息泄露。

2）由于数据库中数据的冗余度小，所以一旦数据库被篡改则原来存储的数据就会遭到破坏。

3）数据库的安全还涉及应用软件和数据的安全。

数据库最基本的安全要求，即是要保证数据的安全，其安全特点主要表现在以下方面。

1）数据库需要保护的客体较多，其安全管理要求各不相同。

2）数据库中数据的生命周期较长，需要长期保护的数据其安全要求也更高一些。

3）计算机网络系统的开放性，严重威胁着数据库的安全。

4）数据库系统受保护的客体通常具有复杂的逻辑结构，而后者可能会映射到同一物理数据客体上。

5）不同的结构层有不同的安全保护要求。

6）要防止数据因语义、语法等方面的原因而导致数据库在安全方面的漏洞。

7）要防范由数据库中的非敏感数据推导出敏感数据的推理攻击。

7.5.2 数据库的安全控制技术

数据库的安全控制技术主要有 3 种。

（1）口令保护技术

为了确保数据库的安全性，一般应对数据库的不同模块设置不同的口令，为不同用户设置不同的口令级别。

（2）数据加密技术

数据加密技术是确保数据库安全的一种重要措施，主要用来对传输和存储过程中的数据提供安全性保护手段。

（3）存取控制技术

存取控制技术主要用于确保用户只能存取他有权存取的数据，通常采取两种措施，一是识别并验证用户的身份，二是决定用户的访问权限。

参 考 文 献

巴伊赞－耶茨等.1999.现代信息检索.王知津等译.北京：机械工业出版社.

曹咏梅等.2004.DC 元数据与 MARC 的比较分析.情报杂志,(3)：105-106.

陈次白等.2003.计算机信息存储与检索.北京：国防工业出版社.

陈启祥.2005.多媒体技术与应用.北京：电子工业出版社.

程文刚,须德.2004.一种层次视频摘要生成方法.中国图像图形学报,(1)：118-123.

崔丹丹,张才千.2005.多媒体信息压缩中的 MPEG 技术.农业网络信息,(10)：85-87.

窦永香,刘东苏,赵捧未.2005.国外 Information Architecture 教育现状及启示.情报杂志,24
  (6)：114-115.

窦永香,赵捧未,秦春秀.2007.基于本体的对等网语义检索系统.现代图书情报技术,
  (12)：25-28.

窦永香.2007.解读对等网环境下的知识检索.现代图书情报技术,(6)：42-46.

窦永香,赵捧未.2007.关于知识管理实施理论的思考.图书情报工作,(2)：38-40.

范明等译.2001.数据挖掘：概念与技术.北京：机械工业出版社.

符江东,柏文阳,蒋明.2003.基于关键字的 Web 页面摘要生成技术.计算机应用研究：
  137-139.

傅湘玲,赖茂生.2004.IA 在企业信息管理中的应用.图书情报工作,(6)：13-15.

高俊杰.2007.一种基于交互信息量的视频摘要生成方法.微电子学与计算机,(2)：128-131.

高文等.2000.数字图书馆原理与技术实现.北京：清华大学出版社.

谷波,张永奎.2003.文本聚类算法的分析与比较.电脑开发与应用,(4)：4-6.

郭宗磊,古忠民.2009.网站建设的 IA 分析.网络财富,(4)：l45-150.

何斌,张立厚.2007.信息管理原理与方法.北京：清华大学出版社.

何儒云,汤艳莉.2003.智能化信息检索系统.图书馆,(3)：34-37.

何晓聪.2005.跨语言信息检索初探.情报科学,23(2)：274-277.

胡华.2007.现代信息管理.浙江：浙江大学出版社.

黄立冬.2009.数字图书馆的知识构建.江西图书馆学刊,39(4)：21-23.

康新秀.2010.浅析信息资源开发技术.科技情报开发与经济,20(14)：126-127.

赖茂生,王延飞,赵丹群.1996.计算机情报检索.北京：北京大学出版社.

赖茂生等.1993.计算机情报检索.北京：北京大学出版社.

赖茂生.2004.关于信息构建(IA)的十个问题.江西图书馆学刊,34(1)：1-3.

赖茂生,侯艳飞.2005.跨语言检索技术：策略与方法.郑州大学学报(哲学社会科学版),
  (4)：11-14.

赖茂生等.2006.计算机情报检索.北京：北京大学出版社.

冷伏海.2004.信息组织概论.北京：科学出版社.

李剑.2007.信息安全导论.北京：北京邮电大学出版社.

李娟,赵燕芳.2009.信息构建在中国电子政务中的应用——以中国政府网为考察对象.图书
  馆学研究,(3)：5-7.

李培．2004．数字图书馆原理及应用．北京：高等教育出版社．

李淑文．2004．试论文本自动分类．现代计算机，38-41．

李伟，黄颖．2006．文本聚类算法的比较．科学情报开发与济，(8)：234-236．

廖述梅，万常选，徐升华．2007．XML 信息检索探究．情报学报，(8)：229-234．

林春燕，朱东华．2004．一种快速的文本聚类–分类法．计算机工程与科学，26 (7)：70-74．

凌捷，谢赞福．2005．信息安全概论．广州：华南理工大学出版社．

刘成山．2003．数字图书馆及其结构．西安：西安电子科技大学．

刘成山，赵捧未，窦永香．2002．数字图书馆及其实现技术．情报科学，20 (12)：1319-1321．

刘海疆等．2005．网络多媒体应用技术．北京：清华大学出版社．

刘红军．2005．信息管理基础．北京：高等教育出版社．

刘红军．2008．信息管理概论．北京：科学出版社．

刘怀亮，张治国，赵捧未．2006．中文文本分类反馈学习研究．情报理论与实践，(6)：
　　118-121．

刘宁，柴雅凌．2006．自然语言在智能检索中的应用．图书与情报，(1)：92．

刘强，曾民族．2003．信息构筑体系及其对信息服务业进步的影响．情报理论与实践，(1)：
　　1-7．

刘琼．2003．智能情报检索探讨．武汉交通管理干部学院学报，5 (1)：80．

刘炜等．2000．数字图书馆引论．上海：上海科技文献出版社．

刘晓庆．2006．浅析数据挖掘的研究现状及其应用．电脑知识与技术，(26)：23-24．

刘岩芳．2008．信息构建在知识管理实现中的应用研究．图书与情报，(2)：50-53．

刘珍，李运．2007．浅谈 XML 与 HTML 的异同．福建电脑，(1)：54，79．

娄策群．2009．信息管理学基础．北京：科学出版社．

卢苇，彭雅．2007．几种常用的计算机文本分类算法性能比较与分析．湖南大学学报，(6)：
　　67-69．

陆宝益，陆宝忠．2001．论跨语言网络信息检索技术系统：以 Mulinex 为例．情报科学，19
　　(8)：876-880．

罗威．2002．RDF（资源描述框架）——Web 数据集成的元数据解决方案．情报学报，(4)：
　　178-183．

马费成．2005．信息资源开发与管理．北京：电子工业出版社．

马志欣，王宏，李鑫．2006．语音识别技术综述．昌吉学院学报，(3)：93-95．

孟广均，霍国庆，罗曼．2003．信息资源管理导论．北京：科学出版社．

匿名．2009-01-09．计算机应用技术．http：//www.doc88.com/p-566021509.html．

聂建云，陈江利．2001．平行网页建立中英文统计翻译模型．中文信息学报，15 (1)：1-10．

牛少彰．2004．信息安全概论．北京：北京邮电大学出版社．

潘果，唐欣韵．2007．浅析 XML 的相关技术及应用．中国科技信息，(4)：117-119．

乔华，苏芳荔．2005．文献信息标引自动化的发展．现代情报，(4)：63-64．

秦春秀，赵捧未，窦永香．2005．一种基于本体的语义标引方法．情报理论与实践，(3)：
　　224-226．

秦春秀，赵捧未，窦永香．2005．基于 Ontology 的个性化检索．现代图书情报技术，（4）：45-47.

阙喜戎等．2003．信息安全原理及应用．北京：清华大学出版社．

荣毅虹，梁战平．2003．信息构建探析．情报学报，22（2）：229-232.

史田华等．2003．信息组织与存储．南京：东南大学出版社．

宋克振，张凯．2005．信息管理导论．北京：清华大学出版社．

司有和．2009．企业信息管理学．北京：科学出版社．

苏捷，王胜坤．2006．DC 与 MARC 元数据之比较研究．太原理工大学学报，（5）：129-131.

苏婧．2004．RDF：数字图书馆信息组织的基础技术．浙江万里学院学报，61-62.

苏新宁，邹晓明．2000．文献信息自动标引研究．现代图书情报技术：（1）：23-26.

苏新宁．2004．信息检索理论与技术．北京：科学技术文献出版社．

孙春葵，钟义信．1999．关于自然语言处理中的文摘生成及其相关技术．计算机科学，（1）：16-19.

孙磊．2006．音视频采集技术的研究．计算机与网络，（10）：125.

台德艺，谢飞，胡学刚．2007．文本分类技术研究．合肥学院报，61-64.

田范江，李丛蓉，王鼎兴．2000．采用合作缓存技术的并行全文检索．小型微型计算机系统，（1）：1-4.

田玉娥．2005．浅析网页标记语言 HTML．山西科技，（4）：54-55.

王辰等．2005．面向事件的影片摘要生成方法．中国图像图形学报，（5）：642-649.

王国勇等．2004．TCBLSA：一种中文文本聚类新方法．计算机工程，30（5）：21-22.

王汉元．2005．置标语言以及 SGML、HRML 和 XML 的关系．情报杂志，（3）：67-68.

王昊．2005．跨语言信息检索实现方法与关键技术探讨．情报检索，（7）：46-49.

王洁意．2001．基于办连接的并行查询处理算法的研究．软件学报，（12）：219-224.

王丽娜．2008．信息安全导论．武汉：武汉出版社．

王妙娅等．2005．跨语言信息检索中的询问翻译方法及其研究进展．现代图书情报技术，4（122）：37-41.

王世卿．1995．汉字文本压缩的研究．计算机应用与软件，（5）：1-4.

王知津．2009．信息存储与检索．北京：机械工业出版社．

吴凌星．2005．浅析网络信息自动标引．科技情报开发与经济，84-85.

夏火松．2005．数据仓库与数据挖掘技术．北京：科学出版社．

肖宏凌．2002．RDF—Internet 和 WWW 上元数据的框架．鸡西大学学报，（6）：87-89.

肖明．2002．信息资源管理．北京：电子工业出版社．

徐正权．2000．函数类构件的并行检索与合成．计算机工程与设计，（12）：11-15.

杨光，张雷，艾波．2000．数据仓库与联机分析处理技术．计算机工程与科学，22（1）：39-42.

易雅鑫，宋自林，尹康银．2007．RDF 数据存储模式研究及实现．情报科学，（8）：1218-1222.

曾孝文，王惠宇．2007．Web 数据挖掘中 XML 技术的应用研究．企业技术开发，（5）：10-12.

张广钦．2005．信息资源管理．北京：清华大学出版社．

张凯. 2007. 信息管理教程. 北京：北京大学出版社.

张敏，耿骞. 2004. 并行信息检索及其控制过程. 情报科学，22（8）：986-988.

张新民，梁占平. 2003. 论知识管理和信息构建. 情报理论与实践，26（5）：400-405.

张云涛. 2004. 数据挖掘原理与技术. 北京：电子工业出版社.

赵捧未等. 1999. 基于同构型多处理机的并行检索算法研究. 情报学报，（2）：37-42.

钟诚，赵跃华. 2003. 信息安全概论. 武汉：武汉理工大学出版社.

钟玉琢等. 2003. 多媒体技术及其应用. 北京：机械工业出版社.

周明全，吕林涛，李军怀. 2003. 网络信息安全技术. 西安：西安电子科技大学出版社.

周晓英. 2002. 信息构建（IA）—情报学研究的新热点，情报资料工作.（5）：6-8.

周晓英. 2005. 基于信息理解的信息构建. 北京：中国人民大学出版社.

周晓英. 2004. 信息构建的基本原理研究. 图书情报工作，48（6）：5-7.

周晓英. 2007-1-22. 网站信息构建的要素和方法. 中国计算机报，第 B11 版.

朱凤华. 2000. 一种并行查询优化策略. 计算机工程，（12）：99-100.

朱翀. 2009. 近 7 年来国内信息构建研究代表性观点述评. 农业图书情报学刊，21（10）：16-18.

朱庆华. 2004. 信息分析基础、方法及应用. 北京：科学出版社.

William Y, Arms. 2001. 数字图书馆概论. 施伯乐等译. 北京：电子工业出版社.

Lin W C, Chen H H. 2002. Merging mechanisms in multilingual information retrieval. Advances in cross-language information retrieval：third workshop of the Cross-Language Evaluation Forum, 2003：175-186.

Louis Rosenfeld, Peter Morville. 2003. Information Architecture for the World Wide Web（影印版）. 北京：清华大学出版社.

Aai Pirkola, et al. 2001. Dictionary-Based Cross-Language Information Retrieval：Problems, Methods, and Research Findings. Information Retrieval, 2001（4）：209-230.

Atsushi Fujii, Tetsuya Ishikawa. 2001. Japanese/English Cross-language Information Retrieval：Exploration of Query Translation and Transliteration. Computers and the Humanities, 35（6）：389-420.

Chaomei Chen. 2003. Mapping Scientific Fronties：The Quest Knowledge Visualization. Springer-Verlag.

David A Hull, Gregory Grefenstette. 1996. Experiments in Multi-lingual Information Retrieval. In Proceedings of the 19th Annual International ACM SIGIR Conference on Research and Development in Information Retrieval, 1996（8）：83-86.

Deerwester S, Dumais S T et al. 1999. Indexing by Latent Semantic Analysis. Journal of the American Society for Information Science, 41（6）：391-407.

Erbach G. et al. 1998. Mulinex：Multilingual web search and navigation. Paper presented at the Conference Industrial Applications of Natural Language Processing Moncton, 1998（6）：112-118.

Gregory Grefenstette. 1998. The Problem of Cross-Language Information Retrieval. Cross-Language Information Retrieval. Boston：Kluwer Academic Punlishers,（1）：1-9.

Hayato Ohwada, Fumio Mizoguchi. 2003. Integrating information visualization and retrieval for WWW information discovery. Theoretical computer science, 292: 547-571.

Lisa Balledter, W. Bruce Croft. 1998. Statistical Methods for Cross-language Information Retrieval. Cross-language Information retrieval. Boston: Kluwer Academic Publishers, (5): 23-40.

Mac Farlane A, Robertson S E, McCann J A. 1997. Parallel computing in information retrieval-An updated review, The Journal of documentation, (3): 274.

Mark Davis. 1996. New Experiments in Cross-Language Text Retrieval at NMSUps Computing Research Lab. The Fifth Text Retrieval Conference (ITREC25), (4): 80-96.

Rasmussen, Edie M. 1991. Introduction, Parallel Processing and Information Retrieval. Information processing & management, (4): 255.

Zhou Ning et al. 2004. Discovering B-clusters & B-authorities in E-commerce Site by Visualized Method Based on Undirected Graph. The Third Wuhan International Conference On E-business: 980-988.